U0300670

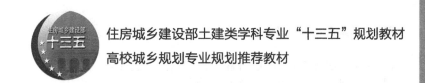

住房城乡建设部土建类学科专业"十三五"规划教材

高校城乡规划专业规划推荐教材

城市规划大数据理论与方法

龙 瀛 毛其智 著

中国建筑工业出版社

图书在版编目（CIP）数据

城市规划大数据理论与方法 / 龙瀛，毛其智著 . —北京：中国建筑工业出版社，2018.8（2023.12重印）

住房城乡建设部土建类学科专业"十三五"规划教材

高校城乡规划专业规划推荐教材

ISBN 978-7-112-22592-7

Ⅰ.①城…　Ⅱ.①龙…②毛…　Ⅲ.①互联网络—应用—城市规划—高等学校—教材　Ⅳ.①TU984-39

中国版本图书馆 CIP 数据核字（2018）第 199939 号

　　随着信息通信技术的迅猛发展，大数据已成为重要的科学研究方向，并在多个学科中发挥着积极作用。其中大数据带给城市规划和城市研究的影响犹为显著。笔者于2016年秋季学期在清华大学首次开设了"大数据与城市规划"研究生课程，通过理论与城市规划实践结合的方法进行授课。可作为高等学校城乡规划及相关专业教材，供本科生及研究生使用；也可为规划师、城市研究者等相关领域的技术及研究人员提供参考。欢迎各位读者随时将阅读或学习本教材时的反馈发送至 ylong@tsinghua.edu.cn。

责任编辑：杨　虹　尤凯曦

责任校对：姜小莲

住房城乡建设部土建类学科专业"十三五"规划教材

高校城乡规划专业规划推荐教材

城市规划大数据理论与方法

龙　瀛　毛其智　著

*

中国建筑工业出版社出版、发行（北京海淀三里河路9号）

各地新华书店、建筑书店经销

北京雅盈中佳图文设计公司制版

北京中科印刷有限公司印刷

*

开本：787×1092毫米　1/16　印张：22　字数：439千字

2019 年 1 月第一版　2023 年12月第六次印刷

定价：**56.00**元

ISBN 978-7-112-22592-7

（32698）

前言

2015 年 11 月 10 日，习近平总书记主持召开中央财经领导小组第十一次会议，强调要"做好城市工作，首先要认识、尊重、顺应城市发展规律，端正城市发展指导思想"。2017 年 12 月 9 日，习近平总书记在中共中央政治局第二次集体学习时强调，"审时度势、精心谋划、超前布局、力争主动，实施国家大数据战略，加快建设数字中国"。总体上，城市大数据的出现和应用，为更客观地认识城市发展规律和更科学地支持城市规划的制定提供了极好的条件。

在大数据时代，进行城市研究需要处理海量、多源的时空数据，这对规划师提出了更高的技术要求。除了掌握城市规划的基础知识，规划师还需要具备包括计算机应用、数理统计等在内的一系列能力。英美部分知名高校（如麻省理工学院、伦敦大学学院和纽约大学等）已经开设了"城市模型"、"大数据与城市规划"以及"智慧城市"等相关课程。其所使用的教材多是授课教师的专著或最新研究论文的合集。考虑到大数据还是相对较新的概念，虽然其在我国城市规划中已经引起了较大的反响并积累了较多的应用经验，但国内尚未出版相关教材。随着我国城市化进程的转变，以及城市发展问题复杂性和综合性的增加，我国城市规划教育界已经意识到提高大数据专业教育水平的重要性。因而根据高等学校城乡规划学科专业指导委员会的要求，城乡规划专业的培养计划将增设较多定量城市研究内容，包括纳入数据统计分析、城市发展模型、地理信息系统、城市规划公众参与等诸多课程或知识点。

在这样的背景下，顺应我国城市规划编制和国内对城市规划教育变革的需求，笔者集成自身的国际化学术研究、本土化工程实践以及海内外学术交流经历，于

2016年秋季学期在清华大学首次开设了"大数据与城市规划"研究生课程，力争做到理论方法与城市规划实践结合，以期使之成为学生知识结构的重要内容，并提高学生在大数据分析与量化城市研究方面的能力。为了将该课程内容传播给更多城乡规划专业的学生及从业者，笔者将课程内容重新编撰集结为本教材。具体而言，本教材既可作为高等学校城乡规划及相关专业教材，供本科生及研究生使用；也可为规划师、城市研究者等相关领域的技术及研究人员提供参考。希望以此能够促进大数据在城市规划教学和实践中的应用不断深入。

大数据无论在国际还是在国内都是较为新鲜的事物，在城市规划领域更是仅仅只有几年的讨论与应用，因而对城市规划大数据的理论与方法框架进行组织的难度可想而知。因此本书难免有对已有讨论覆盖不全、技术方法不代表最新实践等诸多问题，这还有待于下一版本的修订。欢迎随时将阅读和使用反馈发送至 ylong@tsinghua.edu.cn。

此外，本教材使用者可以参加笔者在学堂在线（http://www.xuetangx.com）开设的 MOOC 大规模在线公开课《大数据与城市规划》进行进一步学习。详细课程网址为：http://www.xuetangx.com/courses/course-v1: TsinghuaX+70000662+2018_T2/about。

更多相关研究，请访问北京城市实验室网站（http://www.beijingcitylab.com）或个人网页（http://www.beijingcitylab.com/longy）。

龙　瀛　毛其智

2018 年 5 月于清华园

目录

第1章

概论

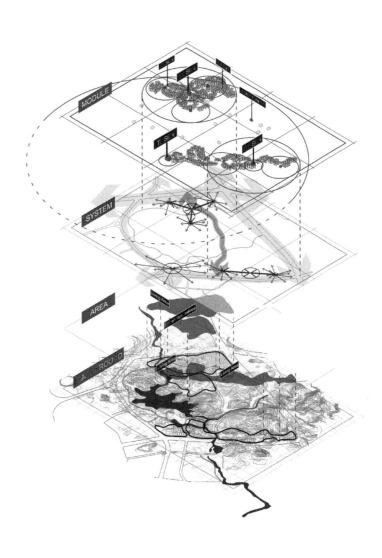

　　近几年，随着信息通信技术的迅猛发展，大数据已成为重要的发展方向和研究领域，在多个学科都发挥着积极作用。相比其他传统行业，大数据带给城市规划和城市研究的影响更为显著，其不仅对城市规划编制、评价和管理的方式产生影响，也通过对人的活动、移动和交流方式的改变，改变了城市规划的对象——城市。大数据的应用与智慧城市理念促进了城市规划的科学化与城镇治理的高效化，使得各部门在数据及时获取与有效整合的基础上，能够及时发现问题，实时进行科学决策与响应；同时为公众参与提供了基础与平台，为以人为本、面向存量、自下而上的新型城市规划构建提供了基础。

　　本章介绍了当前时代背景下由大数据与开放数据共同构成的新数据环境，及其对定量城市研究带来的若干种变革，并列举了当前在大数据领域较有代表性的研究机构及团队。最后对本教材的特点及结构进行了介绍。

1.1　城市空间新数据环境

　　在过去，中国的城市规划和城市研究长期受制于数据的获取。这是由于规划工作的数据高度依赖官方的测绘数据、统计资料以及政府的行业主管部门的官方数据。而开放数据运动的出现正逐渐改变这个局面。开放数据（open data）指的是一种经过挑选与许可的数据，这些数据不受著作权、专利权以及其他管理机制所限制，可以开放给社会公众，任何人都可以自由出版使用。政务网站、商业网站（包括在线社交媒体）及科研网站构成了目前开放数据的三大重要来源。

而大数据起源于 2000 年以来信息通信技术（ICTs）的发展，尤其是社交媒体门户网站、智能手机应用的普及，以及云计算的诞生。实际上，大数据并不简单等同于数据量大的数据。目前较为广泛接受的大数据本质特征可概括为 5 个 V——Volume（数据量）、Variety（多样性）、Velocity（速度）、Veracity（真实性）和 Value（价值）。大数据的种类多、价值高，但真正投入规划行业使用的却相对不丰富。目前规划业主要运用的大数据类型有公交卡数据、基于位置服务（Local-Based Service、LBS）的数据、浮动车数据及手机数据等。需要指出一个范畴上的误区：大数据的概念有广义与狭义之分。国内已有的多数研究，实际上多不属于狭义的"大数据"，而是属于"开放数据"（即广义的"大数据"），比如来自商业网站或政府网站的数据；而狭义的大数据如手机信令、公共交通刷卡记录和信用卡消费等记录大多不是开放数据，其获取难度大、成本高，因而目前存在着"大数据不开放，开放数据不大"的现象。这制约了规划实践及城市研究中对数据的获取与运用，与当前"开源与众包"的新时代精神理念有所背离。这是规划行业拥抱数据，谋求发展所面临的挑战之一。

狭义的大数据与开放数据共同形成了有别于传统调研和统计数据的新数据环境（new data environment），而这也是十年前并未广泛使用的数据。与传统数据相比，新数据环境主要呈现出精度高（以单个的人或设施为基本单元）、覆盖广（不受行政区域限制）、更新快（每月、每日，甚至每分钟更新）等特点。它不仅意味着更大的数据量，更反映了数据背后关于人群行为、移动、交流等维度的丰富信息。新数据环境日益成为国内城市规划学界、业界和决策界的共同关注热点，让学者、规划师和决策者观测到社会个体及详细空间单元上的丰富信息，为城市研究、规划设计、工程实践和商业咨询等带来了新的契机。

本教材中如无特别说明，均用"大数据"指代"新数据环境"。

1.2 定量城市研究

数据在城市规划与研究中的应用，多是在定量城市研究（quantitative urban studies）方向。它是指在一定理论基础之上，采用各种数据和技术方法，致力于探索城市发展的一般规律，并诊断城市问题、模拟城市运行、评估发展政策、寻求解决方案的科学研究方法，可应用于支持城市规划现状分析、方案编制与方案评估等各个阶段。当前的定量城市研究并非单纯的传统意义上的规划信息化或规划新技术的应用，而更注重对城市现象客观、直观、全面的分析，并通过多种媒介将分析结果传达至政府、规划师、专家学者和城市居民，从多方面提高城市规划与相关政策制定的科学性。

在国外相关研究领域，利用大数据开展城市空间与人群活动分析已成为当前学术界的研究热点，所催生的大量研究可初步归纳为七种类型，包括社交网络数据的实时描绘（real time sensing）、多种交通网络数据分析（multiple networks）、城市新型数据系统构建（new urban data systems）、新型交通模型（new models of movement and location）、城市发展路径风险分析（risk analysis of development path）、新型人群移动分析系统（new models and systems for mobility behavior discovery），以及新型交通需求管理工具（new tools for governance of mobility demand）（Batty，et al. 2012）。相关研究呈现出三方面特点：首先是研究趋于片段化（fragmented），即对城市现象的某一个具体方面的局部分析多于对城市系统的综合分析，这与大数据数量大、精度高，但维度较少的特点有关；第二是分析算法趋于简单化，也就是通过简单的时间、空间和属性层面的统计分析，就可以得到有趣的分析结果；第三是更侧重对现状问题的识别和分析，而非对未来的预测或模拟。

目前，我国利用大数据开展的具有一定代表性的定量城市研究包括：利用公交刷卡记录研究通勤出行、城市贫困、过度通勤、公交通勤空间结构等问题；利用手机信令数据研究城市人口分布、空间结构、商圈影响力、居民出行距离等；利用出租车 GPS 数据预测拥堵地点；利用居民活动 GPS 数据分析城郊居民日常活动时空特征；利用社交网络位置数据和签到信息研究城市用地功能与混合度、城市发展边界、城市活动区域划分、城市网络信息空间结构；利用百度指数研究区域城市网络特征；利用百度、高德迁徙数据研究城镇体系、居民黄金周旅游行为等；利用大众点评数据研究餐饮业格局、餐厅选址等；利用全国 PM2.5 监测的在线数据研究 PM2.5 污染分布；利用微观尺度的人口统计数据分析中国城镇格局等。城市大数据的出现与成熟带来了城市研究领域关注内容和研究方法的较大变化，促使城市规划与其他相关学科的进一步融合，以及在研究范式、研究方法与内容上的革新。

1.3 新数据环境下定量城市研究的四个变革

在我国城市规划逐渐由过去二三十年的"大拆大建"向精细化规划编制与管理转型的背景下，定量城市研究得到了越来越多的关注。同时，近年来大数据的涌现和一定程度上的普及，为定量城市研究提供了大量新的数据来源。其中既包括严格意义上的大数据，也包括多源的开放数据。两者构成了了解城市系统运行规律的重要基础，并推动了定量城市研究领域在多个方面的巨大变化。

1.3.1 空间尺度的变革：从小范围高精度、大范围低精度到大范围高精度

在传统数据环境下，受数据收集方法的限制，城市和区域研究在研究覆盖范围和精细度上往往很难做到两者兼顾——大范围的研究通常以牺牲精细度为代价，而

精细度高的研究往往覆盖范围较小。因此，传统数据环境下的城市和区域定量分析可主要分为两种：一是针对单一城市做较为深入的研究，如研究城市贫困问题、公共服务设施的配套水平等；二是覆盖全国或多个省市地区的区域分析，如一些宏观经济研究，多以县、市或省为单元，研究单元较大，难以反映小尺度信息。

而新数据环境为在较大空间范围内收集高精度数据提供了可能，如社交网络和各类商业网站数据往往覆盖全国且以人、车、商户等个体为基本单位，可充分满足精细化的分析需求。而对某些传统数据的有效整合也有利于拓展数据的广度与精度。如以往人口密度研究主要在区县尺度，属于宏观分析的范畴，在新数据环境下则可将研究尺度缩小至乡镇街道级别。这不仅促进了研究范围的扩大和精度的提高，且有助于呈现以往难以发现的新的问题。国外相关研究包括：通过利用通话记录重新划定城市和区域范围；利用带地理标签的推特（Twitter）数据进行人群活动类型识别，并结合多主体建模方法构建城市动态模型；利用高精度的全国人口调查数据研究人口聚集规模等。

针对这一数据特点，笔者提出了"大模型"研究范式，并试图通过这一范式在城市模型研究中兼顾覆盖区域乃至全国的研究范围与精细化的城市模拟单元（详见第9章）。随着新数据环境的不断成熟，传统城市研究的"研究地盘"的概念也将会逐渐弱化，学者有望对千里之外的城市进行深入的城市研究。

在传统数据环境下，中小城市和县、镇与大城市之间在数据基础和研究水平方面存在明显差距——城市研究多关注具有代表性的大城市而忽略了二、三线城市和等级更低的城市。"大模型"通过关注全国绝大多数城市，有望在一定程度上对中小城市发展给予更多研究关注、削弱技术差异，并系统探讨国家和区域城市化进程中各类城市的互动关系。此外，大范围、高精度的研究趋势有利于探索我国城市发展的一般规律。目前我国共有六百多座城市，不同学者针对不同城市采用不同方法开展的研究往往难以进行横向比较，而以大模型的为代表的新研究范式可为一致性研究提供可能，从而在大样本城市研究的基础上探索我国城市发展的一般性和特殊性规律。

1.3.2　时间尺度的变革：从静态截面到动态连续

新数据环境所提供的另一重要突破是体现了不同时间尺度上的城市动态。传统城市研究的数据多来源于政府部门统计年鉴或抽样调查，数据以静态数据为主，只能反映某一时刻或一段时间内城市所处的状态（如年鉴对应一年、出行调查多对应一日），且由于数据取样的局限性，只能覆盖有限的空间范围。而包括公交刷卡、出租车轨迹、信用卡交易记录、在线点评以及位置微博和照片等在内的新数据环境，则可以反映个人乃至整个城市短至每秒、长至多年的动态变化，且具有连续性高、覆盖面广、信息全面等优势。例如利用精确到秒的信用卡交易记录，可以对城市每小时的销售情况进行可视化，进而识别商圈；积累多年的信用卡交易记录，则可以体现出人们生活与消费方式的变化——如传统书店的萎缩和在线购物的繁荣。假设一千年之后的考古研究，能够发现人类的电子记录和足迹，则有望超越目前的考古发现，对此时的人类社会进行更为全面的重现。国外对于动态时间的相关研究已大量展开，如通过手机信号位置轨迹发现人们出行行为的规律性；通过手机信号记录研究城市的空间结构和多中心性；麻省理工学院感知城市实验室（MIT Senseable City Lab）与哥本哈根市合作，为五千块垃圾贴附地理标签，并在三个月内追踪垃圾流向，分析垃圾回收效率等。

1.3.3 研究粒度的变革：从以地为本到以人为本

新数据环境所提供的并非仅包括扩大的数据量，还包括数据所反映的城市居民的行为特征与规律，以及人对建成环境的感觉、情感、经验、体验、信仰、价值判断等。这些以前难以量化的因素在新数据环境中都可以得到有效的表达与数理分析。国外相关研究包括：利用多日手机数据挖掘城市人群活动不同的基本模式；利用 Flickr 图片数据分析人对城市空间的认知图像，从而重新阐释凯文·林奇的城市意象理论等。在我国新型城镇化的背景下，具有高粒度特性的新数据环境也为以人为本的城市研究提供了极佳的素材。在此数据平台基础上，居民行为、活动及其影响下的城市空间组织和结构的变化，社会群体特征、网络、活动等及其影响下的社会空间分异或融合等课题都可得到深入分析。

1.3.4 研究方法的变革：从单一团队到开源众包

众包（crowdsourcing）是互联网带来的新的生产组织形式，即利用互联网将原先单一机构内的工作任务以自由自愿的形式分配给机构外的志愿人员（通常为个人）完成，这一组织方式可以充分利用志愿者的创意和技能，以更低的成本、更高的效率完成任务。虽然开源、众包等概念听来与城市研究和城市规划领域相距甚远，但近两年来随着数据的开放和北京城市实验室❶（Beijing City Lab、BCL）等开放研究平台的成熟，众包模式也在逐渐融入定量城市研究和相关数据平台构建中（如搜集数据、学术合作、验证研究成果），并体现出优势。这种众包的城市研究方式有望突破传统的单一团队开展研究工作的模式，例如针对中国大量存在的收缩城市现象，探讨其背后的深层原因则需要大量实地调查，相关工作量远远超出了一个课题组或单一机构的承担能力，为此 BCL 于 2014 年 11 月发起了"中国收缩城市研究网络❷"，持续

---

❶ 北京城市实验室 http：//www.beijingcitylab.com
❷ 中国收缩城市研究网络 http：//www.beijingcitylab.com/projects-1/15-shrinking-cities/

跟踪收缩城市方面的国际研究并开展国内的理论和实证研究工作。总体上，在新数据环境下，城市研究的工作方法正在由单一团队向开源众包模式转变。

1.4 大数据在城市研究与规划设计支持中的五个维度

在城市研究与规划设计的过程中，大数据的分析与应用可以在不同阶段和不同层次进行辅助。基于城市开发周期理论，并结合中国城市的现实特点，可以从城市开发、城市形态、城市功能、城市活动、城市活力/品质/文化/风貌/特色等五个阶段/维度对城市系统进行监测、评价、情景分析乃至预测。

"城市开发（development）"是指城市用地由其他用地（如农田、农村建设用地）转变为城镇建设用地。应用于测度城市开发维度的数据包括遥感解译的土地利用情况、用地现状图、房地产数据等。

"城市形态（morphology）"是指城市用地布局、路网分布等。应用于测度城市形态维度的数据包括分等级路网、道路交叉口、建筑物、土地出让/规划许可、街景图片等。

"城市功能（function）"是指居住、就业、交通、游憩等城市用途在空间上的组织（包括密度）。应用于测度城市功能维度的数据包括地块尺度的用地性质、兴趣点 ❶（POI）等。

"城市活动（activity）"是指居民在城市内部从事的各种类型的活动（如工作、出行、休闲、社交等）。应用于测度城市活动维度的数据包括企业数据、手机数据、微博和大众点评等社交网络数据、公交卡数据、百度热力图等。

"城市活力（vitality）"是指城市活动所具备的内在特征（如品质、文化等）。应用于测度城市活力维度的数据包括点评类数据、手机数据、位置照片、房价信息等。

这五个维度是空间递进关系，只有农村用地转为城镇用地，才能够通过规划建设实现相应的城市形态；有了纯粹物质空间的城市形态，才能够造就相应的城市功能；有了城市功能，才能够在社会空间促进相应城市活动的产生；而有了城市活动，才可能体现出良好的城市活力、品质、文化等。这几个维度依次递进，有开发没有形态，有形态没有功能，有功能没有活动，有活动没有活力，都属于目前中国大量城市的突出问题。大量中国城市在空间维度存在的问题，可以用相互链接的两个维度进行刻画和解释。

新数据环境为从精细化尺度评价城市开发、城市形态、城市功能、城市活动和城市活力提供了前所未有的机遇。这五个维度构成了城市大数据支持城市规划编制

---

❶ 兴趣点 Points of Interest

的框架体系（详见第 10 章中表 10-4）。在进行基于大数据的城市研究中，需要明确每一种所使用的数据到底对应哪个维度，只有这样才能够有的放矢，更好地组织所掌握的数据开展研究。

1.5 代表性研究机构

为了便于读者了解国内城市规划大数据领域的更多研究成果或跟踪研究进展，这里列出国内的代表性研究机构。北京大学成立了智慧城市研究与规划中心❶；龙瀛创建了北京城市实验室❷（BCL）；南京大学及东南大学先后成立了智慧城市研究院；上海同济城市规划设计研究院成立了可持续智慧城市实验室❸（SU-SMART CITY LAB）；北京清华同衡规划设计研究院有限公司成立了北京西城—清华同衡城市数据实验室❹（UDL）；中国城市规划设计研究院与百度地图联合成立了"百度地图慧眼中规院联合创新实验室"；北京市城市规划设计研究院发展数字规划专题❺；江苏省城市规划设计研究院成立了技术信息化及大数据应用研究团队❻。

其中北京城市实验室 BCL 成立于 2013 年 10 月，专注于运用跨学科方法量化城市发展动态，为更好的城市规划与管理提供可靠依据，并最终建立起可持续城市发展所需要的方法学基础。BCL 的研究主题以"新城镇化规划"中的人居环境质量为核心，以期对中国快速城镇化时期的人居环境质量进行全面的度量与监测，为国家决策提供依据和保障。该实验室融合了规划师、建筑师、地理学者、经济学者及政策研究者，通过邀请学者发布其工作论文等形式阐述其对城市研究的最新见解，同时通过数据分享行为为科研群体提供开放的城市定量研究数据。

BCL 坚持"定量城市研究"的创立理念，持续组织新数据环境下关于城市研究理论与实践最新成果的交流活动。北京城市实验室年会作为其组织活动的重要组成部分，自 2014 年起每年举办，邀请海内外相关领域专家学者介绍学科发展的前沿动态，同时对海内外参会人员一律免费开放。年会从第一届举办至今，受到社会各界的广泛关注与积极参与。BCL2016 年会在北京清华同衡规划设计研究院有限公司举办，主题为"新数据环境下的城市：品质、活力与设计"。其聚焦新数据、新方法和新技术，关注城市空间品质与城市活力，就新数据环境下量化城市研究在理论与实践上的最新成果进行交流，对向全社会普及与强化以营造品质和活力为目的的城市

❶ 智慧城市研究与规划中心 http://www.smartcity.pku.edu.cn/
❷ 北京城市实验室 https://www.beijingcitylab.com/
❸ 可持续智慧城市实验室 http://tjupdi.com/smartcity
❹ 城市数据实验室（Urban Data Lab）http://xc.urbandatalab.com/
❺ 北京市城市规划设计研究院发展数字规划专题 http://www.bjghy.com.cn/
❻ 技术信息化及大数据应用研究团队 http://www.jupchina.com/

规划设计有重要意义。2017 年，BCL 于清华大学围绕"量化城市研究：从北京到中国"的主题再次举办了年会，会议邀请了十多位专家学者针对城市量化的理论、方法、技术和实践应用的最新成果进行交流。

1.6 本教材特点及结构

本教材根据笔者及城市规划领域知名学者的最新研究理论及实践成果，结合中国城市规划特点以及技术发展特点进行撰写，秉承着理论方法与规划设计实践并重的原则，既侧重大数据技术方法的讲解，又重视大数据在规划设计领域的应用。

第 2 章介绍了当前时代背景下中国城市正在发生的变化，以及如何运用新的技术手段来改造未来的城市。

第 3~6 章侧重大数据技术方法的讲解，以便于读者掌握、利用必要的分析工具和技术，涵盖对新数据类型与典型数据的介绍、城市大数据的获取与清洗、城市大数据统计与分析以及城市大数据的可视化。每章都包含具体操作方法及相应的案例。

第 7~10 章介绍了利用大数据达到更好规划效果的若干理论方法，包括空间句法、城市网络分析、数据增强设计以及用于跨城市尺度研究的大模型理论。

第 11~14 章选取了较为典型的几种数据类型，对其在城市研究中的运用方法进行了详细的介绍。这几章融入了笔者目前最前沿的一些理论探索，如街道城市主义、图片城市主义等，并且提供了相应研究项目的成果作为案例，例如基于街景图片评价街道绿视率、利用公交卡信息进行的北京通勤行为分析等，使阅读的过程更具探究性。

第 15、16 章对大数据在规划设计实践中应用方法进行了讲解，包括大数据在总体城市规划中对现状评估、预测未来以及方案实施效果评估方面的应用；以及大数据在增量型和存量型城市设计中对方案的场地分析和方案生成的指导作用，进而提升方案设计的科学性和高效性。

此外，本教材内所使用的数据及相关资料详见北京城市实验室网站的 2017 年秋和 2016 年秋的"大数据与城市规划"课程主页。网站上提供了每一讲的课件和丰富的参考资料以及阅读材料，可以作为本教材的必要补充。

参考文献

[1] Batty M, Axhausen K W, Giannotti F, et al. Smart cities of the future[J]. The European Physical Journal Special Topics, 2012（1）：481-518.

第2章

变化中的中国城市与未来城市

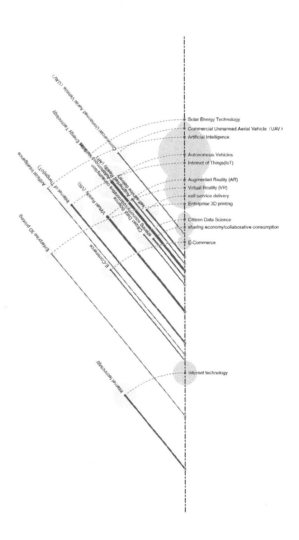

大数据时代下的城市规划可以分为两个层次：第一个层次就是通过充分地获取、分析城市数据，以辅助我们对当下的城市进行更为全面的认识；而第二个层次更为深入，也更为重要——即除了对数据本身的研究利用之外，更应该了解到其背后所代表着的城市生活方式与空间运行方式相比于以往的变化，而多数大数据是这种城市变化的副产品。现在所见的各种大数据如手机信令、网络地图、线上点评等，都充分地对应着某种生活方式的演替。在利用这种副产品支持城市规划与城市研究之前，我们更应该先认识到城市本身正发生的这些变化及其未来的可能趋势。这些可以归纳为第四次工业革命的影响。在开始探讨大数据与城市规划之前，我们更希望可以先来一起讨论变化中的中国城市及其未来，这正是设置本章的目的所在。

2.1 过去与现在

在本章探究未来城市之前，笔者先依序由文明、城市与人三个层次谈起，探讨从过去到现在，我们经历了什么样的转变，而这样的转变趋势又将如何引领人类走向未来。

2.1.1 碳基文明与硅基文明

以文明体系而言，基于能量来源与基本作用单元，学界上分为碳基文明与硅基文明两类。碳基文明指依赖碳基分子及其化学键的运动和变化而发展出来的文明体系；而硅基文明则依赖原子、电子的迁移和变化而发展，是一个能够以指数级速率强化自身不断迭代的文明。相较于碳基文明的演替需要的数亿年时间，硅基文明的个体只需耗费几秒钟时间、极为少量的能量就能完成进化。

一般认知上，人类长久以来的文明发展属于碳基文明，依靠碳水食物来促发生物生长繁衍、仰赖碳基能源驱动产业生产、推动经济与社会进步。然而在半导体出现后，引发了一连串的计算技术、信息技术、机械技术等革命，对人类社会的生产力带来了全面性的提升，人类开始大量地仰赖机器与虚拟计算，硅基文明逐渐成型。

过去，以碳为首要元素的地球上，顺应着碳基演替进化的速率，经过了数十亿年才终于孕育出人类文明；而如今，硅基文明以更低耗的进化速率席卷而来，在驱动世界向更高层级进化的同时，也给基于碳基文明所孕育的人类社会带来了许多挑战。在此趋势下，我们应当如何应对，并与硅基文明完美共存，是人类面向未来的重要课题。

2.1.2　城市空间与互联网

承接对于文明体系的讨论，我们以城市的实质空间与互联网的虚拟空间（或数字空间），来更具体地解释碳基文明与硅基文明之间的关系。

在过去，人类聚居环境随着产业转型与交通技术的发展，开始出现了城市这样的人居空间形态，以便进行更有效率的聚合及资源分配。但城市的逐渐扩张，会最终在有限的空间内饱和，进而衍生出诸多问题。

而互联网的出现也是源自同样的逻辑——为了有效地配给资源，人们在有限的实质空间之余开创了虚拟世界，以更极致、更高效的方式解决了许多实质空间上无法解决的问题，并推动人类社会的进步。这正是硅基文明所展现的其中一种面貌。谷歌（Google）前执行董事长埃里克·施密特（Eric Schmidt）曾说过，现在我们每两天所产生的信息量，已经相当于过去多年的总和。而这样的趋势在未来也将持续上涨，让虚拟空间得以满足人类社会更大比例的需求，并与实体物质空间同步提供全面性的服务。

然而互联网的快速发展犹如双面刃，虽为人类带来了碳基文明出现以来从未有过的高效与便捷，却也出现了诸如互联网碾压城市空间，造成城市空间凋敝甚至城市衰败等现象。从过去的城市到现在的互联网，人们在虚实之间寻求更有效的资源配给模式，也应同时着重处理空间之间的竞合关系，将未来城市与互联网的虚实空间紧密结合，以创建更加智慧、强壮、可持续的人居环境。

2.1.3　人与人工智能

我们将分析尺度进一步聚焦至人类本身：从过去到当今社会最大的变革，其中之一便是由"人工智能"的出现所推动的。

人类社会对于最早开始探讨人工智能（Artificial Intelligence、AI）的时间点众说纷纭。有人说远自有文明时期就已经出现了 AI 的原型——"人造人"；也有人认为现代意义上的 AI 始于古典哲学家对于利用符号处理、解释人类思考过程的尝试。到了 1950 年代之后，"人工智能"才正式被确立为一门学科，开始被广泛地进行科学研究，并用于与各领域结合的实践中。随着理论基础的成熟与相关设备处理性能的提升，当今社会中我们已经可以看到 AI 成功地被应用在各种技术产业中，同时也预见了 AI 为人类所带来的种种问题。

近年来，不少政治人物、科技巨头都对 AI 发表了相对悲观的看法，如俄国总统普京就对 AI 发展相当忧心；特斯拉首席执行官（CEO）伊隆·马斯克（Elon Musk）也曾发出 AI 会取代大量人类的工作机会、引发战争等警告；更有部分人认为倘若将 AI 技术发展到极致，进而出现诸如"意识"、"情感"、"价值观"等类似人类的本质属性，将会产生对人类生存意义的极大威胁。

与之相对的，社交媒体脸书（Facebook）执行长马克·扎克伯格（Mark Zuckerberg）对 AI 发展持乐观态度，认为人工智能可以大幅改善人类的生活质量。阿里巴巴董事长马云也提到，人类会对 AI 技术感到恐惧，问题其实是人类自身缺乏自信心和想象力。而如同过去所有的技术演进一般，AI 对传统社会结构带来冲击的同时也会带来新的就业机会。国际研究暨顾问机构 Gartner 对此也曾经做过预估，数据表示在 2020 年将有 180 万个职位被人工智能取代，但同时也将创造 230 万个工作机会，带动整体工作机会的成长与转型升级。人工智能与人类最大的差别在于"价值观"。如无人驾驶之所以能比人类驾驶安全，是因为其没有意识，不会像人类作过多感情上的判断，从而能更精准地完成任务。

尽管目前人类对于人工智能的看法十分两极化，但不可否认的是，人类面对未来若仅保持着恐惧，或是缺乏想象力与创造力的思维，才将成为对于人类命运真正棘手的挑战。发展人工智能究竟是好是坏，现在仍无法确定。但从过往的经验看来，新科技的发展肯定会改变人类的生活，也存有潜在风险。人类若不想被人工智能取代，除了制定规范管理之外，更需要积极了解人工智能，找出与其共存共荣的方式。

2.2 当下城市发生的变化

上一节探讨了过去与现在的诸多变革，而在本节中，笔者会进一步结合己身过往经验与当前趋势，将当前中国城市主要所面临的变化整理成下列"九化"，即全天候在线化、小型化、居家化、个性化、智能化、算法化、共享化、连锁化以及自然化，并进行以下分项说明。

2.2.1 全天候在线化

当今社会四处可见各式各样的传感设备（传感器），如温度传感器、监视摄像头、水位监测仪等（近几年开始流行的个人穿戴装置也是其一）。这些传感设备之前多仅用于进行各种指标的监测。在新数据时代的发展背景下，由于设备本身具有成本相对低、维护容易等优势，这些传感设备开始结合集成、汇整动态数据的功能，成为城市空间数据收集的重要工具。

目前国内外许多团队、机构已经兴起了结合传感器基础设施的智慧城市研究与建设，如麻省理工学院（MIT）的 Senseable City Lab、芝加哥城市运算和数据中心的"物联城市"（Array of Things）项目、清华同衡技术创新中心团队自主研发的"CITY GRID 城市数据传感器"项目等。这些项目都试图通过开发新型传感器基础设施系统，测量公共空间中的人群感知与行为，为居民、城市管理者和科学家提供认识、分析和改造城市的数据基础（图 2-1）。

笔者基于多年来的科研经验，亦提出了基于传感设备和在线平台的自反馈式城市设计方法，并初步实践于上海衡复历史街区的城市设计方案之中。通过设置全天候的实体传感装置以及在线平台，汇整实时且多源的线上、线下数据，进而将后置式空间测度反馈与规划设计过程进行结合，并依据数据和传感器类型，划分在线平台的模块，提炼出五类应用场景，使原本耗时长、成本高的规划设计评估转换为短周期、高精度的空间反馈与干预（详见第 16 章）。

随着技术的日新月异，结合传感器基础设施的城市规划设计俨然成为趋势，促使更实时、更精确的空间规划设计方案得以诞生，同时激发了城市人群个体进行空间应变与信息反馈的可能性。在这样的趋势下，未来正迈向一个无所不在、全天候监控与监测的时代。

2.2.2 小型化

如果你走在大型商场、车站甚至是街道上多加留意会发现，迷你 KTV、投币式按摩椅、小型无人商店等自助休闲娱乐设施，已经逐渐遍布在这些室内外公共空间

图 2-1 MIT Senseable City Lab 所设计的多用途城市传感器（Ricardo Álvarez et al.，2017）

的零碎角落，成为室内外公共空间的新元素。笔者称之为未来城市的小型化趋势。

以单人迷你 KTV 为例：相比传统包厢式的 KTV，这样如"电话亭"般的迷你 KTV 等新形态娱乐设备瞄准了逛街间歇息、等待的客群，提供兼具唱歌、录歌、线上分享传播等多重功能，成为人们消磨零碎时间的首选。这样快捷、简易、自助娱乐的商业模式快速崛起，"电话亭"逐步攻占了国内各个购物商场、车站等公共空间（图 2-2）。

小型化趋势的背后，对应着就业机会一定比例的消失，却也同时改变了人们的娱乐方式、购物习惯，开启了新业态的商业机遇，在这讲求效率与速度的时代中，用有限的空间与设备满足用户碎片化的娱乐需求。

笔者认为这一趋势同时也说明了"具身性"的重要性。具身性（embodiment），也称"具体性"，在心理学中主要指生理体验与心理状态之间有着强烈的联系（Niedenthal et al.，2005），相应的生理体验会引发一定的心理感觉，反之亦然（Barsalou，2008）。在这虚拟化充斥的时代中，尽管人类可以转向虚拟世界获取更多、更极致的体验，但我们仍然通过各种方式保持自身感知，试图掌握生理感知的自主权，来与虚拟体验相抗衡。小型化的休闲设施便在这样的机遇下脱颖而出，哪怕是一首歌的时间，也能让用户通过踏实的具身体验而感到满足。

2.2.3 居家化

交通与信息技术的发展，重新定义了服务本质，改变了人流、物流的流向：过去一般来说都是人去服务所在的地方，如今很多服务则是反过来找人。这将大量地释放城市的原本提供服务的物质空间，并间接促成了居家空间混合使用的需求，对以往的城市空间标准提出了巨大挑战。

图 2-2　出现在购物广场角落里的迷你单人 KTV

（图片来源：http://topick.hket.com）

图 2-3 亲自到府的美甲服务

（图片来源：http://pp.qq.com）

"外卖"是目前最显而易见的例子。当今大街小巷充斥着各家的外卖小哥，疾驶着电动车，为的就是要将餐点尽快送到客户指定的地点。这样的便捷性使得外卖事业重新定义了中国人的饮食习惯，虽然省下了不少人们的用餐时间，却也同时为城市空间带来了诸多问题，如大量外卖车流造成的交通问题、沿街小吃店铺面临威胁等。

除了餐饮，现在市面上也出现了各种"上门服务"，如美甲、洗车、修手机等，这些原本散落在很多小店面上的服务，现在也都开始改变他们的服务流向（图 2-3）。不难想象未来将会有更多业态跟上此趋势。

居家化不仅有效地节约了个人时间，同时也节约了中国大部分的出行，较大地改变了以往城市内的交通问题。因此，如何在城市空间上应对人流、物流的转变，是未来相关城市规划师、研究者和决策者不可忽视的课题。

2.2.4 个性化

随着互联网时代的到来，去中心化趋势日益彰显，生活越来越多元化。有别于工业时代由生产线大量制造的单一化、同质化，现代社会的技术发展（如 3D 打印技术）释放了产品的制造成本，再加上社会经济水平的提升，使得供给方有足够的资源呼应以体验为目的的小众需求。而需求方也有能力追求除了基本"衣食住行用"之外，着重个性与体验的消费。因此，各式各样的客制化、个性化商品开始出现（图 2-4）。

个性化不仅体现在商品上。在高速计算、物联网等技术的支持之下，未来城市将不止于对"衣食住行用"等基本需求的供给，而是将空间优化或是服务升级，依照不同的使用者进行演算及调整，借助技术手段实现更加高效、灵活、环保的资源分配及市民服务，让市民生活变得更顺畅、更个性化。

图2-4　尽管目前人手一机的行动电话已经大幅取代传统随声听的功能，
Sony Walkman反而逆势而起，占据了一定程度的小众市场

（图片来源：http：//www.jd.com）

2.2.5　智能化

智能化泛指通过现代的信息、计算机以及智能控制等技术，针对某一个方面的集成应用。随着科技的不断进展，智能化的概念逐渐扩及至城市生活中的各种层面，相继出现了无人商店、智能住宅、智慧小区等产品，为人类生活带来更极致的便捷与效能。

智能化为人们带来便利的同时也带来了挑战。由于智能化系统能有效处理过于繁杂且机械性的工作，目前已有许多技术含量较低、高危险或是重复性高的工作已被智能化设备所取代。除了生产线上的工人，智能化和其他机器人技术也开始冲击其他各行各业：我们可以发现阿里巴巴在2016年已经使用了智能机器人"鲁班"设计商品广告的海报，以应付如"双十一节"等活动节日的大量需求；同时，身为国际四大会计师事务所的德勤也与人工智能企业联盟，将人工智能引入会计、税务、审计等工作；在不久后，甚至连教职人员、分析师、医务人员这些以往被认为无可取代的职业，都有可能受到智能化的趋势影响。

这同时意味着，智能化系统的发展解放了人类大量的劳力时间成本，从而让我们能有足够精力投注在创新性、发散性、战略性的思维工作上。因此，想在未来的社会立足需要不断投资自己，提升己身专业能力，否则，未来连引导停车、当泊车小弟的工作机会都没了。

2.2.6　算法化

由于信息技术的发达，基于互联网的线上平台提供了许多实时、便捷的各种资讯，举凡交通实时状况、购物消费、旅游景点等，人们开始习惯、甚至过分仰赖经由平台演算过的信息，这不仅导致了生活中随机效应的消除，也冲击了个性化选择

图 2-5　德勤财务机器人

（图片来源：德勤）

图 2-6　互联网公司的算法支配着个人的出行路线

（图片来源：作者截自百度地图 APP 界面）

的可能性，渐渐形塑出一个由大量演算所构建的城市。

以出行为例，现代人大多仰赖线上地图来进行导航，你可能认为是自己选择了目的地或是出行路线，实际上这些都是经由互联网公司的算法所分配与选择的，直接地影响了道路的流量分布与交通布局（图 2-6）。极端一点地说，在未来提供在线地图服务的互联网龙头公司，很有可能掌握了整座城市空间的运行规则。

而从购物消费方面来看，大众点评是其中一个具有相当影响力的线上平台。其众包评论的回馈机制作为主要演算基础，不仅影响了国人的饮食选择，也对城市空间产生莫大挑战：以往我们所熟知的"金角银边草肚皮"，不再是沿街商店成功的关键要素，反而是通过互联网所演算的结果，带领我们找到了藏匿在小巷弄里的人气居酒屋（图 2-7）。

简言之，在这高度仰赖互联网信息的时代中，人们的行为与选择将大大地被算法所控制，进而引发城市在实质空间上大规模的转变，同时也对应着各式数据的产生。在这算法化的趋势下应如何审视城市空间所受到的冲击，并提出相对应的对策，是值得我们深思的一个课题。

某用户 ☆☆☆☆ VIP
口味：4 环境：4 服务：4

位置有点不好找，但里面环境不错，老板非常热情，会根据个人喜好推荐酒，我们去的时候老板推荐了两款精酿，分别盛了一点让我们喝完再选，服务超级好。最后选的几瓶，除了一个巧克力还是咖啡的不好喝，其他的都很不错。

09-08   啤酒精酿   赞(1) 回应 收藏 举报

某用户 ☆☆☆☆ VIP
口味：4 环境：3 服务：4

位于宇宙中心五道口一栋商务楼内，围着楼下找了一会，后来电话老板才走上正道。地方不大，就是一套3室的居住房改的，装修简易，不过有点味道。重点说酒，啤酒，感觉很棒，各种类型啤酒陈列展览在冰箱中，自助取酒，如果有需要，服务小哥会给予热情的介绍。整体价格实惠，推荐附近的朋友可以来喝一杯。

图 2-7　算法化提升了巷弄里特色小店的曝光度
（图片来源：作者截自大众点评网页）

2.2.7　共享化

近几年"共享"的概念在城市里蓬勃发展。仰赖信息技术为基础的第三方平台，人们可以将闲置物品或空间，甚至是己身知识经验进行更有效率的重新分配或交换。如今我们可以看到充斥于街道上的共享单车有效增加了人们绿色出行的意愿，也能看到各式各样的共享空间在城市中崛起。

而共享化不仅增加了资源配给的效益，同时也对城市空间带来了巨大影响。以共享单车为例，根据摩拜单车所发布的《共享单车与城市可持续发展报告》，通过共享单车所产生的大数据重新演绎了城市内等时圈、服务半径等概念，将地铁站 800m 步行可达圈扩展到 2—3 公里骑行可达圈，同时也重新定义了"地铁房"、"学区房"、"TOD"等概念；而在北上广深等城市，共享单车对交通盲点（以往公共交通工具服务半径无法到达的区域）的覆盖率超过 99%，甚至达到全覆盖，从而大幅提高公共基础设施的触达人口。可以说，共享单车改变的不只是简单的自行车出行比例，更是重新定义了城市的出行习惯和生活方式（图 2-8）。

除了交通工具，许多城市中传统功能分区的空间概念，也在共享时代下重构、升级。我们可以发现，近年来国内的众创空间（Maker Space）、共享工作室（Co-working Space）甚至是共享起居室（Co-living Space）如雨后春笋般涌现。这促进了团队与人才、创新与创业、线上与线下、孵化与投资等多方面的资源整合，更有效地创造交流与激荡。以万科集团为例，其于 2014 年首度提出了"城市配套服务商"的概念，确立要在十年内自单纯的房产开发中提出转型，配合技术发展与共享趋势探索出未来新业务与布局。在此目标下，万科于 2017 年落成了"设计公社"，打造

图2-8　共享单车重新定义了市民的出行方式

（图片来源：摩拜官网）

了一个兼具办公、居住、商业等多重功能的租赁型创业社区，在有限的城市空间内高效地满足人们生活、办公的诸多功能，并同时以低廉合理的租金，吸引了相关产业群聚，创造了一批上下游完整的创业社区，将工作的热情与家的温暖有机融合在一起，为城市注入了有别于传统职住分离的新活力。

2.2.8　连锁化

连锁经营是当前商业普遍采用的经营方式和组织形式，最早源自100多年前的美国。其通过对企业文化、形象和营销系统的标准化管理，实行规模经营，从而实现规模效益。随着互联网时代的来临，资金雄厚的连锁企业得以掌握更新颖、智能的营销技术与资源。再加上信息通信技术对信息不对称的瓦解所放大的马太效应（Matthew Effect）（在学界上指称一种名声累加的回馈现象），使得少数连锁品牌在愈发激烈的市场竞争当中，更容易占据一定的规模与优势，消费者很难再随机访问一家势力单薄的店面，出现了大者恒大、强者更强的极化局势。

连锁化也直接地影响了当下的中国街道，使之发生了巨大的变化。回到20年前的北京，耳熟能详的五道口、新街口、秀水街，都是受老百姓欢迎和经常光顾的商业街，聚集着各式风貌的业种业态，形成丰富、活力的城市景观。如今，街上的商家抵挡不住不断高涨的租金及大型连锁企业的威胁，而连锁企业也因租约、客流等诸多考量因素，从原本的街边店面趋向进驻商业综合体，使得往年风光的街道空间日渐低端、单调，活力也逐渐下降。

2.2.9　自然化

然而，不论科技如何进步，技术如何革新，未来城市的发展最终还是会回归到人对于自然环境的追求。当今我们在城市中所见的城市绿廊、慢行系统、绿地公园，在近郊、乡村地区发展的登山步道、国家公园、农家乐、旧村改造、青少年营地教育基地，抑或是对于健康城市、环境可持续等议题的提倡，这些都是人类由于仍怀有对大自然的依恋与向往衍生的趋势。我们在这日渐狭隘的人居环境中，仍旧尽力地保护自然环境并探索与之接触的更多可能。

未来城市基于技术发展的趋势下，是否能打破这样固化单调的城市形态，又会呈现出什么样的新面貌？这个问题值得好好思考。也许在未来，资源得以更有效、更公平的方式配给，而建成环境也将与自然环境更和谐地共存，使人类社会得以在文明发展的前提下更好地回归自然。

2.3 未来城市的研究与规划设计

科技的日新月异使人的生活方式产生了巨变，同时也影响了城市运作的各个层面。对于城市正在发生的种种变化，传统的规划设计理论与工具已不再足以应对新时代下的城市问题。然而，技术革新同时也为城市研究与实践带来了机遇——不仅促使了规划技术工具的突破与创新，更在信息通信技术近年来快速发展的背景之下，带动了数据存储、挖掘和可视化等技术的完善，开创了前所未见的新数据环境，使人们得以用截然不同的视角重新认识我们所生活的城市环境。

身为城市空间规划人员、决策者、相关研究人员的我们，要如何在这样的背景下，妥善利用这些新的数据、工具与技术方法，对未来的人居环境提出相应的策略？笔者在此结合了上述观察与相关研究工作，整理出以下面向未来城市研究与规划设计的几点看法：

● 中国的城市一般不能仅以"城市"作为理解，反而更像是"城市群"。再加上城市本身在这个快速变迁的时代下所面临的各种挑战，若是一味地搬弄国外的城市理论与规划策略来对应我国当前的"城市"，会造成很大的问题。

● 许多中小国家多仰赖 Google、Facebook 这些互联网巨头的产品，他们很难将新数据支持于国家社会经济发展。而具有独立平台的中国则不同——百度、腾讯、阿里巴巴等互联网企业为我国提供了良好、完整的新数据环境，能够大力地支持未来城市环境的研究与规划设计。

● 随着新数据环境的形成以及日益成熟的计算能力，再加上日臻完善的区域及城市分析和模拟方法，使得这些覆盖全国范围且细粒度的人居环境多维度探索成为可能。这有效提升了我国定量城市研究工作的质量，并对空间规划设计起到了积极的指导作用。

● 新数据时代下的大数据、开放数据更多的是基于"人"的尺度的数据。可以说，新数据时代带来的并不只是单纯的城市规划信息化，也不是仅在规划设计的过程中多了数据支持而已，更是一个使我国城市发展得以迈向更人本的新机遇。

● 新数据环境亦造成城市管理模式的变化：以往政府部门多通过下级部门分工式地收集信息数据与资料再进行上报，未来更可能是上级通过技术平台了解下级全面且精确的状况，再进一步发给下级确认信息；而北京市政府以往需要交通部门自行提交政务报告，如今上级单位已开始利用高德所提供的拥堵指数来考核交通部门的工作业绩。

● 结合实时的研究成果，完善规划与设计的方法论，并在数据增强设计（DAD：Data Augmented Design）方法论的指导下（详见第 10 章），形成对空间发展现状的精细化认知，包括所得到的经验和教训，从而持续完善面向未来的人居环境的相关研究与规划设计方案。

提到"未来城市"，或许就像是科幻小说、电影里才会出现的场景，是遥远的、抽象的、梦幻的。然而现实是，人类正处在第四次工业革命的开端——信息网络无所不在、传感设备性能更强大高效、交通运输技术大幅提升、人工智能也开始崭露锋芒。这些都正在逐步地形塑人类的未来城市。

纵观人类文明前三次的工业革命，我们在历史书上看到它们如何促成了人类进步、改变人居环境的空间组织。如今，第四次工业革命正以前所未有的速度席卷全球，我们更无法预见这场革命的尽头与极限。唯一能确定的是：物联网、无人驾驶、人工智能、机器人、大数据等技术变革正在也将继续对人类社会以及其所居住的建成环境带来巨大的影响。希望本章能够对读者有所启发，在开始后续的大数据获取、统计分析、可视化以及规划设计和城市研究应用的学习之前，了解到这些数据产生的背景是变化的城市系统，并认识到这种变化未来还将继续。

参考文献

[1]　Niedenthal P. M., Barsalou L. W., Winkielman P., et al. Embodiment in attitudes, social perception, and emotion[J]. Personality and Social Psychology Review, 2005, 9：184–211.

[2]　Barsalou, L. W. Grounded cognition[J]. Annual Review of Psychology, 2008, 59（1）：617–645.

[3]　Álvarez R, Duarte F, Alradwan A, et al. Re-imagining streetlight infrastructure as a digital urban platform[J]. Journal of Urban Technology, 2017, 24（2）：1–14.

[4]　周榕. 互联网文明怎样改变城市：得到精品课 [EB/OL]. https：//m.igetget.com/native/course/land?courseid=11

[5]　周榕. 互联网是新的城市，城市就是曾经的乡村 [J]. 住区，2017（1）：113–119.

第3章

城市新数据类型
与典型数据介绍

为了便于理解新数据在城市规划与研究中的应用，本章先简要对城市新数据进行介绍。鉴于城市新数据的多样性与复杂性，本章内容的"城市新数据"主要指"城市空间新数据"（本章以下简称"新数据"）。本章采用概述与重点相结合的方式，首先通过多种方式对新数据进行分类，然后对典型数据进行简要介绍，最后讨论目前新数据存在的问题及思考。

3.1 传统数据

城市规划工作需要大量的基础数据。传统上，基本可分为遥感测绘数据、统计数据、调查数据、知识数据、规划成果数据、业务数据等（表 3-1）。

传统规划数据常见类型 表 3-1

传统规划数据类型	常见数据例举
遥感测绘数据	如电子地图、航拍影像图、卫星遥感数据、地形图、建筑模型、地下管网数据等
统计数据	如社会、经济、人口等统计年鉴数据
调查数据	如规划现场踏勘数据集
知识数据	如论文期刊、规划案例、会议讲座、电子图书、照片视频等
规划成果数据	如总规、控规、专项规划成果等
业务数据	如规划院行政管理数据、各委办局专业数据等

3.2 新数据环境：城市空间新数据

城市空间新数据产生于新数据环境。与传统数据相比，新数据主要呈现出数据体量大、类别多、更多元、覆盖广、更新更快、精度更高、更以人为本等特点（图3-1）。目前对数据的分类方式较多，其中常见的为按数据来源、数据环境分类。

数据环境	数据体量	数据类别	数据来源	数据空间尺度	数据时间尺度	数据精度	数据价值
新数据环境	数据体量大	数据类别多	更多元	数据尺度覆盖更广	更新快、时效性强	精度更高	以人为本
	大数据、开放数据等数据量较大	建成环境数据、行为活动数据类型多	企业、开放组织、社交网站、智慧设施	城市、地块、街道、建筑	每月、每日、甚至每分钟更新	以单个的人或设施为基本单元	人群行为、移动、交流、评价
传统数据环境	数据体量较小	数据类别较少	来源有限	受行政区域限制	统计时间较长	精度较低	以地为本
	主要为统计类数据，数据量较小	多为建成环境数据	多为政府或遥感测绘、调查访谈	如街道办事处	年度数据、季度数据、月度数据	以团体单元为主	基于空间属性的数据为主

图3-1 城市空间新数据与传统数据的比较

3.2.1 按数据来源分类

按数据来源分类，数据可分为政府数据、开放组织数据、企业数据、社交数据及智慧设施数据（表3-2）。以下为具体的介绍：

1. 政府数据

政府数据主要是国家、部门和地方统计机构所公布的数据。政府数据长期以来都是城市规划工作最重要的信息来源，随着近年来政府的开放程度逐步提升，政府的各类统计数据以开放平台的方式出现，由政府部门牵头组织建立的各类信息公开平台已初具规模。目前已建成了例如国家数据、北京市政务数据资源网、上海政务数据公开网等系列成果，为城市规划工作提供了更加便利的信息查询端口。

2. 开放组织数据

近年来，在世界范围内逐渐产生了一批提供数据集成与分享的专业组织，通过开放平台的形式为用户提供数据支持。比较典型的为开放地图数据，如百度地图开放平台、开放街道地图（Open Street Map、OSM）、谷歌地球引擎（Google Earth Engine）等。此类组织提供的数据类型更为广泛，具有较强的时效性，可为城市规划工作提供更多的参考依据。

3. 企业数据

丰富的社会经济活动创造了庞大的数据，这些数据潜伏在各类企业平台之中。而目前的发展趋势为各类拥有海量数据的机构都在尝试以更加开放的姿态共享数据信息，以期达到共赢。在这进程中，大批互联网公司如淘宝、谷歌、百度、腾讯、移动、新浪微博等相继在一定程度上开放了自己的数据平台。虽然此类数据往往需要经过一系列后续分析才能为城市规划所用，却蕴含了更为广阔的挖掘潜力。

4. 社交网站数据

社交网站数据指人们通过一系列社交活动自发性地共享、交流等所产生的数据，如微博、微信等社交平台产生的数据。此类数据类型多样，形式丰富，但相对地在数据筛选、处理时的工作量较大。

5. 智慧设施数据

智慧设施数据指由传感器、人机交互设施等产生的数据，如 Wifi 探针、人脸摄像头、声光电传感器等产生的数据，是未来城市规划与设计中具有较大挖掘潜力的数据。

不同来源数据一览　　　　　　　　　　　　　　表 3-2

数据来源	网站 / 机构	数据类型
政府	国家数据❶	国家各类统计数据及可视化
	北京市政务数据资源网❷	北京市各类政务数据
	上海市政府数据服务网❸	上海市各类政务数据
开放组织	Creative Commons❹	知识共享
	Open Access Library❺	开放的期刊文章、技术报告、学位论文
	Open Street Map❻	众包数据源，提供街道信息
	SVG-EPS 地图❼	矢量地图数据
	Global Cities Data❽	众包数据源自行车数据
	Sightsmap❾	众包数据源拍照地址信息
	Google Earth Engine❿	处理卫星图像和其他地球观测数据云端运算
	城市数据派⓫	城市数据与智慧城市知识分享社区

❶ 国家数据 http://data.stats.gov.cn
❷ 北京市政务数据资源网 http://www.bjdata.gov.cn
❸ 上海市政府数据服务网 http://www.datashanghai.gov.cn
❹ Creative Commons https://creativecommons.org
❺ Open Access Library http://www.oalib.com
❻ Open Street Map http://www.openstreetmap.org
❼ SVG-EPS 地图 http://bbglab.irbbarcelona.org/svgmap
❽ Global Cities Data http://www.lboro.ac.uk/gawc/group.html
❾ Sightsmap http://www.sightsmap.com
❿ Google Earth Engine https://earthengine.google.com
⓫ 城市数据派 https://www.udparty.com

续表

数据来源	网站/机构	数据类型
开放组织	开放数据中国 ❶	介绍国外数据研究分析
	数据堂 ❷	提供科研数据服务于科研机构、研发企业等
	中国爬盟 ❸	以众包方式共享微博数据
	中国国家调查数据库 ❹	社会调查数据
	国家地球系统科学数据共享服务平台 ❺	资源、环境与人地关系、社会经济数据资源
	中国南北极数据中心 ❻	极地数据资源库
	阿里研究院 ❼	电子商务生态、产业升级、宏观经济
企业	百度	百度指数 ❽、百度迁移 ❾、POI 数据
	谷歌	地图数据、POI 数据
	MapABC、MapBar ❿	地理信息
	房天下、安居客	房产存量、交易、租赁等信息
	大众点评	与服务业相关的数据信息
	联合国综合数据库 ⓫	世界各地的综合信息和数据
	国际货币基金组织 ⓬	各类经济数据
	CEIC 全球数据库 ⓭	包含 128 个国家的经济信息
	世界银行 ⓮	各国发展的全面数据
	世行 EdStats ⓯	教育统计
	淘宝、阿里巴巴、京东	物流数据、消费信息
社交数据	微博、微信	与社会活动相关的位置信息、人脉信息、热点信息、生活习惯信息
智慧设施	传感器：距离传感器、光传感器、温度传感器、烟雾传感器、生理传感器	距离、路径、亮度、温度、情绪等
	人机交互设施：眼动追踪仪、虚拟现实眼镜	视觉关注、体验评价

❶ 开放数据中国 http://opendatachina.com
❷ 数据堂 http://www.datatang.com
❸ 中国爬盟 http://www.cnpameng.com
❹ 中国国家调查数据库 http://cnsda.ruc.edu.cn
❺ 国家地球系统科学数据共享服务平台 http://www.geodata.cn
❻ 中国南北极数据中心 http://www.chinare.org.cn
❼ 阿里研究院 https://www.aliresearch.com
❽ 百度指数 http://index.baidu.com
❾ 百度迁移 http://renqi.baidu.com/qianxiearth
❿ MapBar http://www.mapbar.com
⓫ 联合国综合数据库 http://data.un.org
⓬ 国际货币基金组织 http://www.imf.org
⓭ CEIC 全球数据库 http://www.ceicdata.com
⓮ 世界银行 http://www.shihang.org
⓯ 世行 EdStats http://datatopics.worldbank.org/education/

3.2.2 按数据环境分类

1. 建成环境数据（如地块、街道和建筑等）

建成环境数据由宏观、中观及微观数据构成，是物质环境的客观数据，反映建成环境的相应属性。如针对区域、街区、街道（道路）和建筑尺度的开发、土地利用与功能业态、形态及建筑环境等维度的数据。

2. 行为活动数据（人类电子足迹）

行为活动数据主要指人群活动产生的反映人行为活动规律及特征的数据，通过社交平台、传感器、监测器等形式记录并收集，可用于测度不同空间尺度的交通轨迹、人群出行、行为活动及空间活力等情况。

按数据环境分类的数据常运用于总体规划及各尺度的城市设计中（表3-3）。

建成环境数据及行为活动数据   表3-3

数据类型	测度维度	数据
建成环境数据	开发	遥感解译的土地利用、用地现状图（规划图）、土地利用图（国土）、房地产数据等
	土地利用与功能业态	用地性质、遥感影像、兴趣点、用地现状图（规划）、土地利用图（国土）、街景等
	形态	分等级路网、道路交叉口、建筑物、土地出让/规划许可、街景等
	建筑环境	能耗、水耗、声光热风测度、PM2.5等
行为活动数据	交通轨迹与出行（强调流量与轨迹）	公交地铁刷卡、滴滴、出租车、车载GPS、手机信令、城市热力图等
	活动（强调类型与分布）	普查人口、企业、手机、微博数据、大众点评、签到数据、公交IC卡刷卡数据、位置照片、百度热力图、高分辨率航拍图等
	活力（强调强度与质量）	街景评分、大众点评、手机信令数据、位置照片、微博数据、房价等

3.2.3 其他分类方式

除了常见的分类方式外，新数据还可按数据的几何形态、状态等方式分类（表3-4）。

其他分类方式一览   表3-4

分类方式	分类特征	数据分类	典型数据
按数据时空分辨率分类	强调数据的时空粒度	高时间—高空间	手机信令数据、GPS轨迹数据、出租车轨迹数据、智能手环数据、电网数据、物流数据、共享单车数据、航行数据、用水数据、微信宜出行数据

续表

分类方式	分类特征	数据分类	典型数据
按数据时空分辨率分类	强调数据的时空粒度	高时间 – 低空间	公交 IC 卡刷卡数据、大众点评、微博数据、网络游记、淘宝数据、Airbnb 数据、Flickr 照片、银联数据、地铁数据、公共自行车刷卡数据
		低时间 – 高空间	高分辨率影像、航拍数据、三维街景数据、网络开放地图数据、外卖平台数据
		低时间 – 低空间	光谱遥感、统计年鉴等
按数据几何形态分类	强调数据的空间属性	点数据	POI 数据、大众点评、签到数据
		线数据	道路数据、行车 / 行人轨迹
		面数据	遥感影像、土地利用
按数据状态分类	强调数据的变化及状态	静态数据	道路数据、土地利用、人口经济统计数据
		动态数据	行车数据、手机信令、公交 IC 卡刷卡数据
按数据开放程度分类	强调数据的获取途径	开放数据	Open Street Map、百度地图、人迹地图
		不开放数据	企业运营数据、政府不公开数据
按数据空间关联分类	强调数据的分析使用	位置数据	POI 数据、大众点评、公交 IC 卡刷卡数据
		联系数据	人迹地图、滴滴数据、摩拜数据
按数据收费与否分类	强调数据的经济价值	免费数据	开放地图数据、百度迁移
		收费数据	百度平台定制数据、智慧足迹等

3.3 典型城市空间新数据介绍

3.3.1 手机信令数据

手机信令数据是手机用户与发射基站或者微站之间的通信数据，产生于手机的位置移动以及打电话、发短信、规律性位置请求等。这些数据字段带有时间和位置属性，还有话单数据，体现用户之间的电话和短信联系等信息。数据空间分辨率多为基站（城市内多为 200m 左右，乡村地区则更大），时间分辨率可以精确到秒（但运营商多提供汇总到小时层面的数据）。在过去，这些历史大数据是企业的负担，只能被消极地保存或是直接销毁。近年来，移动运营商将数据提供给研究人员、咨询机构乃至政府部门，让本为负担的数据发挥巨大作用（详见第 14 章）。

目前，手机信令数据在城市规划领域主要应用于：城市人口居住和就业时空分布分析、地区人群的动向分析、特定人群的分布及活动特征分析、建成环境评价 / 规划实施评估、生活重心识别与评价、城市运行状态规划实施实时监测监控、交通出行 OD 分析、客流 OD 分析、客流路径分析、客流断面分析、地下轨道站点辐射范围分析、轨道换乘分析、高速公路的车速及拥堵分析等（图 3-2）。

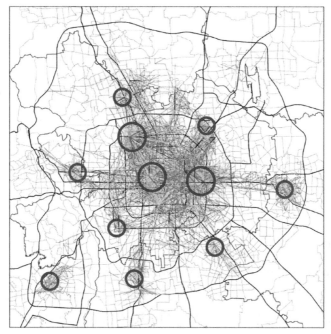

图 3-2　北京基站位置及人口情况分析

3.3.2　GPS 数据

全球定位系统（Global Positioning System，GPS）多体现了出租车、公交车、网约车、共享单车的位置信息和运营情况。其中，出租车轨迹多对应一个城市，网约车记录则多对应大量城市，而共享单车数据还记录了骑行过程中产生的定位轨迹、开关锁记录等信息。此类数据多结合其他辅助数据如土地使用、居民家庭出行调查数据、道路网络、交通分析小区（Transit-Oriented Zone，TAZ）边界等一起使用。GPS 数据的潜在应用领域主要是城市功能推测、道路拥堵指数计算、公交线网优化分析、商业区活力度比对、区间联系分析、主要商圈客源吸引力分析等。

3.3.3　大众点评及签到（check in）数据

社交网络大数据反映了人类活动的空间分布、活动类型及强度，如大众点评、微博签到等。大众点评是中国领先的本地生活信息及交易平台，也是全球最早建立的独立第三方消费点评网站之一，不仅为用户提供商户信息、消费点评及消费优惠等信息服务，同时也提供团购、餐厅预订、外卖及电子会员卡等 O2O（Online To Offline）交易服务（详见第 12 章 12.3 节）。数据可以通过 API（Application Programming Interface，应用程序编程接口）抓取，也可以通过网页源码抓取（详见第 4 章 4.1 节）。微博签到数据体现一个地点受欢迎的程度（"人气"）。结合签到的用户，可以构建地点之间的联系网络、评价地点相似性、评价用户偏好等（详见第 12 章 12.2 节）（图 3-3）。

图 3-3 点评（左）及签到（右）数据

（图片来源：官网截取）

3.3.4 POI 数据

POI（Point of Interest，兴趣点）也是目前城市规划领域应用较广的数据类型，是在线地图服务平台的引擎，多对应政府部门、各行各业的商业机构（加油站、百货公司、超市、餐厅、酒店、便利商店、医院等）、旅游景点（公园、公共厕所等）、古迹名胜、交通设施（各式车站、停车场、超速照相机、限速标示）等处所。多个互联网公司如导航公司、在线地图等均提供兴趣点获取的 API，可通过其获取（图 3-4）。

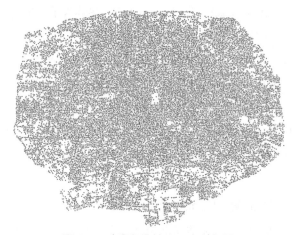

图 3-4 中国部分地区 POI 数据图

3.3.5 公交 IC 卡刷卡数据

公交 IC 卡刷卡数据（简称公交卡大数据，Smart Card Data，SCD）的数据结构比较简单，一般记录了持卡人的 ID、类型（如普通卡、学生卡和员工卡等）、上车 / 下车或上下车的详细时间和线路、车站编号，部分还记录了司机和车辆的 ID。相比传统的交通出行调查数据，SCD 的特点一般包括连续性好、覆盖面广、信息全面且易于动态更新、具有地理标识（Geo-tagged）和时间标签，同时获取成本较低。因此，SCD 可以作为大数据的一种来支持城市研究工作（详见第 11 章）（图 3-5）。其潜在

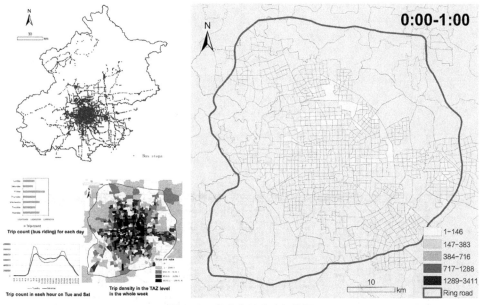

图 3-5　北京市公交出行数据

应用领域包括职住平衡评价、城市贫困与极端出行分析、乘客画像、公交线路调整优化、城市规划实施评价、群体出行识别、学生出行分析、灰色人群、城市功能识别等。

3.3.6　地图数据

地图数据具有丰富的空间信息，本节以 OSM 为例进行介绍。OSM 是一个在线地图协作计划，目标是创造一个能供所有人编辑的世界地图，该数据一般是由地图用户根据手持设备、航空影片以及对相关区域的熟悉等资料进行地图绘制和数据完善。OSM 数据以街道网络数据为主，如：高速路、主干道、自行车道、地铁等路网数据，同时还包括部分城市 POI 信息点和城市面状数据（工业区、住宅区等）。该数据采用开放数据共享开放数据库许可协议授权，官网提供在线区域下载和镜像下载服务，可以通过 OSM 官网在线浏览全球数据。

3.3.7　住房数据

住房数据产生于多个房地产企业，例如搜房网、安居客、链家网等。其中，基于网络爬取技术获得的搜房网上的写字楼数据，覆盖全国各大中城市的中心城市范围，其属性有名称、区域、地址、类型、级别、物业公司、物业管理费、车位数、开发商、层高、建筑面积等信息。在通过百度地图 API 匹配到空间后，将百度坐标转化为本地坐标。成立于 2007 年 1 月的安居客是国内领先的房地产租售服务平台，专注于房地产租售信息服务，全面覆盖新房、二手房、租房、商业地产四大业务，同时为开发商与经纪人提供高效的网络推广平台（图 3-6）。

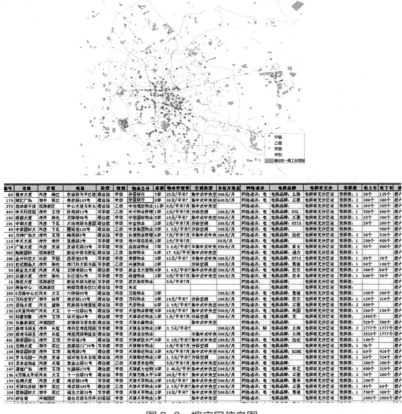

图 3-6　搜房网信息图

3.3.8　夜光影像数据

夜光影像数据是遥感传感器获取陆地 / 水体可见光源产生的数据。目前，美国、以色列、阿根廷、中国等拥有能够观测夜光的卫星，如 DMSP 系列卫星、Suomi NPP 卫星、SAC-C 卫星、SAC-D 卫星、EROS-B 卫星、吉林一号、国际空间站等。潜在研究领域为社会经济参数估算、城市化和区域发展评估、光污染等。

3.3.9　位置照片（Flickr 照片）

随着拍摄设备的普及和社交网络的发展，在线的具有位置信息的图片资源日益丰富。Flickr 作为雅虎旗下的图片分享网站，是一家提供免费及付费数位照片储存、分享方案等类型的线上服务，也提供网络社群服务的平台。图 3-7 分享的照片体现了游客或居民的城市 / 区域意象。这类位置照片数据可用于分析旅游关注点、城市意象空间等内容（详见第 13 章）。

3.3.10　街景图片

街景图片反映了客观的街道两侧的城市场景，为街道这种城市公共空间的调查和研究提供了较好的基础。百度地图、腾讯地图、谷歌地图等均提供街景图片，通过 API 可以大规模抓取感兴趣区域的所有街景图片，采用人工审计或机器学习模型自动识别 / 评价，可以对感兴趣的城市要素进行识别以及进行城市公共空间品质的评估（详见第 13 章）（图 3-8）。

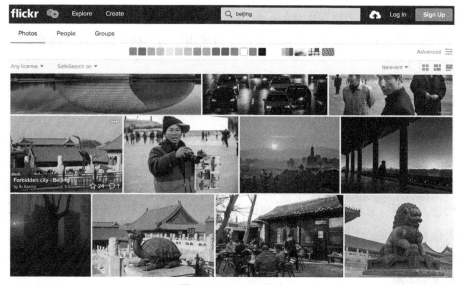

图 3-7　Flicker 照片

（图片来源：官网截取）

图 3-8　街景图片

3.3.11　腾讯宜出行

腾讯宜出行提供延时 1 分钟、全国任意地方的人流及拥挤情况查询，供任何个人用户使用，体现城市活动聚集及流动情况。通过关注宜出行微信公众号（只能通过移动端，目前没有桌面版本），可获得所在位置和感兴趣区域的人口密度情况——既可以查询当前状态，也可以追溯历史和预测短期未来（王江浩等，2016）。该数据为一种覆盖面比较广且空间分辨率较高（粒度精细到个人）的体现人群活动的数据，可作为一种基础数据支持城市空间结构评价和用地功能识别等研究（图 3-9）。

3.3.12　人口热力图

热力图以特殊高亮的形式显示了人群集中区域的空间分布，百度作为国内市民使用最为广泛的互联网平台之一，于 2011 年 1 月发布了百度热力图（HeatMap），基于智能手机使用者访问百度产品（如搜索、地图、天气、音乐等）时所携带的位置信息，按照位置聚类，计算各个地区内聚集的人群密度和人流速度，综合计算出聚类地点的热度，计算结果用不同的颜色和亮度反映人流量的空间差异。百度热力图的数据目前只能通过百度地图 APP 访问（没有桌面版本），粒度精细到个人，规模覆盖到全国。

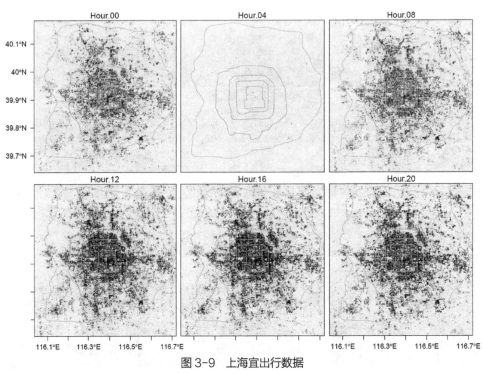

图 3-9　上海宜出行数据

（图片来源：王江浩）

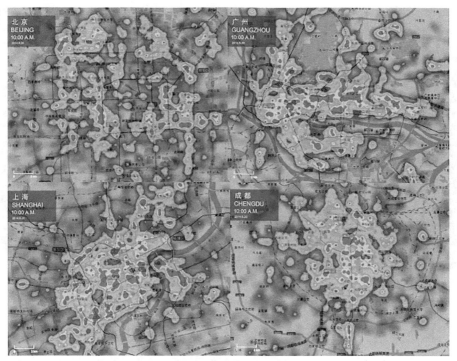

图 3-10　百度热力图

（图片来源：手机 APP 截取）

3.3.13　网上消费数据

网上消费数据主要指淘宝、京东、阿里巴巴等的数据，可通过挖掘及分析商家信息数据和用户信息数据（如购物评论）等，研究网络消费时空演变趋势、网络消费及销售区域联系特征等（席广亮等，2015）。

3.3.14　智慧足迹

智慧足迹基于中国联通位置及用户属性大数据，为各行业提供数据洞察报告、数据集及数据可视化系统等交付物。通过智慧足迹平台，采集手机原始信令数据和手机网络基础数据，利用匿名、聚合、外推的网络数据，进行过滤、分析、计算，经过高自动化和深度降噪处理，能快速提供有价值的位置和轨迹洞察服务，更好地反映出人群活动的特征与移动模式（图 3-11）。

3.3.15　Google Earth Engine

Google Earth Engine 是一个专门处理卫星图像和其他地球观测数据的云端运算平台，由谷歌与卡内基梅隆大学和美国地质调查局共同开发。此平台能够存取卫星图像和其他地球观测数据数据库中的资料并提供足够的运算能力来处理这些数据。该平台公共数据目录包括各种标准的地球科学栅格数据集，还可以上传栅格数据或矢

图 3-11　智慧足迹网页图

（图片来源：官网截取）

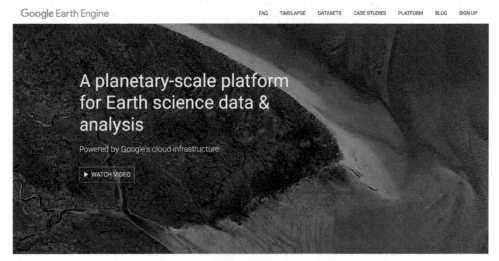

图 3-12　全球森林变化 2000—2012 年

（图片来源：官网截取）

量数据供个人使用或在脚本中共享。目前该平台提供的数据分为影像数据、地球物理数据、气候及水文数据、人口数据四类。其中，影像数据包括陆地卫星、探测数据、中分辨率及高分辨率图像和其他图像数据，地球物理数据包括地形、土地覆盖、耕地、表面温度等数据，气候及水文数据包括大气数据、天气及气候数据，人口数据包括世界人口及疟疾数据。平台的初始应用程序包括映射墨西哥的树林，辨认刚果盆地中的水，以及探测亚马逊的森林砍伐。

3.3.16 典型数据基本情况一览表

典型数据基本情况一览表　　　　　　　　　　　表 3-5

数据基本情况						
数据类型	空间	时间尺度	潜在应用领域	数据来源	建成环境/行为活动	位置/联系
手机信令数据	基站	秒/小时	城市人口居住和就业时空分布分析、地区人群的动向分析、特定人群的分布及活动特征分析、建成环境评价/规划实施评估、生活重心识别与评价、城市运行状态规划实施实时监测监控、交通出行 OD 分析、客流 OD 分析、客流路径分析、客流断面分析、地下轨道站点辐射范围分析、轨道换乘分析、高速公路的车速及拥堵分析等	企业	行为活动	位置/联系
公交 IC 卡刷卡数据	站点	秒	职住平衡、城市贫困、极端出行、乘客画像、线路调整、规划实施评价、群体出行、学生出行、灰色人群、城市功能识别等	企业	行为活动	位置/联系
出租车/网约车轨迹	点	秒	出行特征、城市功能、乘客画像等	企业	行为活动	位置/联系
共享单车骑行轨迹	点	秒	出行特征、最后一公里研究等	企业	行为活动	位置/联系
银联消费数据❶	点/交易设备	秒/小时/天	商圈消费及客流数据研究等	企业	行为活动	位置
智慧足迹数据❷	基站	秒/小时/天	通过匿名、聚合、外推的大数据能力，帮助政府精准服务、精确决策、精细分析，帮助企业挖掘潜客、选址营销、业务创新	企业	行为活动	位置/联系
Google Earth Engine	面	天/年	处理卫星图像和其他地球观测数据云端运算	开放组织	建成环境	位置/联系
百度慧眼数据❸	点	秒/小时/天	勾勒顾客画像、展现顾客轨迹、竞品分析对比、客流来源去向等	企业	行为活动	位置/联系
阿里数据❹	点	秒/小时/天	电商交易、搜索、物流、支付、广告、风控、电影、移动、视频、音乐、位置等分析	企业	行为活动	位置/联系
腾讯大数据❺	点	秒/小时/天	各类腾讯社交软件使用分析、腾讯移动、网站数据分析等	企业	行为活动	位置/联系

---

❶ 银联消费数据 https://www.unionpaysmart.com

❷ 智慧足迹数据 http://www.smartsteps.com

❸ 百度慧眼数据 http://huiyan.baidu.com

❹ 阿里数据 https://dt.alibaba.com

❺ 腾讯大数据 http://bigdata.qq.com

城市规划大数据理论与方法

续表

数据基本情况						
数据类型	空间	时间尺度	潜在应用领域	数据来源	建成环境/行为活动	位置/联系
TalkingData❶	点	秒/小时/天	TalkingData是国内领先的独立第三方移动数据服务平台,数据规模仅次于百度、阿里、腾讯(BAT)三大互联网巨头,也是目前唯一商业开放的能覆盖全国的数据源。应用领域与百度、腾讯等类似	企业	行为活动	位置/联系
公用设施大数据(水、电和天然气等)	设备	秒/小时/天	城市及建筑空间能耗分析及优化等	政府	行为活动	位置
兴趣点	点	年	各类公共设施、商业设施、政府、景点等分析	企业	建成环境	位置
大众点评数据	点	日/年	消费及活力情况分析	企业	建成环境/行为活动	位置
美团数据	点	日/年	消费及活力情况分析	企业	行为活动	位置
百度搜索:地名共现	地名	日	省份间的联系度	企业	行为活动	位置/联系
安居客数据	点	日	房价、地价、环境等	企业	行为活动	位置
房天下数据	点	日	房价、地价、环境等	企业	行为活动	位置
马蜂窝数据	点	日	旅游、景点、游线等分析	企业	行为活动	位置/联系
穷游数据	点	日	旅游、景点、游线等分析	企业	行为活动	位置/联系
豆瓣数据	点	日	同城活动的类型、地址和时间等分析	企业	建成环境/行为活动	位置
携程/去哪儿数据	点/地名	小时	城市网络(交通联系)等研究	企业	行为活动	位置/联系
京东数据	地名/仓	秒/日	网络消费时空分布及联系	企业	行为活动	位置/联系
淘宝数据	地名	秒	网络消费时空分布及联系	企业	行为活动	位置/联系
微博数据	点	秒	空间分析、文本分析、图片分析	社交网站	行为活动	位置/联系
签到数据	点	秒/累计	结合签到的用户,可以构建地点之间的联系网络、评价地点相似性、评价用户偏好等	社交网站	行为活动	位置/联系
影像地图数据(谷歌地球)	1m左右	年	影像分析,建设变化与建设差异	企业	建成环境(开发/形态)	位置

❶ TalkingData http://www.talkingdata.com

续表

数据基本情况						
数据类型	空间	时间尺度	潜在应用领域	数据来源	建成环境 / 行为活动	位置 / 联系
夜光影像数据❶	1km 和 500m	日 / 月	城市活力、发达程度	企业	建成环境（开发 / 形态）	位置
道路数据（osm）❷	道路	年	城市形态、交通组织	开放组织	建成环境（形态）	位置
位置照片（Flickr 照片）❸	点	日	游客 / 居民的旅游关注点、城市 / 区域意象	开放组织	建成环境（品质）/ 行为活动	位置
街景图片	点	年	城市空间品质、城市建设变化	企业	建成环境（品质）	位置
百度热力图数据❹	区域	小时	人群聚集时空分析	企业	行为活动	位置
腾讯宜出行数据❺	小区域	分钟	人群聚集时空分析	企业	行为活动	位置
LandScan❻	1km	年	人口分布分析	企业	行为活动	位置
行政区划❼	地名	年	行政区划	政府	其他	位置
青悦开放环境数据中心数据❽	设施	日	政府各类公开数据分析	开放组织	建成环境（品质）	位置
三维建筑物数据❾	建筑	年	城市建筑物分析	政府	建成环境（形态）	位置
城乡规划许可数据❿	地名	日	建设项目分析	政府	建成环境（开发）	位置
土地出让数据⓫	地名	日	土地管理情况分析	政府	建成环境（开发）	位置
判例文书数据⓬	地名	日	犯罪主题研究	政府	行为活动	位置

注：建成环境 / 行为活动分类参考上文按数据环境分类的内容。若无特殊说明，建成环境指"功能"，行为活动指"活动"。

位置 / 联系分类中，位置 / 联系既表示位置又表示联系，位置 - 联系表示可由位置信息推测计算联系。

❶ 夜光影像数据 https://www.ngdc.noaa.gov/eog/download.html

❷ 道路数据 https://mapzen.com/data/metro-extracts/ http://download.bbbike.org/osm/bbbike/

❸ Flickr 照片 http://webscope.sandbox.yahoo.com/catalog.php?datatype=i&did=67

❹ 百度热力图数据 https://baike.baidu.com/item/ 百度热力图 /3098963

❺ 腾讯宜出行数据 关注宜出行微信公众号（只能通过移动端，目前没有桌面版本）

❻ LandScan http://web.ornl.gov/sci/landscan/index.shtml

❼ 行政区划 http://www.xzqh.org

❽ 青悦开放环境数据中心数据 https://wat.epmap.org

❾ 三维建筑物数据 www.gaode.com www.openstreetmap.org

❿ 城乡规划许可数据 http://alturl.com/j2u82

⓫ 土地出让数据 http://www.bjgtj.gov.cn/col/col3489/index.html

⓬ 判例文书数据 http://wenshu.court.gov.cn

3.4 目前新数据存在的问题及相关思考

虽然新数据环境给城市规划带来极大的机遇,但现阶段,其中仍存在一定的问题。

3.4.1 数据有偏性

新数据往往存在"有偏性"(biased),仅仅反映了城市当中部分人群或者活动的情形。有偏性是对新数据最为常见的批评,例如基于手机位置的研究很难覆盖儿童与老人;而基于社交媒体的研究更多反映年轻人的行为。针对数据的有偏性,一方面,我们可以利用有偏的数据来研究特定人群,比如利用境外的微博位置数据来研究中华文化圈(Liu and Wang,2015),以及利用公交刷卡数据来刻画低收入人群。另一方面,我们可以利用"大数据"与"小数据"的匹配来部分纠正数据有偏带来的影响。当然,多数新数据没有传统数据对应。这些新数据则为我们认识城市系统打开了第一扇窗,仍旧具有相当大的价值。

3.4.2 作为替代变量的新数据

新数据往往仅作为研究对象的替代变量。由于不少新数据是作为数据平台的副产品或者"数据尾气"而产生(如使用公交卡的主要目的并非搜集人们的出行行为,而是为了方便支付与管理公交费用),新数据大多不是为城市研究"量身定做",因而在使用中需要将新数据用作研究对象的替代变量。例如,在现有城市研究中,微博数据被用来"替代"或"估计"土地利用、城市活力、少数族裔、社会联系和人口迁徙(Wu et al.,2016)。显然,微博数据作为不同研究对象的替代变量的合适程度是不同的,我们需要小心考虑数据本身到底"代表"了什么。

3.4.3 黑箱算法与专有平台

目前研究中所使用的新数据不少来自各种专有平台(如互联网公司与城市公共设施运行平台),而这些平台所采用的数据方法对于外部研究者而言如同"黑箱"。由于黑箱的存在,针对同一研究对象,采用来自不同平台的数据时往往会得到不同的结果。例如,国内不少互联网公司利用智能手机的定位功能以及用户对程序的调用来追踪用户的空间移动,从而在节假日前后发布全国范围内的人口迁徙地图。而由于不同互联网公司算法中对于"迁徙"行为的定义、选取、记录与表达算法的不同,所揭示的迁徙行为也大相径庭。例如,如果某用户自驾从北京通过廊坊前往天津,全程大约需两小时。在这两小时中,平台A如果选择每小时记录用户位置,将有可能得到两段迁徙行为:北京—廊坊与廊坊—天津。平台B若选择每半天记录一次用户位置,则有可能只记录一段北京到天津的位置移动。在平台 A 的数据中，廊坊在迁徙当中的"中心性"被放大了，而平台 B 的数据似乎更贴近真实迁徙行为。为了更好地利用新数据，我们亟需对专有平台和黑箱算法进行探索性的研究。

3.4.4 平台空间划分与人类空间认知的差异

不少专有平台对于城市地理空间（space）都有特定的划分，而这一划分与人类的空间认知中的地方（place）往往有差别。例如，不少商业分类网站当中都有"商圈"的标识，通过网站识别和设定的"商圈"，用户可以方便地聚焦选择。但是网站所定义的"商圈"往往与规划中设定的商圈以及人们认知当中的商圈不尽相同。因此，利用新数据的城市研究需要注意平台定义的空间（space）与人类认知当中的地方（place）之间的差异。

3.4.5 空间定位的精度

城市研究中所采用的新数据的空间定位有不确定性，往往体现在如下几个方面。第一，在对于基于位置的社交媒体的研究当中，我们发现如果用户提供了较大范围／较为模糊的空间信息，系统仍将自动赋予精细的地理坐标。例如，大多数定位信息仅为"美国"的带位置微博将会被定位到美国地理中心的堪萨斯州与俄克拉何马州附近，而这些州在实际情形中往往不是微博活动的热点地区。第二，数据平台本身的设置也会对空间信息带来不确定性，而手机定位精度往往取决于手机基站的空间分布。第三，用户刻意提供不正确或者假冒（location spoofing）的地理坐标（如伪签到）。第四，空间位置的精度本身也随时间与空间而变化，如 OSM 数据质量在不同城市之间相差较大。由于空间研究当中可变单元问题与不确定地理环境问题等的存在（Kwan，2012），这些不确定的空间位置信息对于研究结果质量的影响将会被放大。

3.4.6 数据与方法的可比性

利用新数据的城市研究需要一些经典的共享数据集作为标准来对研究方法与结果进行比较。例如，社会网络分析中的空手道网络（Zachary's Karate Club）数据已经成为新的社交网络分析方法的"试金石"。一方面，由于新数据的数据量一般较大，对其回归及其他统计分析结果往往在统计意义上显著，因此需要显著性以外的对方法和结果的比较方式。另一方面，数据来源和方法的限制导致研究同一主题的研究之间缺乏可比性。鉴于此，新数据环境下的城市研究亟需开放的经典数据集，新方法提出时需要将其对经典数据集的分析结果与现有方法的分析结果进行对比。

参考文献

[1]　李乐 . 大数据在城市规划中的应用研究 [A]. 中国科学技术协会 , 广东省人民政府 . 第十七届中国科协年会——分 16 大数据与城乡治理研讨会论文集 [C]. 中国科学技术协会 , 广东省人民政府 , 2015：9.

[2]　王德 . 手机信令数据在城市规划领域的应用 : 框架与案例 [EB/OL]. Esri 2017 用户大会 , http：//www.esrichina.com.cn/market/2017uc/download.html.

[3]　王江浩 , 邓羽 , 宋辞 , 等 . 北京城区交通时间可达性测度及其空间特征分析（英文）[J]. Journal of Geographical Sciences，2016（12）：1754–1768.

[4]　席广亮 , 甄峰 , 张敏 , 等 . 网络消费时空演变及区域联系特征研究 : 以京东商城为例 [J]. 地理科学，2015（11）：1372–1380.

[5]　Liu X., Wang J. The geography of Weibo[J]. Environment and Planning A，2015，47（6）：1231–1234.

[6]　Wu W., Wang J., Dai T. The geography of cultural ties and human mobility : big data in urban contexts[J]. Annals of the American Association of Geographers，2016，106（3）：612–630.

[7]　Kwan, MP. The uncertain geographic context problem: implications for geographic and health research[J]. Annals of the Association of American Geographers，2012，102（5）：958–968.

第4章

城市大数据的获取与清洗

数据的获取与处理是进行定量城市分析所需的重要前置作业，此阶段的工作决定了后续分析的效度与质量。通常在初步获取数据后，需要根据研究内容、分析目的判定数据类型或特征等，并纠正偏差过大、不完整的数据以筛选有效内容，再进一步统一数据逻辑或是转换为网络分析所需之数据格式。本章着重讲述通过多种方式（如结构化网页方式、API 方式、抓包方式等）进行城市大数据的获取及清洗，并根据每种方式的详细步骤和代码进行详细说明。

4.1　空间大数据及获取

与大数据和开放数据构成的新数据环境相对的是"传统数据"，包括统计数据、调查数据、遥感测绘数据以及在网站上所公布的信息数据等数据类型。其中年鉴数据可通过登录中华人民共和国国家统计局网站（http：//www.stats.gov.cn/tjsj/ndsj/）及中华人民共和国住房和城乡建设部网站（http：//www.mohurd.gov.cn/xytj/index.html）等渠道下载相对应年份、地区的统计年鉴，或通过图书馆订阅的 CNKI、万方数据库等正规渠道购买数据；调查数据可通过街头走访得到问卷调查数据，也可通过在线问卷调查如问卷星、Microsoft Forms 等方式获得。

而新数据中的空间大数据可通过多种方式获取，例如通过购买服务、免费网络资源、合作 / 共享 / 以物换物、自学及参加培训等方式；同时也可以通过人工采集获取，如对照电子地图补充、更新已有数据等。目前，大多组织也会分享一些数据及软件，比如北京城市实验室（BCL）、GeoHey 会定期贡献一些开放数据等。

本节着重讲解如何自行利用不同方式进行数据的人工采集。

4.1.1 结构化网页数据采集

结构化网页数据采集是将网页中的结构化数据按照一定的需求采集下来。此种方法适合于直接可以看到信息的网页，如有关美食的大众点评、有关住房的安居客和搜房网、有关商业的企信宝以及有关政府的中国土地市场网等网页。

对于结构化网页数据采集的整体基本思路为：

1）定位查找数据源的网络地址；

2）将获取的网络开放数据保存在本地；

3）数据的清洗、预处理；

4）地理编码及坐标系统转换。

下面将演示如何使用火车采集器软件爬取网页数据——以安居客为例。

工具：安装 Chrome 开发者工具（Chrome DevTools）用于查看网页要素、抓包分析、Javascript 调试等；火车头软件。

（1）打开主操作界面，新建分组

打开火车采集器软件，点击左上角的"新建"然后点击"分组"进入新建页面，在站点名输入想要采集的网站的名称,然后保存即可。通常在"采网址"和"采内容"选项下打勾（图4-1）。

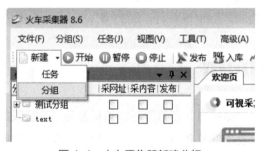

图4-1　火车采集器新建分组

（2）新建任务

选择新建好的分组，点击左上角的"新建"，然后点击"任务"进入新建页面。任务名根据要采集的对象命名，本节以北京小区为例。

在新建任务这个页面中，一共包含4个步骤，依次是采集网址规则、采集内容规则、发布内容设置和文件保存及部分高级设置（图4-2）。

第一步：采集网址规则	第二步：采集内容规则	第三步：发布内容设置	文件保存及部分高级设置

图4-2　火车采集器4个步骤

（3）添加网址

点击"起始网址"栏右侧的"添加"按钮，常用的为单条网址和批量/多页，也可以通过自己制作的文本导入。在地址栏输入需要采集的网站地址，点击"添加"，地址就会自动保存到下面，点击"完成"即可。

当一个页面有多个子页面及采集多个页面内容的情况下使用批量/多页方式。例如，一个城市页面，子页面有公交线路、旅游风景等情况下使用该方式。点击完成后，回到上一个界面，点击右下角的"测试网址采集"按钮，开始采集网址。

本节中，我们以添加北京安居客小区数据的网址为例，当遇到爬取列表有多页时，可以从中找到网址命名规律，如 https://bj.fang.anjuke.com/loupan/all/p26/。网页中，最后的数字 26 代表第 26 页（图 4-3），所以我们采取批量/多页的方式，通过网页观察列表页数最多为 26，所以在项数填 26，公差为 1（图 4-4）。

图 4-3　查找所需获取数据网页最大页数

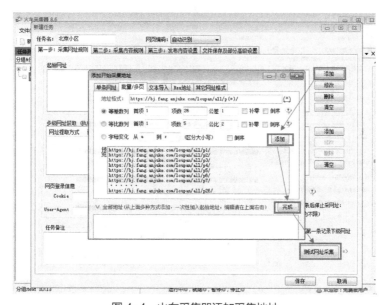

图 4-4　火车采集器添加采集地址

（4）明确抓取内容

在"典型页面"中填入网页地址，点击右上角的"测试"按钮，下面的文本框就会显示该网址的 html 代码。根据这些 html 和自己需要采集的内容制定标签，在页面内容标签定义中，点击"添加"按钮来添加"标题"项，或者直接双击"标题"项进行修改，进入添加标签定义页面（图 4-5）。

输入标签名，标签名对应所要采集的数据。在该标签页面中，有相应的功能，支持前后截取、正则提取及标签组合等方式，其中前后截取方式具体如 <title>123</title> 中，开始字符串为 <title>，结束字符串为 </title>，那么采集的数据则为 123，文件的下载支持图片、flash 等文件，在自定义固定格式的数据中，有更多格式对网页进行过滤。

标签规则制定完以后，点击"确定"按钮保存，回到上一个页面，然后点击页面的"测试"按钮，使用标签对网页进行过滤，查看效果，做及时的修改；如果结果没问题，该步骤完成。

这里以安居客为例，分别详细介绍小区名称、小区地址、当月价格的选取方式。

首先在所要爬取数据的页面按 F12，进入开发者工具，点击 选取标志，然后可以通过鼠标依次点击小区名称、小区地址及当月价格等页面中所需要的信息对应位置，获取相关代码（图 4-6），若不能找到相对应的信息，也可以按 Ctrl+F 搜索相对应的内容获取相关代码，例如在网页上没有发现经纬度的显示信息，可以在开发者模式中按 Ctrl+F 搜索该地区的经度 116° 或该地区纬度 39° 等信息来查找。

小区名称：把鼠标放在小区名称处，右侧会对应地跳转到该内容，然后右键，点击"Copy"，接着点击"Copy element"，此处复制内容为 金樾和著 （图 4-7）。

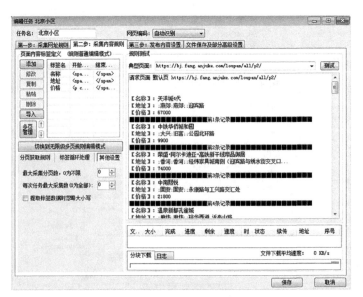

图 4-5　火车采集器添加标签

图4-6　网页选取数据要素

图4-7　网页选取小区名称要素

　　转到火车采集器软件，点击"添加"，输入标签名"名称"，在提取数据方式处选择"前后截取"，在开始字符串处粘贴在网页复制的小区名称之前的内容，小区名称处用（＊）表示，其中（＊）代替所要采集的参数，在结束字符串处粘贴所要采集小区名称后的内容（图4-8）。

　　小区地址：把鼠标放在小区地址处，右侧会对应地跳转到该内容，然后右键，点击"Copy"，接着点击"Copy element"（图4-9）。

　　然后转到火车采集器软件，点击"添加"，输入标签名"地址"，在提取数据方式处选择"前后截取"，在开始字符串处粘贴在网页复制的小区地址之前的内容，小区名称处用（＊）表示，其中（＊）代替所要采集的参数，在结束字符串处粘贴所要采集小区地址后的内容（图4-10）。

　　当月价格：把鼠标放在小区价格处，右侧会对应地跳转到该内容，然后右键，点击"Copy"，接着点击"Copy element"（图4-11）。

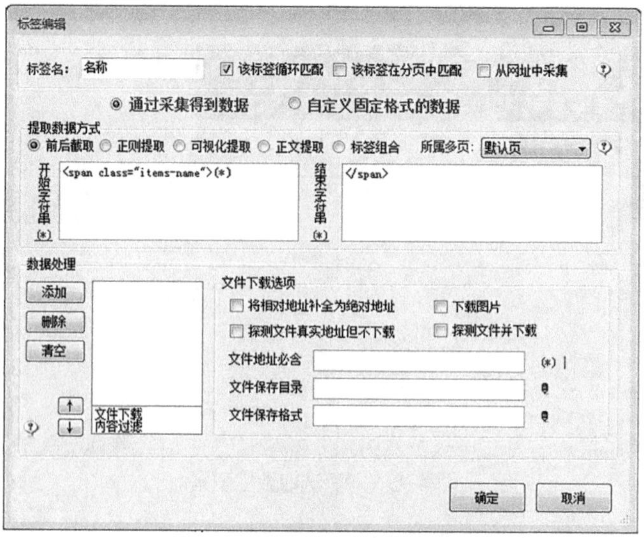

图 4-8　火车采集器中提取小区名称

图 4-9　网页选取小区地址要素

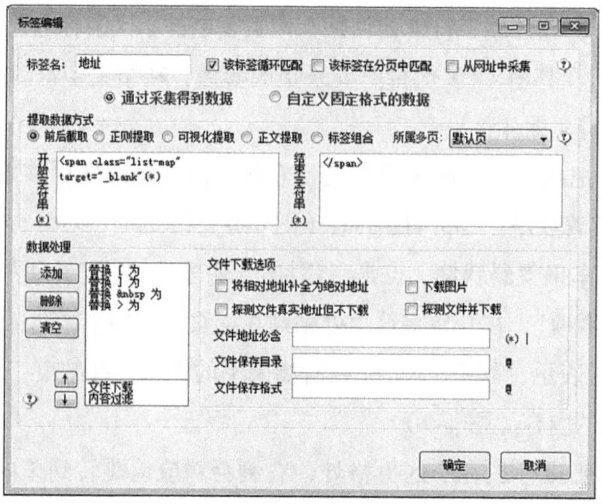

图 4-10　火车采集器中提取小区地址

图 4-11　网页选取小区价格要素

　　然后转到火车采集器软件，点击"添加"，输入标签名"价格"，在提取数据方式处选择"前后截取"，在开始字符串处粘贴在网页复制的小区价格之前的内容，小区名称处用（*）表示，其中（*）代替所要采集的参数，在结束字符串处粘贴所要采集小区价格后的内容（图 4-12）。

　　（5）同步清洗

　　测试火车采集器在提取内容的同时提供了内容清洗的功能，如地址内容中存在" "等不需要的字符，可以利用数据处理栏中内容替换功能把不需要的内容替换为空，达到数据清洗的功效，同时也提供将结果汉译英、字符编码转换等功能，减少数据清洗的难度。

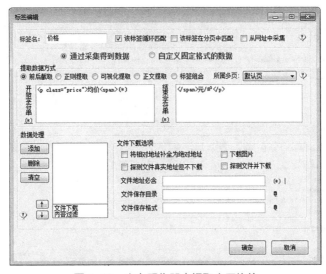

图 4-12　火车采集器中提取小区均价

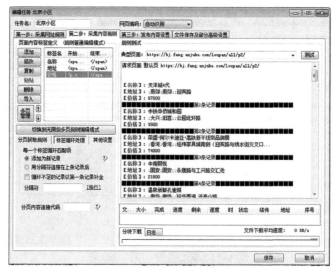

图 4-13　火车头采集器数据测试

当需要的数据标签都添加完成，在规则测试区域点击"测试"按钮，页面右侧会出现所添加的标签及其相应的数据内容（图 4-13）。

（6）发布内容设置

在该页面中，主要是对采集好的数据进行保存。这里有多种保存方式，第一种是直接发送到自己网站的根目录；第二种是保存 Html、Txt、Cvs 等三种文件格式，其中 Html 方式支持 Html 模版；第三种则是直接保存至数据库，支持的数据库有 Access、Mysql、Oracle 等 4 种数据库方式，需要先建立好数据库和表。我们多用第二种保存为本地文件，具体操作为：在方式二前的方框中打上对勾，火车采集器软件提供了默认模版，点击查看默认模版，将默认模版用记事本打开，进行如下设置（注意：逗号一定要在英文输入法状态下输入）（图 4-14）。

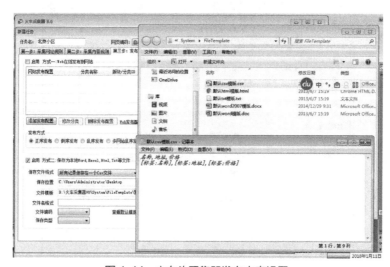

图 4-14　火车头采集器发布内容设置

以上 6 步完成后，点击"保存"按钮，采集设计就完成了。

主界面在"采网址"及"采内容"下打对勾，即可完成对安居客网页上小区的名称、地址及当月价格数据的获取。

对于有些网页下载下来的经纬度是百度坐标或者火星坐标，可以运用万能坐标转换器等软件将百度坐标转为地球坐标方便使用；对于只能爬取地址但不能轻易获取经纬度的情况，可使用 GeoSharp 等软件使用地理编码工具将地址转成经纬度坐标。

4.1.2 基于 API 的数据采集

API（Application Programming Interface，应用程序编程接口）是一些预先定义的函数，目的是提供应用程序开发人员基于某软件或硬件得以访问一组程序的能力，而又无需访问源码，或理解程序内部工作机制的细节。

图 4-15 API 服务商的双向过程

API 服务商在提供数据的同时也在收集用户的信息，这是一个双向过程（图 4-15）。

常用的 API 有百度地图 API、微博 API、腾讯 API、淘宝 API 等。我们可以通过 API Store（http : //apistore.baidu.com）查找需要的 API 接口，API Store 里有上千种网站的 API 接口可供选择。

API 类型数据的获取——以通过百度地图 API 获取北京饭店数据为例

首先在百度地图开发者平台中点击控制台申请开发者密钥（ak），以下内容为必填项（图 4-16）。

百度地图 Web 服务 API 中提供了地点检索服务、正 / 逆地理编码服务、路

图 4-16 申请百度地图开发者密钥

线规划、批量算数、时区服务、坐标转换服务及鹰眼轨迹服务等。其中地点检索服务（又名 Place API），提供多种场景的地点（POI）检索功能，包括城市检索、周边检索、矩形区域检索。开发者可通过接口获取地点（POI）基础或详细地理信息，其返回的是 Json 类型数据（一个区域最大返回数为 400，每页最大返回数为 20）。当某区域、某类 POI 个数多于 400 时，可选择把该区域分成子区域进行检索或通过矩形、圆形区域方式进行检索。查阅页面中 Place 检索示例如图 4-17 所示。

```
http://api.map.baidu.com/place/v2/search?query=ATM机&tag=银行&region=北京&output=json&ak=您的ak /
/GET请求
```

图 4-17　Place 检索链接

其中"银行"、"北京"、"您的 ak"可以根据自己的需要替换，而 page_num 为选填项，表示分页页码，由于只有设置了 page_num 字段，才会在结果页面中返回表示总条数的 total 字段，方便在火车采集器中做相关设置，如下：

http：//api.map.baidu.coplace/v2/search?query= 饭店 &tag= 美食 &region= 北京 &output=json&page_num=0&ak=mvW5fCjRXyPYYBDBBccTIGGXa3ohoBj8

访问该网址，返回结果如图 4-18 所示。

在火车采集软件中，操作方法与结构化网页数据采集相同。首先新建任务，命名为"百度 API"；然后在第一步——采集网址规则页面，点击"添加"键，在添加开始采集网址页面，选择"批量 / 多页"方式获取网页地址，在网址格式一栏中填入 Place 检索链接，并将 page_num 字段用（*）表示为变量，选择等差数列方式，在项数与返回 Json 结果中 total 字段相一致，公差为 1（图 4-19）。

在访问百度地图 API 接口返回的 Json 结果网页中，在需要提取信息处复制该条信息。例如，此处点击复制获得 "name" : " 鑫馨阁饭庄 "，（图 4-20）。

图 4-18　Place 检索返回结果页面

图 4-19　火车采集器添加采集地址

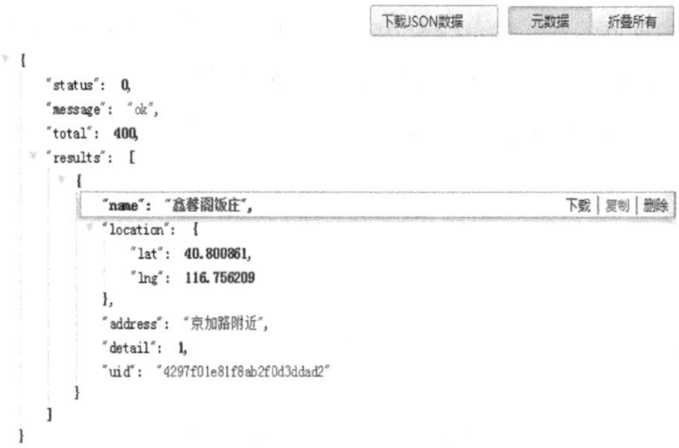

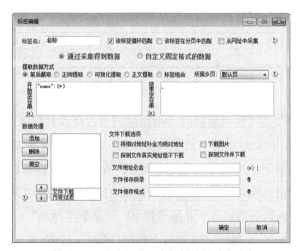

下载JSON数据
元数据
折叠所有
{
"status": 0,
"message": "ok",
"total": 400,
"results": [
{
"name": "鑫馨阁饭庄",
下载 | 复制 | 删除
"location": {
"lat": 40.800861,
"lng": 116.756209
},
"address": "京加路附近",
"detail": 1,
"uid": "4297f01e81f8ab2f0d3ddad2"
}
]
}

图 4-20　火车采集器添加采集地址

在火车头采集器第二步采集内容规则页面，添加标签，标签名填入“名称”，提取数据方式处选择“前后截取”，在标签编辑页面中用（*）代替要采集的内容，并将要采集内容的前后内容分别填入“开始字符串”、“结束字符串”处，方法同结构化网址内容采集（图 4–21）。

标签编辑
标签名: 名称
该标签循环匹配
该标签在分页中匹配
从网址中采集
通过采集得到数据
自定义固定格式的数据
提取数据方式
前后截取
正则提取
可视化提取
正文提取
标签组合
所属多页: 默认页
开始字符串(*)
"name": (*)
结束字符串(*)
,
数据处理
添加
删除
清空
文件下载
内容过滤
文件下载选项
将相对地址补全为绝对地址
下载图片
探测文件真实地址但不下载
探测文件并下载
文件地址必含
文件保存目录
文件保存格式
确定
取消

图 4-21　火车采集器中标签编辑（名称）

经度、纬度的获取方法与“名称”方式相同，在访问百度地图 API 接口返回的 Json 结果网页，在需要提取信息的纬度 lat 处复制该条信息。例如，此处点击复制获得 "lat"：40.800861，（图 4–22）。

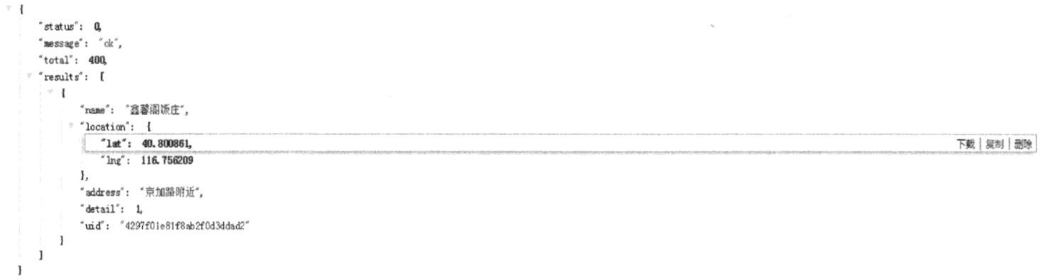

{
"status": 0,
"message": "ok",
"total": 400,
"results": [
{
"name": "鑫馨阁饭庄",
"location": {
"lat": 40.800861,
下载 | 复制 | 删除
"lng": 116.756209
},
"address": "京加路附近",
"detail": 1,
"uid": "4297f01e81f8ab2f0d3ddad2"
}
]
}

图 4-22　百度地图 API 返回 Json 结果

在火车头采集器第二步采集内容规则页面，添加标签，标签名填入纬度，提取数据方式处选择"前后截取"，在标签编辑页面中用（＊）代替要采集的内容，并将要采集内容的前后内容分别填入"开始字符串"、"结束字符串"处，方法同结构化网址内容采集（图4-23）。

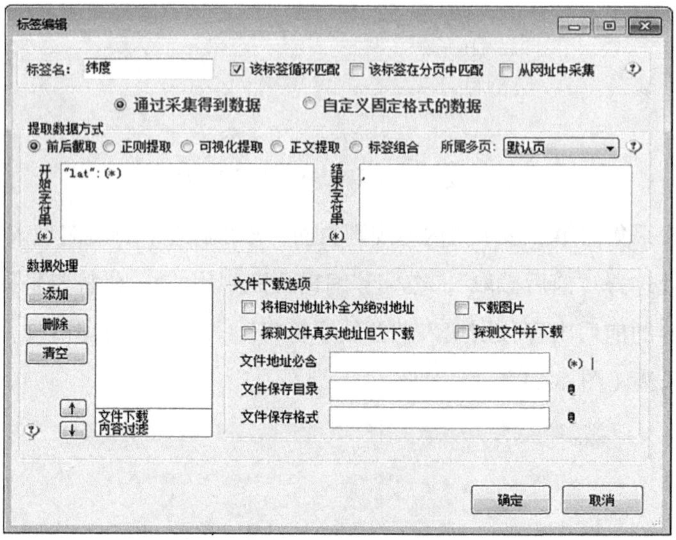

图 4-23　火车采集器中标签编辑（纬度）

在访问百度地图 API 接口返回的 Json 结果网页，在需要提取信息经度 lng 处复制该条信息。例如，此处点击复制获得 "lng"：116.756209（图4-24）。

在火车头采集器第二步采集内容规则页面，添加标签，标签名填入经度，提取数据方式处选择"前后截取"，在标签编辑页面中用（＊）代替要采集的内容，并将要采集内容的前后内容分别填入"开始字符串"、"结束字符串"处（图4-25）。

添加完成后，点击规则测试页面的"测试"键，对 POI 的"名称"、"经度"、"纬度"三种标签进行测试，测试可以得到正确获取信息之后，进入"第三步：发

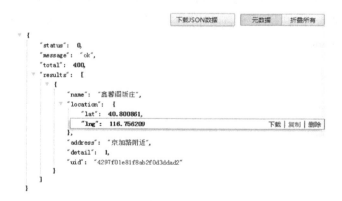

图 4-24　百度地图 API 返回 Json 结果

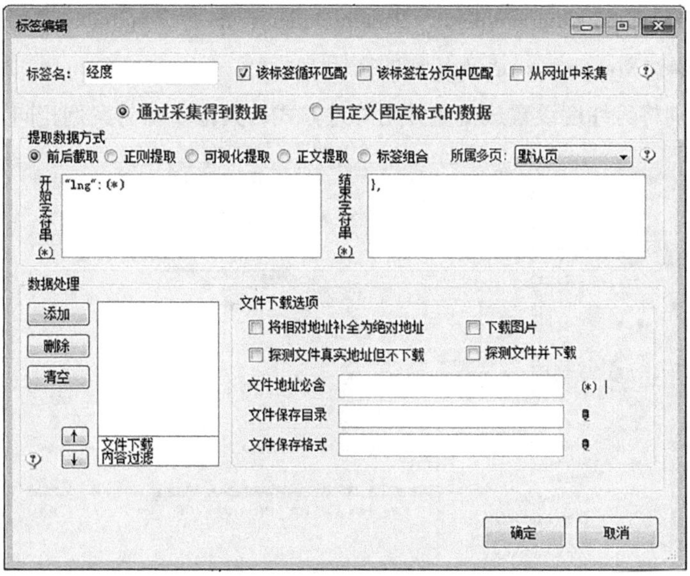

图 4-25　火车采集器中标签编辑（经度）

图 4-26　火车采集器中数据保存

布内容设置"页面，选择"方式二：保存为本地 Word，Excel，Html，Txt 等文件"，并制作与标签相对应的 Csv 格式的模版，完成以后，点击"保存"按钮，采集数据就完成了（图 4-26）。

　　退回到主界面，在"采网址"及"采内容"下打对勾，即可完成百度地图北京饭店的数据获取，但由于北京饭店超过 400 家，所以可以将北京分成 1km×1km 或更小的子区域，用矩形区域搜索方式进行爬取，与本案例不同的是，在"添加采集地址"步骤对话框中，地址格式位置需填入带有经纬度的请求网址，如

http：//api.map.baidu.com/place/v2/search?query= 银 行 &bounds=39.915，116.404，39.975，116.414&output=json&ak={ 您的密钥 }

然后分别将经纬度设置成变量并用等差方式，其他步骤与案例相同（图 4-27）。

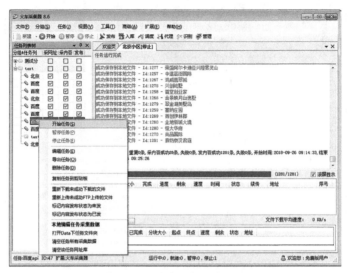

图 4-27　火车采集器主界面

4.1.3　抓包工具

抓包工具的作用是发现隐藏的数据 URL。有些数据不是直接呈现在网页上，不能直接爬取，例如腾讯热力图、百度迁徙数据等，它以可视化的形式呈现，没有直接呈现为相应的数值列表。这时我们需要抓包工具来查找数据源从而得到相应数据，通过抓包方式得到完整 Json 并将其字段化。

1. 以百度迁徙为例

首先找到带有有用数据的链接。打开百度迁徙网页（http：//qianxi.baidu.com），点击 F12 进入开发者工具，并再次刷新网页，在 Network 下的 XHR（XMLHttpRequest）中找到如图 4-28 所示的网址（找网址的技巧：选择网址中带"？"，其中"？"代表参数）（图 4-29）。该网址提供迁入 in、迁出 out 及最热线路三种方式排名，时间段等参数根据需要自己设置。我们以迁入人数排名前十名的城市为例，通过抓包工具，获取迁入城市前十名的城市名称以及迁入指数。

其次在火车采集软件中进行数据获取。在火车采集软件中新建任务，在"第一步：采集网址规则"页面部分选择单条网址方式，并填入在百度迁徙网页中找到的可以返回数据的链接，并修改成自己需要的方式，例如：

图 4-28　百度迁徙网页

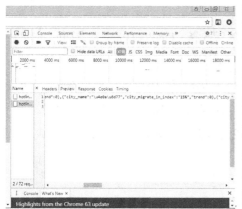

图 4-29　百度迁徙网页中有效数据位置

图 4-30　百度采集器标签编辑中的数据处理

http : //qianxi.baidu.com/api/hotline.php?callback=jQuery1720405815424767751_151
5681002909&date=20180111&type=in&_=1515681007671

　　然后进入"第二步：采集内容规则"页面，添加标签，并进行标签编辑。值得
注意的是,该处网址返回城市名称结果是 JavaScript 格式,需要通过"数据处理"中"高
级功能"下的"字符编码转换",在字符编 / 解码一栏中选择对应 From JS String 方式
进行解码（图 4-30）。

　　其他步骤同结构化网页数据获取方法,本案例只展示迁入前十名的城市名称及
迁入量。若需要做全国城市与城市之间的迁入、迁出量,可以在 Excel 中先整理好
两两城市间的迁入或迁出的相应链接并存成文本文件类型,然后在"第一步：采集
网址规则"页面,选择"文本导入"的方式导入整理好的文本文件,后续步骤与该
案例相同。

　　2. 以宜出行为例

　　抓包的另外一种形式是手机抓包,可以通过下载并安装 Fiddler 软件等抓包软
件进行抓包。Fiddler 是位于客户端和服务器端的 Http 代理,也是目前最常用的 Http
抓包工具之一。它能够记录客户端和服务器之间的所有 Http 请求,可以针对特定的
Http 请求,分析请求数据、设置断点、调试 Web 应用、修改请求的数据,甚至可以
修改服务器返回的数据,功能非常强大,是 Web 调试的利器。也就是说,客户端的
所有请求都要先经过 Fiddler,然后转发到相应的服务器,反之,服务器端的所有响应,
也都会先经过 Fiddler,然后发送到客户端,基于这个原因, Fiddler 支持所有可以设
置 Http 代 理 为 127.0.0.1 :
8888 的浏览器和应用程序。
使 用 了 Fiddler 之 后, Web
客户端和服务器的请求如图
4-31 所示。

图 4-31　Fiddler 抓包的原理

以下以腾讯宜出行数据为例。

启动 Fiddler，打开菜单栏中的"Tools"然后选择"Fiddler Options"，打开"Fiddler Options"对话框（图 4-32）。

在"Fiddler Options"对话框切换到"Connections"选项卡，然后勾选"Allow remote computers to connect"后面的复选框，然后点击"OK"按钮（图 4-33）。

在计算机本机命令行输入：ipconfig，找到本机的 ip 地址（图 4-34）。

图 4-32　Fiddler Options 选项位置

图 4-33　Connections 选项卡设置

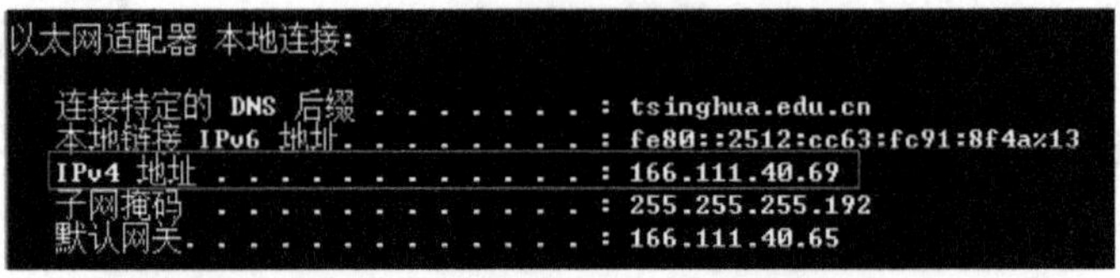

以太网适配器 本地连接：

```
   连接特定的 DNS 后缀 . . . . . . . . : tsinghua.edu.cn
   本地链接 IPv6 地址. . . . . . . . . : fe80::2512:cc63:fc91:8f4a%13
   IPv4 地址 . . . . . . . . . . . . : 166.111.40.69
   子网掩码  . . . . . . . . . . . . : 255.255.255.192
   默认网关. . . . . . . . . . . . . : 166.111.40.65
```

图 4-34　获取计算机本机 ip

打开手机设备的"设置"点击"WLAN"，找到要连接的网络，在上面长按，然后选择"修改网络"，弹出网络设置对话框，然后打开"手动代理"，在"代理服务器主机名"后面的输入框输入电脑的 ip 地址，在"代理服务器端口"后面的输入框输入 8888，然后点击"保存"按钮（图 4-35）。这里要注意的是电脑和手机必须连接同一个 WiFi。

手动代理	
代理服务器主机名	166.111.40.69
代理服务器端口	8888
对以下网址不使用代理	

图 4-35　手机端设置

然后启动手机设备中的微信中的城市热力图，搜索需要采集热力数据的地址，在 Fiddler 左半边显示框中找到 c.easygo.qq.com /api/egc/linedata 网址并点击，然后在右下框中点击 TextView 或 Json 的数据格式，该显示框中会呈现出当前该位置的热力值，及该位置在此之前的一周内的每小时的热力值（图 4-36）。

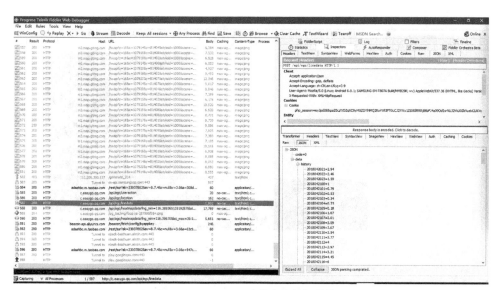

图 4-36　Fiddler 中热力图数据的获取

4.1.4　影像地图数据的获取

1. 软件下载影像地图——以 LocaSpace Viewer 为例

LocaSpace Viewer 是一款专业的数字地球软件，具备便捷的影像、高程数据下载、倾斜摄影数据阅读功能。通过 LocaSpace Viewer 能够快速地浏览、测量、分析和标注三维地理信息数据，支持多种在线地图加载，可以添加 Tif 图层、Shp 图层、Kml 图层等多种格式数据。

打开 LocaSpace Viewer，默认加载谷歌影像、谷歌地形和天地图道路标注，可以通过直接鼠标拉近、拖动浏览全球的影像和地形高程起伏。

加载图层：单击"开始"，然后选择"加载影像"，即可弹出如图4-37所示的打开本地文件对话框，找到要加载图层数据的位置，该数据可以通过在ArcGIS软件中的Shp数据转Kml工具（layer to kml工具）生成，选取后点击打开即可在左侧视窗中看到加载的图层（图4-37）。

在左侧双击加载的图层，可以看到地图跳转到所加载图层的位置。

点击工具栏中的"操作"，此处提供影像下载、地形下载、提取高程等工具，我们以影像下载为例，点击"影像下载"并选择"选择或绘制范围"方式（图4-38）。

随后在跳出的对话框中，点击右上角的"绘制矩形"，鼠标变成"十字形"，在地图界面画出相应的矩形框，在下载类型中有"谷歌影像"、"天地图影像"、"谷歌影像+天地图中文注记"、"天地图影像+天地图中文注记"等选择方式，"下载级别"分为1—19级，代表不同的影像分辨率，导出类型提供有"TIF格式"，均

图4-37　LoacSpace Viewer加载图层

图4-38　LocaSpace Viewer影像下载位置

图 4-39　LocaSpace Viewer 影像下载选项

可根据自己的需要选择相应选项。选择完成后，点击"开始下载"，即可看到下载进度（图 4-39），下载完成后会自动跳转到影像数据下载位置。

2. 其他影像下载方式

除了通过软件方式可以下载影像，还可以直接通过网站下载影像数据，国内的如地理空间数据云、遥感集市等平台提供多种影像数据，国外的如 Google Earth Engine、USGS 等网站。

4.2　数据清洗

对于下载得到的数据，由于其存在投影和记录的不确定性，可能导致数据坐标有偏差或下载到很多不是研究所需要的数据，因此，数据清洗是进行数据分析之前的重要环节。

4.2.1　坐标纠偏

1. 地理坐标系介绍

地面上任一点的位置，通常用经度和纬度来表示。经线和纬线是地球表面上两组正交（相交为 90°）的曲线，这两组正交的曲线构成的坐标，称为地理坐标系。

（1）原始坐标体系

一般用国际标准的 GPS 记录仪记录下来的坐标，都是无偏的地理坐标系，即 GPS 坐标。GPS 坐标形式如图 4-40 所示，为度分秒形式的经纬度。

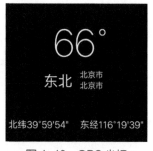

图 4-40　GPS 坐标

（2）国家测绘局 2002 年发布的坐标体系（GCJ–02）

又称"火星坐标"，国内出版的各种地图产品（包括电子形式），必须至少采用 GCJ–02 对地理位置进行首次加密，GCJ–02 是国内最广泛使用的坐标体系，比如腾讯、高德都在用这个坐标体系。

（3）其他坐标体系

一般都是由 GCJ–02 经过偏移算法得到的。根据每个公司的不同，其坐标体系都不一样。比如，百度和搜狗就使用自己的坐标体系，与其他坐标体系不兼容。

2. 坐标转换方法

坐标系统的不同，会导致空间位置无法完全匹配，通常需要进行坐标纠正。在各种 Web 端平台及高德、腾讯、百度上取到的坐标，都不是 GPS 坐标，其均为有偏移的坐标系，如高德地图 API 和腾讯地图 API 上获取的是 GCJ–02 坐标，也适用于大部分地图 API 产品，以及他们的地图产品。需要注意的是，百度 API 上取到的，是 BD–09 坐标，只适用于百度地图相关产品。搜狗 API 上取到的，是搜狗坐标，只适用于搜狗地图相关产品。搜狗地图 API 就是直接使用的墨卡托坐标。Google Earth 上获取的数据是 GPS 坐标，而且是度分秒形式的经纬度坐标。

（1）坐标转换方法一：通过软件进行坐标转换

可以通过相关软件进行坐标转换，如万能坐标转换软件、GeoSharp 软件等，可根据自己的需要进行坐标转换。

未来交通实验室软件提供"地球坐标""火星坐标"及"百度坐标"之间的互相转换（图 4–41），通过输入将需要进行坐标转换的点的坐标写成"编号，X，Y"格式的 Csv 文件，导出与其相对应的转换后的坐标的 Txt 文件。

GeoSharp 软件提供"地球坐标""火星坐标"及"百度坐标"之间的互相转换，选择自己需要的转换方式，其通过输入 Excel 文件数据，指定待转坐标点的经度、纬度字段，然后点击"确定"（图 4–42），转换好的坐标点的经度、纬度字段会追加到原文件中。

图 4–41　万能坐标转换界面

图 4-42　GeoSharp 坐标转换界面

（2）坐标转换方法二：通过 API 调用接口进行转换

百度地图 API、高德地图 API、搜狗地图 API 等地图网站均提供坐标转换服务，即将不同坐标系之间进行转换的 Web API 接口服务。如百度地图提供将常用的非百度坐标（目前支持 GPS 设备获取的坐标、Google 地图坐标、soso 地图坐标、高德（amap）地图坐标、MapBar 地图坐标）转换成百度地图中使用的坐标，并可将转化后的坐标在百度地图 JavaScript API、静态图 API、Web 服务 API 等产品中使用。

以百度地图 API 为案例（图 4-43、图 4-44）。

http://api.map.baidu.com/geoconv/v1/?coords=114.21892734521;
29.575429778924&from=1&to=5&ak=**你的密钥**

| 此处为原始坐标系统 | 此处为转出的坐标系统 | 此处为待转坐标点的坐标，根据自己的需要填入相应坐标数据 |

图 4-43　百度地图坐标转换

参数名称	含义	类型
coords	需转换的源坐标，多组坐标以";"分隔 （经度，纬度）	float
ak	开发者密钥,用户申请注册的key 申请ak	string
from	源坐标类型： 1：GPS设备获取的角度坐标，wgs84坐标； 2：GPS获取的米制坐标、sogou地图所用坐标； 3：Google地图、soso地图、aliyun地图、MapABC地图和amap地图所用坐标，国测局（GCJ-02）坐标； 4：3中列表地图坐标对应的米制坐标； 5：百度地图采用的经纬度坐标； 6：百度地图采用的米制坐标； 7：mapbar地图坐标； 8：51地图坐标	int
to	目标坐标类型： 　5：bd09ll(百度经纬度坐标), 　6：bd09mc(百度米制经纬度坐标);	int
sn	若用户所用ak的校验方式为sn校验时该参数必须 sn生成	string
output	返回结果格式	string

图 4-44　百度地图坐标转换参数说明

```
{
    "status": 0,
    "result": [
        {
            "x": 114.2307519546763,
            "y": 29.57908428837437
        }
    ]
}
```

图 4-45 百度地图坐标转换结果

访问自己设置好的网址，可以看到结果页面（图 4-45），其中 x、y 分别代表该点坐标被转换之后对应的数据。

如果坐标在转换之后，还有偏移，那么考虑以下几个方面。

1）原始坐标系弄错。比如以为自己是 GPS 坐标，但其实已经是 GCJ-02 坐标。解决方案：请确认采集到的数据是哪个坐标体系，需要转换到哪个坐标系，再进行坐标转换。

2）原始坐标准确度不够。解决方案：如果是 GPS 坐标，请确保采集 GPS 数据时，搜到至少 4 颗以上的卫星。并且 GPS 数据准不准，还取决于周围建筑物的高度，越高越不准，因为有遮挡。如果本来就是 GCJ-02 坐标，在不同地图放大级别的时候，看到的地方可能不一样。比如在地图 4 级（国家）取到的坐标，放大到地图 12 级（街道）时，坐标就偏了。请确保在地图最大放大级别时再拾取坐标，常见的坐标拾取工具有腾讯地图所出的坐标拾取器等。

3）度分秒的概念混淆。比如，在 Google Earth 上采集到的是 39°31′20.51，那么应该这样换算，31 分就是 31/60 度，20.51 秒就是 20.51/3600 度，结果就是 39 + 31/60 + 20.51/3600 度。

4）经纬度顺序写反。有些公司（比如高德、百度、腾讯）是先经度，再纬度，即 Point（lng，lat）。但谷歌坐标的顺序恰好相反，是（lat，lng）。

4.2.2 正 / 逆地理编码

地理编码（Geocoding）又称地址匹配，是为识别点、线、面的位置和属性而设置的编码，它将全部实体按照预先拟定的分类系统，选择最适宜的量化方法，按实体的属性特征和集合坐标的数据结构记录在计算机的储存设备上，具体指的是将统计资料或是地址信息建立空间坐标关系的过程。

地理编码的实现应具备几个要素：

一是必须明确需要编码的地理对象，地理对象不同则实现的方法不同；

二是必须有确定的参考系统，可以是基于坐标的或是基于地理标识的地址，就是一种建立在地理标识参考系下使用自然语言描述地理位置的参考系统；

三是必须有唯一的编码规则。

正向地理编码服务提供将结构化地址数据（如：北京市海淀区双清路 30 号）转换为对应坐标点（经纬度）的功能；逆向地理编码服务提供将坐标点（经纬度）转换为对应位置信息（如所在行政区划、周边地标点分布）的功能。

1. 方法一：通过软件进行正 / 逆地理编码

ArcGIS、GeoSharp 等软件中提供地理编码工具，以下以地理 GeoSharp 软件为案例进行操作。

打开 GeoSharp 软件，点击地理编码工具箱，根据自己的需要选择相应的选项，然后将待进行地理编码的 Excel 表格文件选中，该文件应包括地址字段及所在城市字段，点击确定（图 4-46），进行地理编码，经度、纬度字段会追加到 Excel 表格中。

当一天中服务调用次数已超限时，可通过点击工具栏中的工具，选择工具箱系统参数，更改调用接口的密钥（图 4-47）。

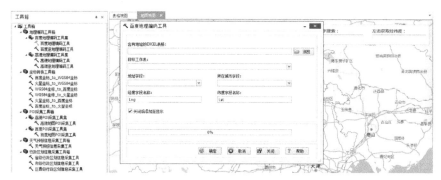

图 4-46　GeoSharp 地理编码工具界面

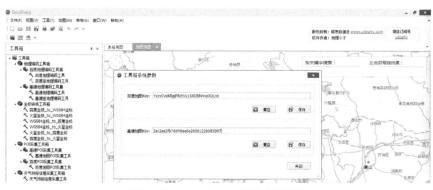

图 4-47　GeoSharp 更换密钥界面

2. 方法二：通过 API 调用接口进行转换

可通过百度 API 提供的逆地理编码的接口进行转换，如图 4-48 所示，访问该网址，即可得到对应地址的经纬度坐标（图 4-49）。

图 4-48　百度地图逆地理编码


```
{
  "status": 0,
  "result": {
    "location": {
      "lng": 116.33543579756376,
      "lat": 40.006874613381584
    },
    "precise": 1,
    "confidence": 80,
    "level": "道路"
  }
}
```


图 4-49　百度地图地理编码结果

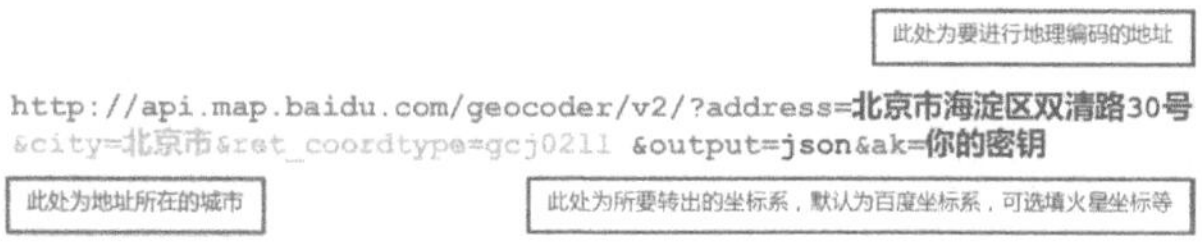

第 5 章

城市大数据
统计与分析

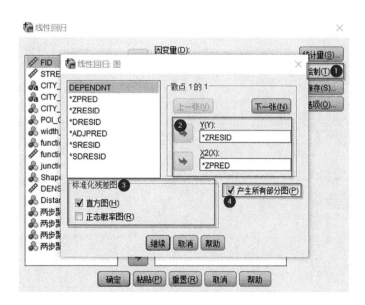

城市大数据的主要组成部分分为三大类：点、线、面，并且每一个数据都带有标签及属性（图 5-1—图 5-6）。对于城市大数据的分析主要由两方面组成，空间分析和统计分析。分析的工具有很多种类和方式，而本教材重点介绍最常用的，即 ArcGIS 和 SPSS 对于空间和统计分析的用法。空间分析侧重于城市大数据的整合和基于 ArcGIS 工具的数据处理；而统计分析侧重于将整合好的数据做更深层次的规律发掘，主要用 SPSS 软件和 ArcGIS 的统计分析工具来处理。

5.1 大数据空间分析

空间分析主要为三个维度：城市兴趣点、街道和地块。这三个维度也分别对应着城市大数据的三种基本形态：点、线、面。表 5-1 展示了不同维度的数据及其分析方法。

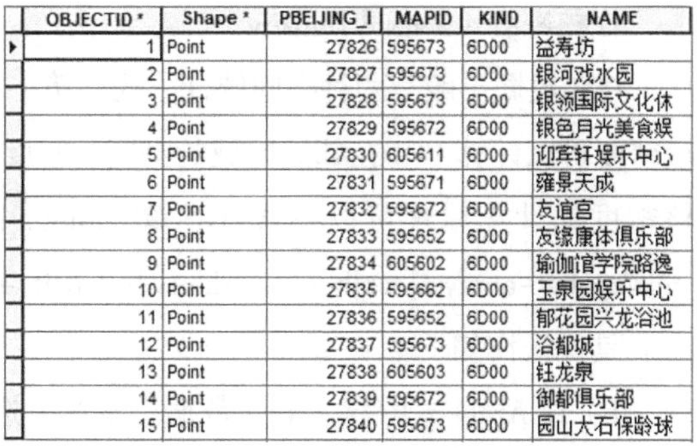

OBJECTID *	Shape *	PBEIJING_I	MAPID	KIND	NAME
1	Point	27826	595673	6D00	益寿坊
2	Point	27827	595673	6D00	银河戏水园
3	Point	27828	595673	6D00	银领国际文化休
4	Point	27829	595672	6D00	银色月光美食娱
5	Point	27830	605611	6D00	迎宾轩娱乐中心
6	Point	27831	595671	6D00	雍景天成
7	Point	27832	595672	6D00	友谊宫
8	Point	27833	595652	6D00	友缘康体俱乐部
9	Point	27834	605602	6D00	瑜伽馆学院路逸
10	Point	27835	595662	6D00	玉泉园娱乐中心
11	Point	27836	595652	6D00	郁花园兴龙浴池
12	Point	27837	595673	6D00	浴都城
13	Point	27838	605603	6D00	钰龙泉
14	Point	27839	595672	6D00	御都俱乐部
15	Point	27840	595673	6D00	园山大石保龄球

图 5-1 点数据   图 5-2 点状数据的属性

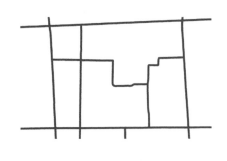

图5-3　线数据

OBJECTID_1 *	Shape *	OBJECTID	NO_	A	B	NAME
254	Polyline	2947	4946	480	457	北锣鼓巷
255	Polyline	2948	4947	486	471	草厂胡同
256	Polyline	2949	4948	471	486	草厂胡同
257	Polyline	2950	4949	485	486	三里屯西五
258	Polyline	2951	4950	486	477	三里屯西小
259	Polyline	2952	4951	486	486	三里屯西五
260	Polyline	2953	4952	486	477	新东路
261	Polyline	3993	5992	557	567	北河胡同
262	Polyline	3994	5993	567	464	焕新胡同
263	Polyline	3995	5994	567	558	北河胡同
264	Polyline	3996	5995	558	465	北河胡同
265	Polyline	3997	5996	556	547	爱民街
266	Polyline	3998	5997	567	547	朝阳门小
267	Polyline	3999	5998	555	567	东四八条
268	Polyline	4000	5999	556	567	爱民一巷
269	Polyline	4001	6000	567	567	东四八条

图5-4　线状数据的属性

图5-5　面数据

OBJECTID_1	Shape *	统计分类	变化码	更新后码
327	Polygon	城市建设用	198651	198651
328	Polygon	城市建设用	198652	
329	Polygon	城市建设用	198652	
330	Polygon	城市建设用	198652	
331	Polygon	城市建设用	198652	
332	Polygon	城市建设用	198652	
333	Polygon	城市建设用	198651	198651
334	Polygon	城市建设用	198652	
335	Polygon	城市建设用	198651	198651
336	Polygon	城市建设用	198651	198651
337	Polygon	城市建设用	198652	
338	Polygon	城市建设用	198652	
339	Polygon	城市建设用	198610-1996	199652

图5-6　面状数据的属性

城市大数据维度和相应的分析方法　　　　　　　　　　表5-1

	对应的数据维度	分析方法
点	兴趣点	核密度、网格
线	街道	路段预处理、评价指标、分类
面	地块	用数据识别地块类别

5.1.1　兴趣点（Point of Interest，POI）

1. 核密度（Kernel Density）

POI数据一般有两种空间统计方式。第一种为核密度（Kernel Density）计算方法。核密度可以计算POI在邻近区域的密度，密度值越高，也就说明该区域POI越密集。核密度的计算原理可以在ArcGIS文档https://desktop.arcgis.com/zh-cn/arcmap/10.4/tools/spatial-analyst-toolbox/how-kernel-density-works.htm中详细了解。

具体操作如下：

1）在ArcMap中导入POI数据。本章节选取了北京二环内老城区的宾馆位置数据作为案例（图5-7）。

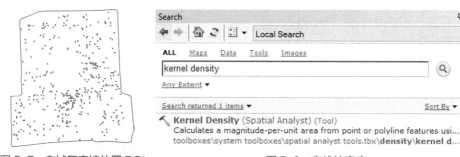

图 5-7　老城区宾馆位置 POI　　　　　　　图 5-8　查找核密度

2）找到核密度工具（Kernel Density）：在 Customize 菜单，点击 Extension，选中 Spatial Analyst。之后按 Ctrl+F，会弹出一个搜索界面，输入"kernel density"，就会很方便地找到这个工具（图 5-8）。

3）使用此工具时，有几个细节需要设置。如图 5-9 所示，在①填放需要做核密度计算的图层，在这里便是老城区宾馆位置 POI（oldBJ_C25）；在②填放输出的文件名称；在③搜索半径（Search Radius）处填入 2000，意思是在 2000 米半径范围内搜索。数值的单位是由用户设定的投影坐标系决定的，此案例坐标系单位为米。这个数值因数据而异，所以需要多次尝试找到最佳半径；接下来点击④，即环境设置（Environment），另一个需要设置的菜单。为了使核密度计算包括所有二环内区域，我们需要设置处理范围（Processing Extent）；范围是二环路"2nd_ring"（图 5-10）。同时，也要设置光栅分析（Raster Analysis）的单元大小（Cell Size）以及剪裁/掩膜（Mask）（图 5-11）。掩膜也设置为二环路（2nd_ring），这样我们生成的核密度图层就可以按二环路为边界产生。设置好后，点击 OK，即可等待生成核密度栅格图层（图 5-12）。这个核密度图层越深的颜色即代表 POI 密度越大。有了这个图层，我们便将点状数据转化成了栅格数据。

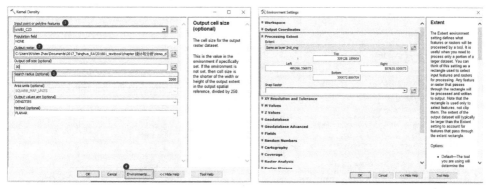

图 5-9　核密度设置　　　　　　　　　　图 5-10　环境设置—处理范围

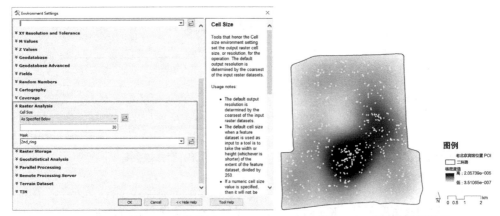

图 5-11 环境设置—栅格分析　　　　图 5-12 核密度计算结果

2. 网格

POI 的另一种空间统计方法，即为网格聚合（Fishnet Aggregation）。这种方法概括而言，就是将一个区域按一定尺寸等分为很多小方格，然后用空间连接的方法将 POI 收集到空间位置相应的格子里。单位面积中 POI 越多，这个区域的 POI 密度也就越高。这种方法能将点状数据转化为多边形数据，便于分析使用。

具体操作如下：

1）在 ArcMap 中导入想做分析的 POI 数据，在此案例中依旧使用北京二环内老城区的宾馆位置数据。

2）输入 Ctrl+F 搜索 "Fishnet"，然后点击 Create Fishnet（图 5-13）。

3）弹出网格的设置界面后（图 5-14），首先在①输出要素类（Output Feature Class）栏填入输出文件存储地址和名称，然后在②模板范围（Template Extent）选择研究课题区域，比如在此案例中，应选择"与二环路图层相同"（Same as layer 二环路）。在③框，用单元尺寸宽度（Cell Size Width）和单元尺寸高度（Cell Size Height）两栏用来设置网格的边长。在这里，我们用了 200m 网格。而这个精确度可以根据读者

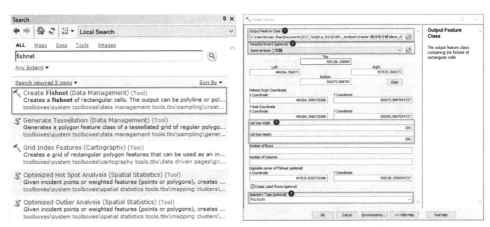

图 5-13 查找网格工具　　　　　　图 5-14 网格设置

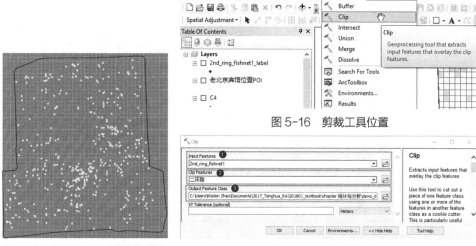

图 5-16　剪裁工具位置

图 5-17　剪裁设置

图 5-15　200m 边长的网格图和 POI

的研究需要而定。最后，在菜单下方的 Geometry Type 中选择 POLYGON，让此工具生成多边形网格。图 5-15 便是生成的北京老城区 200m 网格。

　　然而，为了让 POI 密度的计算更加精确，我们还需要把这个网格图按二环路剪裁一下。步骤如下：

　　1）在地理处理（Geoprocessing）菜单下，点击剪裁（Clip），打开工具界面（图 5-16）。

　　2）在①输入要素（Input Features）选择需要被剪裁的网格图层，在②剪裁要素（Clip Features）选择剪裁所基于的图层，在本案例里便是二环路，在③输出要素类（Output Feature Class）输入文件保存地址和名称（图 5-17）。

　　3）在 ArcMap 生成剪裁好的网格图（图 5-18）。

　　接下来要用这个剪裁好的网格计算 POI 的密度。

　　1）将 POI 与网格用空间连接（Spatial Join）的方式关联在一起。用 Ctrl+F 搜索 Spatial Join（图 5-19），打开空间连接的工具页面（图 5-20），依次在标注数字的

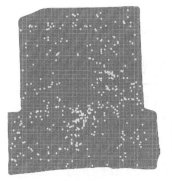

图 5-18　剪裁后的网格和 POI

图 5-19　空间连接工具

图 5-20　空间连接工具设置

地方填写信息。其中，值得注意的是⑤，即连接要素的字段映射（Field Map of Join Features）。这里只需要保留 Id，并且需要对 Id 做微小的设置：右键点击 Id，合并规则（Merge Rule）选择次数（Count），即在做空间连接时，计算每个网格连接的 POI 数量（图 5-21）。

2）在⑥匹配选项（Match Option）一栏，选择包括（CONTAINS），表示每个网格会连接所有该网格包括的 POI。空间连接的更多信息，可以关注 ArcGIS 的工具参考：http：//desktop.arcgis.com/zh-cn/arcmap/10.3/tools/analysis-toolbox/spatial-join.htm。

3）空间连接工具运行结束后，产生的新图层表面看和原先的网格没有区别，但是其属性表会显示有一个字段，显示合并次数（Join_Count），即每个网格连接的 POI 数量（图 5-22）。在这个属性表上稍作计算工作，方可得出密度：首先，在属性表左上角打开菜单，找到添加字段（Add Field）选项（图 5-23），再如图 5-24 所示，建立一个面积字段。

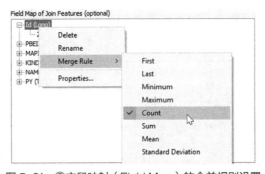

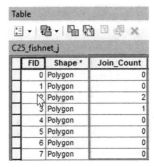

图 5-21　⑤字段映射（Field Map）的合并规则设置　　图 5-22　空间连接后的属性表

图 5-23　添加字段选项位置　　　　　　图 5-24　添加字段

回到属性表里找到面积字段（area_m2），右键选择计算几何面积（Calculate Geometry）（图 5-25）。再添加一个密度字段，然后右键点击字段，选择字段计算器（Field Calculator）（图 5-26）。计算出密度（公式为：[Join_Count]/[area_m2]）后，便可以生成网格密度图（图 5-27）。生成密度图后，原本杂乱的 POI 随即转化成了具有不同密度属性的多边形，以便分析时使用。

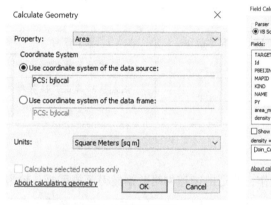

图 5-25　计算几何面积　　　　　　图 5-26　网格密度字段计算

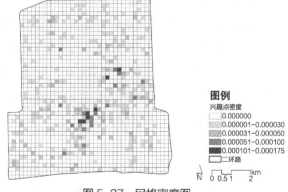

图 5-27　网格密度图

5.1.2 街道

如果将城市比作人体，街道就如同人体的骨骼，地块如同人体的肌肉。在过去的若干年里受到数据和中国城市发展阶段的限制，作为骨骼起到支撑作用的街道没有得到足够重视，主要的关注和探讨更多的来自于设计师和社会观察家（偏质性）。表5-2示意了地块与街道在各个维度的差别，这也进一步说明地块层面的研究不足以构成城市研究的全部，对街道空间的探索同样具有较为深远的意义。本小节以《街道城市主义——新数据环境下城市研究与规划设计的新思路》为案例，将讲述如何处理街道数据，找到评价指标和街道分类方法。

地块与街道的差别一览 表 5-2

维度	地块形式	街道属性
几何形状	面状	线性
权属	私有空间或限制空间	公共空间
组织	整齐	杂乱（多样）
利益主体	单一	多元
城市感知	难以全面感知	城市意象的重要载体
反映的对象	身份	生活
可进入性	不易于访问（如门禁社区和单位）	易于访问
时间变化	瞬时差异不明显	瞬时差异明显
特征	正式性	正式性与非正式性并存
空间关系	割裂	连续

1. 街道数据预处理

要开展基于街道层面的研究工作，合适的街道网络数据显得至关重要。较为常见的街道网络数据细节过多，且可能存在拓扑问题等，因此需要进行必要的多个环节的街道数据预处理，以便后续用于指标计算和城市研究。街道数据预处理的基本流程涵盖了街道合并、街道简化和拓扑处理等环节，均可利用 ESRI ArcGIS 实现（图5-28）。具体来讲，图5-28（a）显示的是原始街道数据，每条路由若干条街道组成，十分杂乱；于是需要使用 ArcToolBox 中的"合并分开的道路（Merge Divided Roads）"工具来简化道路，形成图5-28（b）；为使路网进一步简化，使用"细化道路网（Thin Road Network）"工具进行道路简化，过滤掉过于细碎的道路（图5-28（c））；最后一步就是拓扑处理，将多余的节点合并，得到图5-28（d）。

2. 街道量化研究的评价指标

要开展街道的量化研究，对其进行指标评价尤为重要。这些指标主要针对街道及其周边区域，涵盖街道外在表征、自身特征和环境特征三方面内容。简要介绍如

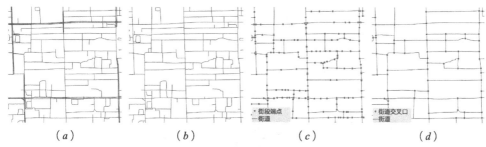

图 5-28　街道数据预处理的基本流程

（a）原始街道；（b）合并多车道为单车道；（c）街道制图综合；（d）街道拓扑处理（街道简化结果）

下（括号内为可以采用的数据）。

（1）外在表征

人口密度数据：人口普查资料、手机信令、互联网公司基于位置服务（Location Based Service，LBS）的数据；

城市活力：经济活力（经济普查、居民出行调查中的居民家庭调查、大众点评）、社会活力等（大众点评、位置微博、街景）。

（2）自身特征

城市功能：功能密度、多样性和中心性（POI、用地现状图）；

物理特征：街道长度、地面铺装、是否机非隔离、行道树质量等（街景）；

界面特征：连续度、橱窗比（建筑、街景）；

交通特征：等级、限速、车流量（居民出行调查、出租车轨迹和城市基础地理信息系统 Geographical Information System（GIS））。

（3）环境特征

区位特征：所处功能分区，是否在城镇建设用地内，与城市中心、城市次中心、商业综合体的距离（城市基础地理信息系统）；

城市设计：周边街坊肌理（街道交叉口、用地现状图）；

开发强度（建筑）；

可达性：地铁站、公交站点与线路数量（城市基础地理信息系统）；

控制变量：所在城市或区县的生产总值（Gross Domestic Product，GDP）、人口、产业结构等（统计年鉴）。

需要强调的是，基于开放数据对大范围街道进行定量评价如今已经具备了基本条件。例如，考虑到多数 POI 点位分布在街道两侧（图 5-29），可以利用 POI 数据对街道的城市功能、功能密度、功能混合度进行评价。

3. 街道分类

对照地块的分类或 POI 类别进行街道的分类，对于研究城市空间至关重要。只有进行必要的分类，才可以有的放矢地发现街道存在的问题并提出相应的规划设计

图 5-29 POI 与街道关系示意

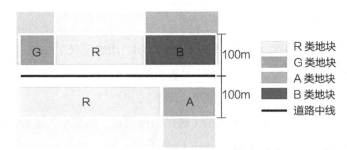

图 5-30 基于地块用地性质对街道进行分类示意

和改造策略。可以从不同时段的人类活动、功能密度等级、功能多样性等级、周边城市设计情况以及可步行性等级等方面对街道进行分类。

此外,还可以基于街道周边的用地性质对街道进行分类。地块的性质直接影响着与之相邻的街道活力,总体上工业区内的街道活力较低,商业区内的街道活力较高。

地块属性如何追加给街道,思路简要如下(图 5-30):

街道性质由 100m 缓冲范围内地块性质决定,若最高类型地块面积占比超过 50%,则将该类型赋属性给街道。如图 5-30 中居住(R)类地块占比最高,且超过 50%,则街道属性为居住,若最高占比大于 0 且小于 50%,则该街道为混合型(mixed)。

5.1.3 地块

当下中国的地块数据很难获取,原因多种多样,例如数据维护基础设施欠缺和地块的保密性。然而手工构建地块图层又耗费巨大人力,不十分划算。本小节我们将以《用中国开放街图和兴趣点自动识别地块及其属性(Automated identification and characterization of parcels with OpenStreetMap and point of interest 》作为案例，介绍一种快速识别地块的方法——地块的自动识别和分类（Automated Identification & Characterization of Parcels，AICP）。这个方法不但可以提供快速且准确描绘的地块，而且可以生成一系列适于检验城市功能的地块层面属性，如发展密度、混合用地等。

1. 数据需求

（1）中国城市行政边界

中国的城市行政边界（具体图片请参照《用中国开放街图和兴趣点自动识别地块及其属性》图3）同时包括农村和城市用地，其中需要重点关注城市用地，因此在使用此数据时除去了农村用地，仅使用城市部分。除此之外，还需要城市的城镇建设用地用于识别地块。

（2）中国开放街道地图（OpenStreetMap，OSM）

第二个数据是中国的开放街图（OpenStreetMap，OSM）和测绘图的对比（具体图片请参照《用中国开放街图和兴趣点自动识别地块及其属性》图3）。此案例中所使用的 OSM 下载于 2013 年 10 月 5 日。为了查看 OSM 的完整性，笔者使用了 2011 年的测绘图中的路网地图做叠加对比。对比发现，尽管全国范围内看，OSM 所有用的道路路段信息仅为测绘图路段数量的 8%，但在城市地域中，尤其是大城市，OSM 道路数据非常便于识别城市地块。而且随着时代的进步，OSM 的数据量会更加庞大，更加可靠。

（3）兴趣点（POI）

中国商业 POI 数量可以从新浪微博上整合而来。在此案例中包括五百余万个有地理位置标注的 POI。在进一步整合过程中，将这些原本分为 20 种的 POI 数据重新归纳到 8 类更宽泛的种类中。类别分别是：商业网点、办公楼 / 空间、交通设施、政府、教育、住宅区、绿地和其他。收到数据后，还要用人工随机检查的方法来评估数据的整体准确性。

POI 数据也可以用其他人类活动衡量指标代替，从传统的遥感用地情况图，到不同平台（如 Foursquare）的网上签到数据。

（4）其他数据

使用 DMSP/OLS 夜间灯光数据 [1km 清晰度] 和 GLOBCOVER 全球土地覆盖数据集 [300m 清晰度] 的遥感影像地图做模型验证。同时，为了做标杆分析，笔者也从北京市城市规划设计研究院收集了人工生成的北京地块数据。在分析中要时刻知晓的是，不同的方法生成的地块精确度会有不同。

2. 操作方法

（1）描绘地块边界

数据齐全，就可以开始生成地块了。生成地块有以下步骤：

1）将所有 OSM 道路数据以线状数据的形式合并到一个图层；

2）去除小于 200m 的独立路段，以减少杂质；

3）将独立路段两端延长 20m 去连接紧邻的拓扑分离的线；

4）为每个路段生成缓冲区，区域大小因道路等级不同而区别开，从等级最高的国家高速公路的 30m，到最低级别街道的 2m；

5）除去道路缓冲区后的空间便是地块边界；

6）将地块多边形叠加在城市行政边界上来识别地块所属具体城市。

（2）土地使用密度的计算

土地使用密度的定义是一个地块内或临近的 POI 数量与地块面积的比例。为了更好地做城市间和城市内的比较，需要进一步将土地使用密度用以下公式做标准化处理：

$$d=\frac{\log d_{raw}}{\log d_{max}} \tag{5-1}$$

公式中，d 是标准化密度，单位是 POI 数量 $/km^2$。d_{raw} 和 d_{max} 分别对应的是各个地块的密度和全国范围内密度最大值。值得注意的是，当遇到没有 POI 的地块，由于取对数值不能有零，需假设这些地块的密度为 1 POI 数量 $/km^2$。当然，像 "5.1.1 兴趣点" 一节提到的，其他的能够衡量人类活动的指标也可以代替 POI，而计算思路不变。

（3）识别城市地块

接下来要从所有地块中寻找属于城镇用地的地块。可以使用基于矢量的元胞自动机（Cellular Automata，CA）模型来推测一个地块是城镇地块的概率，然后用从住房和城乡建设部（住建部）得到的各城市总城镇用地地图来约束城镇地块数量的总和，进一步筛选出城镇地块。

具体而言，CA 模型是一个模拟城市发展的模型（详见第 15 章）。在 CA 模型中，每一个地块都被看作一个单元，被设置成 0（城市）或 1（非城市）。在模型最开始，所有的单元都是 0，在每一步的模拟演变中，地块会慢慢变成城市。不过这种转变需要由两个因素决定：①地块附近（如半径 500m 内）需要有一定比例的城镇地块；②需要知道每个地块的大小、紧凑度和 POI 密度等属性，因为他们会被整合到一个逻辑函数中，从而影响地块成为城市的概率。有了这两个因素，可以计算他们的乘积，看最终概率值是否大于预定好的门槛。

图 5-31 解释了 CA 模型的原理：地块 A、B、C 作为城镇地块的概率

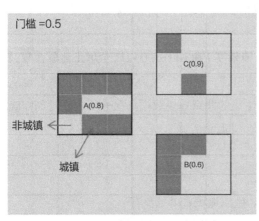

图 5-31 CA 模型识别地块案例

分别是（0.8 × 6/8）=0.6，（0.6 × 4/8）=0.3，（0.9 × 2/8）=0.225；当门槛是 0.5 时，只有地块 A 才会被识别作为城镇地块；而当城镇地块总面积达到住建部提供的城镇总面积时，算法会自动停止。

当然，这种地块识别方法并不是唯一的方法，读者可以根据自己的数据资源来选择不同方案。

（4）推断主导地块功能和混合度

个体地块的城市功能定义为该地块的主导 POI 种类，也就是占数量比 50% 以上的 POI 种类。例如，如果一个地块中共有 60 个 POI，其中 31 个都是办公楼 / 空间，那么这个地块的城市功能会被标记为"办公"。然而不是所有地块都会有主导功能，当主导功能不明确时，可以利用辅助测量来标注不同程度的功能混合度，即功能混合指数（Mixed Index，M）。该指数的计算方法如公式所示：

$$M = -\sum_{i=1}^{n}(p_i \times \ln p_i) \tag{5-2}$$

公式中，n 代表 POI 种类的数量，p_i 代表地块中某一种 POI 类别占所有 POI 类别的比例。

（5）模型验证

识别好地块后也要做模型验证，分为两个空间层面。在第一个地块层面，可以对比模型识别出的城镇地块的形状和属性与人工识别出来的城镇地块的形状和属性进行对比。然而，由于人工识别出的数据量有限，可以增加第二层面的验证，也就是地域层面，包括检验从 OSM 识别出来的城市地块的整体分布和测绘数据。

5.2 大数据统计分析

统计分析也是城市大数据的一个重要分析方向，它可以帮助分析师看出数据的趋势，可以解读城市数据分布的原因以及预测未来的数据分布，因此这部分知识对于数据分析很关键。本小节主要讲解基于 SPSS 的统计分析，如线性回归、聚类分析等，同时也拓展到基于 ArcGIS 的空间统计分析，如地理加权回归、空间自相关、聚类和异常值分析。

5.2.1 统计分析

1. 数据导入及预处理

开始做分析之前，先要把数据导入 SPSS。通常一打开 SPSS 软件，就会自动提示打开数据（图 5-32）。

如果没有弹出打开数据界面，则可以如图 5-33 在菜单中找到打开数据的窗口。

常用数据类型，如 xls、csv、dbf、sav 等都可以直接导入。

本小节案例使用的是老北京城共三千余条街道路段的城市功能相关的数据，是一个 csv 文件（图 5-34）。在使用 csv 文件的情况下，系统接下来会引导使用者对文本文件进行一些设置，遂能将其转化成 SPSS 的表格。向导图如图 5-35（a）—（f）所示，根据提示选择相应的设置即可。

成功导入数据后，因为数据在识别过程中属性可能有偏差，所以依然要检查每个字段的属性。比如，有些字段本应是数字（Numeric），却被识别成字符（String），于是需要调整字段属性定义。调整步骤如下：首先在菜单中找到"定义变量属性"工具（图 5-36），选出一个想改变的变量（图 5-37），如 POI_COUNT（POI 数量）。

图 5-32 SPSS 的数据打开自动提示

图 5-33 "打开数据"菜单　　　　　图 5-34 案例中使用的数据格式

（a）

（b）

图 5-35 文本导入向导

文本导入向导 - 第3步 (共6步) 分隔

第一个数据个案从哪个行号开始？(F) 2

如何表示个案？
- ◉ 每一行表示一个个案(L)
- ○ 变量的特定编号表示一个个案(V) 9

您要导入多少个个案？
- ◉ 全部个案(A)
- ○ 前 1000 个个案。
- ○ 个案的随机百分比（近似值）(P) 10 %

数据预览

```
     0     10     20     30     40     50
1  "1",1,45090,64.7531671887,24.5841879513,779728,53,113176,0.
2  "2",2,20910,66.3317958979,25.9584028025,367208,17,185236,0.
3  "3",3,6234,75.1061846671,22.2615102416,211455,9,158739,0.75
```

< 上一步(B)   下一步 >(N)   完成   取消   帮助

(c)

文本导入向导 - 第4步 (共6步) 分隔

变量之间有哪些分隔符？
- ☐ 制表符(T)   ☑ 空格(S)
- ☑ 逗号(C)   ☐ 分号(E)
- ☐ 其他(R)

文本限定符是什么？
- ○ 无
- ○ 单引号(Q)
- ◉ 双引号(D)
- ○ 其他(H)

数据预览

	CITY_ID	Cnt_CITY_I	Ave_WS	SD_WS	tot_lng_high	r
1	1	45090	64.753167...	24.584187...	779728	5
2	2	20910	66.331795...	25.958402...	367208	1
3	3	6234	75.106184...	22.261510...	211455	9
4	9	4830	67.187008...	26.978821...	130176	4
5	12	2602	66.914293...	27.806691...	63909	2
6	15	1652	77.670951...	22.350948...	103913	2
7	15	1418	74.636430...	21.715117...	50350	3
8	18	2942	64.359029...	28.187368...	97930	2

< 上一步(B)   下一步 >(N)   完成   取消   帮助

(d)

文本导入向导 - 第5步 (共6步)

在数据预览中选择的变量规范

变量名称(V): 原始名称:
ID

数据格式(D):
数值

数据预览

ID	CITY_ID	Cnt_CITY_I	Ave_WS	SD_WS	tot_lng_high	r
1	1	45090	64.753167...	24.584187...	779728	5
2	2	20910	66.331795...	25.958402...	367208	1
3	3	6234	75.106184...	22.261510...	211455	9
4	9	4830	67.187008...	26.978821...	130176	4
5	12	2602	66.914293...	27.806691...	63909	

< 上一步(B)   下一步 >(N)   完成   取消   帮助

(e)

文本导入向导 - 第6步 (共6步)

您已成功定义了文本文件的格式。

您要保存此文件格式以备以后使用吗？
- ◉ 是   另存为(S)...
- ○ 否

您要粘贴该语法吗？
- ○ 是(E)
- ◉ 否(N)   ☑ 在本地缓存数据

按"完成"按钮完成文本导入向导。

数据预览

ID	CITY_ID	Cnt_CITY_I	Ave_WS	SD_WS	tot_lng_high	r
1	1	45090	64.753167...	24.584187...	779728	5
2	2	20910	66.331795...	25.958402...	367208	1
3	3	6234	75.106184...	22.261510...	211455	9
4	9	4830	67.187008...	26.978821...	130176	4
5	12	2602	66.914293...	27.806691...	63909	2
6	15	1418	74.636430...	21.715117...	50350	

< 上一步(B)   下一步 >(N)   完成   取消   帮助

(f)

图5-35　文本导入向导（续）

接下来，在图5-38中的①显示的是SPSS识别出的字段属性，即"名义"；可以在②中设置想要变成的类型，即"数字"，并且设置宽度，也就是数字位数长度，以及小数点个数；最后③确认即可。

2. 描述性统计

描述性统计是对数据了解的第一步，主要包括最大值最小值、方差、中位数、百分位数、频率分布图等。

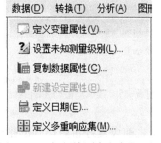

数据(D)　转换(T)　分析(A)　图形
- ⬚ 定义变量属性(V)...
- ？ 设置未知测量级别(L)...
- ⬚ 复制数据属性(C)...
- ⬚ 新建设定属性(B)...
- ⬚ 定义日期(E)...
- ⬚ 定义多重响应集(M)...

图5-36　如何找到定义变量属性

在SPSS中，可以在分析→描述统计菜单找到一系列工具（图5-39）。例如，我们使用频率工具，可以选择想探索的变量，如图5-40所示，本案例中使用步行指数（WS）。紧接着，点击"统计量"，打开更详细的菜单，选择具体想分析的指标（图5-41），同上也可以点开其他两个"图表"和"格式"进行更细节的设置。操作完成后，结果会很快出来。图5-42是步行指数的直方图，也就是数值频率分布图，而图5-43

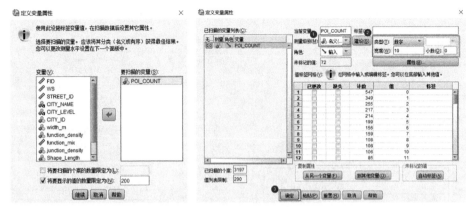

图 5-37 选出一个想改变的变量　　　　图 5-38 定义该变量

图 5-39 描述统计菜单

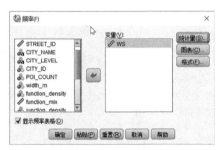

图 5-40 频率测量工具

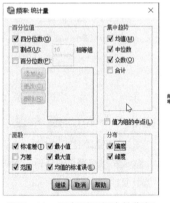

图 5-41 频率测量衍生的指标

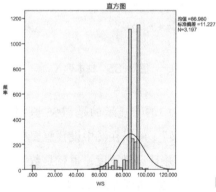

图 5-42 结果1——直方图

图 5-43 结果2——
其他统计指标

是之前设置好希望得到的指标的结果。根据这些结果，可以对数据做一个初步的判断，如数据范围、分布状态等。

3. 相关性分析

相关性分析测量的是两个变量之间的线性关系程度。大致分为三类相关性分析：皮尔逊积差相关系数（Pearson r correlation）、斯皮尔曼秩秩相关系数（Spearman rank correlation）和肯德尔等级相关系数（Kendall rank correlation）。表 5-3 列举了三种相关系数的区别：

相关性系数计算方法对比 **表 5-3**

	Pearson	Spearman	Kendall
公式	$r=\frac{N\sum xy\cdot\sum(x)(y)}{\sqrt{N\sum x^2-\sum(x^2)][N\sum y^2-\sum(y^2)]}}$ r= 皮尔逊相关系数 N= 数据量 $\sum xy=xy$ 乘积数值总和 $\sum x=x$ 数值总和 $\sum y=y$ 数值总和 $\sum x^2=x$ 平方数值总和 $\sum y^2=y$ 平方数值总和	$\rho=1-\frac{6\sum d_i^2}{n(n^2-1)}$ ρ= 斯皮尔曼相关系数 d_i= 两个变量间排名的差值 n= 数据量	$\tau=\frac{n_c-n_d}{\frac{1}{2}n(n-1)}$ n_c= 同序对数量 n_d= 异序对数量
使用条件	参与比较的变量需要是正态分布，变量之间是线性关系，变量的线性回归差值应具有同方差性，同时变量数值连续	其中一个变量需要是非连续数值，并且一个变量的分数可以不是线性的，但需要是单调相关的	没有明显条件

其中，皮尔逊积差相关系数是最常用的，而它仅适用于连贯数据。如果有一个变量是非连贯数据，则斯皮尔曼和肯德尔系数更加适合。在这里，我们主要讲解皮尔逊相关系数的使用案例。案例使用的是老北京城的步行指数（Walkscore，WS）和交叉路口密度（junction_density），变量均为连贯数据（图 5-44）。

在 SPSS 中，找到相关性菜单（图 5-45），打开后如图 5-46 所示选择相应的变量和 Pearson 方法。计算结束后，会得到如图 5-47 所示的表格，显示的是相关性分析结果：步行指数和交叉路口密度的相关性系数为 0.147，带两个 * 因为结果比较显著，因此认为这两个变量之间虽然相关性不高，但是很显著。

WS	junction_density
.000	6.369
60.000	10.191
60.000	10.191
57.481	8.917
57.971	12.739
60.000	12.739
48.000	7.643
60.000	11.465
60.000	12.739

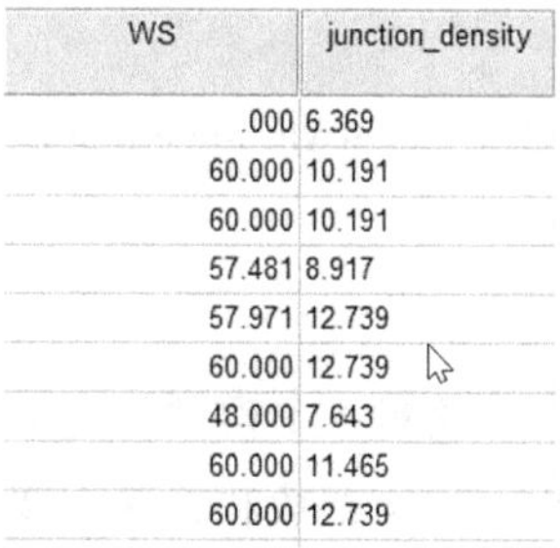

图 5-44 相关性演示数据

图 5-45 相关性菜单

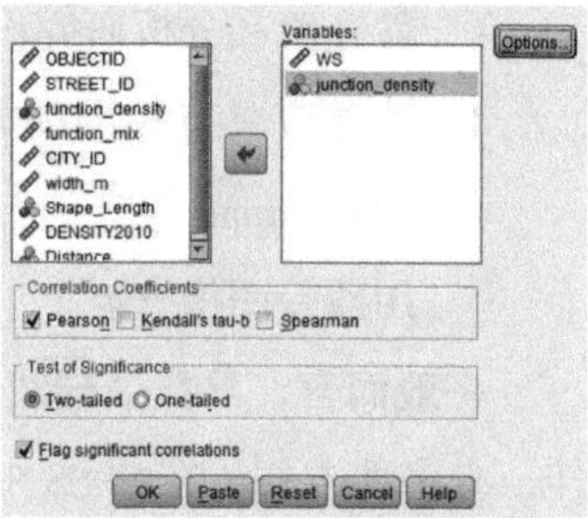

图 5-46 相关性的具体设置

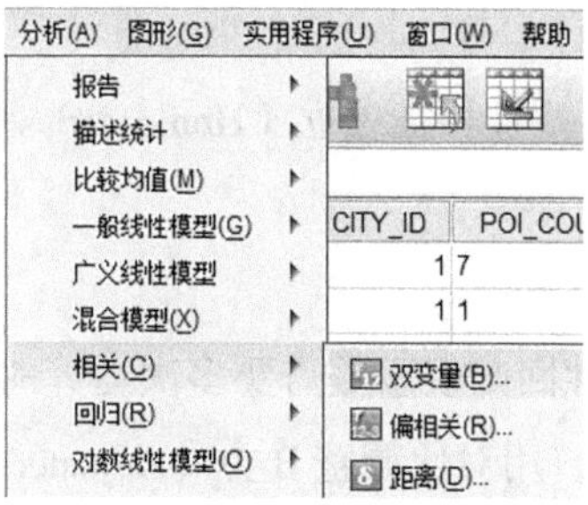

		WS	junction_density
WS	Pearson 相关性	1	.147**
	显著性（双侧）		.000
	N	3197	3197
junction_density	Pearson 相关性	.147**	1
	显著性（双侧）	.000	
	N	3197	3197

**. 在 .01 水平（双侧）上显著相关。

图 5-47 皮尔逊积差相关系数结果

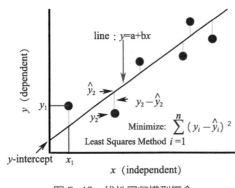

图 5-48　线性回归模型概念

4. 线性回归（普通最小二乘法回归，Ordinary Least Squares Regression）

线性回归是一种常用的统计模型，它可以用来找到变量间的规律，以预测未知数据。本小节由于章节限制，将重点放在了 SPSS 软件中的应用，对于线性回归的原理，仅做一个概括。

图 5-48 显示的是一元回归的图，黑点代表的是单个的数据，斜线代表的是线性回归的模型。我们要做的就是给数据找到一条可以使黑点到斜线距离的平方总和最小的线，来最好地模拟整个数据的规律。虽然现实研究中多为多元回归，也就是一个因变量（dependent variable）对应多个自变量（independent variable），但是思路是一样的。

在使用线性回归前，一定要了解该模型使用的预设条件（assumptions），用来断定模型与数据的匹配程度。如果模型不匹配，则计算结果也不会有统计和分析的意义。预设条件如下：

1）因变量和自变量呈线性关系（Linear Relationship between y and x）。

用散点图来观测。

2）残差要正态分布（Normality of Residuals）。

用残差图检查。

3）观测结果的独立性（Independence of Observations）。

靠经验和分析研究设计本身。

4）残差应具有相同的方差且相互独立（Homoscedasticity，equal variance among all residuals）。

用残差图检查。

一般而言，寻找最佳线性回归模型是需要多次运算的。而衡量一个模型是否最佳，有多种方式。在 SPSS 中，用对比调整 R 方（Adjusted R^2）这个系数和看各个变量的显著值即可。一个模型的调整 R 方是一个 0—1 之间的数值，该值越高表示该模型与真实数据的拟合程度越高，也就是越好的模型。而变量的显著值说明了一个变量是否对于模型有显著的影响。如果显著值（SPSS 中称 Sig.，又称 p-value）大于 0.05，一般不能说明变量对模型有显著影响，因而可以考虑删除后再重新计算回归模型。

本案例中，我们使用步行指数（WS）作为因变量，用其余的城市功能指标做自变量来找到最佳模型。首先，在 SPSS 界面找到线性回归（图 5-49），然后设置自变量和因变量（图 5-50），同时，为了检查模型和数据是否符合线性回归假设，还要

图 5-49 线性回归菜单

图 5-50 线性回归变量设置

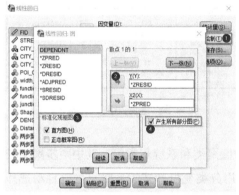

图 5-51 绘制残差图

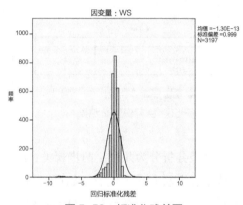

图 5-52 标准化残差图

点击"绘制"生成残差图（图 5-51）。点击确认后，结果会显示在 SPSS 的查看器内。图 5-52 显示的是该模型的残差图，图中显示标准化残差的峰值在 0 附近，呈正态分布，说明该模型基本符合 4 条预设条件中的 2 和 4。图 5-53 和图 5-54 显示的是此次回归模型运算的结果。图 5-53 中，调整 R 方为 0.215，不是很高，说明数据中有很多的杂质。然而，一般对社会科学领域来说，数据的杂质普遍较高，所以调整 R 方不高也是正常现象。图 5-54 中可以看到街道宽度（width_m）变量显著值为 0.526，不显著，因此我们可以删除后再做一次计算。计算后结果显示（图 5-55、图 5-56），调整 R 方和之前的模型没有显著区别，不过本着最简模型原则，当调整 R 方相似时，应该运用尽量少的变量，所以第二个模型还是比第一个更加可取。

5. 两步聚类分析

有时候统计不是为了预测，而是为了将已有数据分类，此时就需要使用聚类分析。聚类分析可以将数据按照它的属性分类，然而和分类分析不同的是，聚类分析的类别不是预定好的，是机器在做分析时决定的，因此这类分析也称为无监督机器学习。

模型汇总

模型	R	R 方	调整 R 方	标准 估计的误差
1	.466ª	.217	.215	9.945583

a. 预测变量: (常量), Distance, width_m, Shape_Length, POI_COUNT, DENSITY2010, junction_density, function_density, function_mix.

Anovaª

模型		平方和	df	均方	F	Sig.
1	回归	87502.915	8	10937.864	110.579	.000ᵇ
	残差	315339.809	3188	98.915		
	总计	402842.724	3196			

a. 因变量: WS
b. 预测变量: (常量), Distance, width_m, Shape_Length, POI_COUNT, DENSITY2010, junction_density, function_density, function_mix.

图 5-53　回归模型 1 结果 1

模型		非标准化系数		标准系数	t	Sig.
		B	标准 误差	试用版		
1	(常量)	82.194	1.109		74.093	.000
	POI_COUNT	.272	.022	.270	12.354	.000
	width_m	-.004	.007	-.010	-.634	.526
	function_density	-.033	.002	-.419	-21.409	.000
	function_mix	4.541	.380	.236	11.937	.000
	junction_density	.170	.019	.145	8.764	.000
	Shape_Length	-.013	.002	-.150	-8.430	.000
	DENSITY2010	6.310E-005	.000	.065	4.008	.000
	Distance	-.001	.000	-.125	-7.689	.000

a. 因变量: WS

图 5-54　回归模型 1 结果 2

模型汇总

模型	R	R 方	调整 R 方	标准 估计的误差
1	.466ª	.217	.215	9.944650

a. 预测变量: (常量), Distance, Shape_Length, POI_COUNT, DENSITY2010, junction_density, function_density, function_mix.

Anovaª

模型		平方和	df	均方	F	Sig.
1	回归	87463.208	7	12494.744	126.342	.000ᵇ
	残差	315379.515	3189	98.896		
	总计	402842.724	3196			

a. 因变量: WS
b. 预测变量: (常量), Distance, Shape_Length, POI_COUNT, DENSITY2010, junction_density, function_density, function_mix.

图 5-55　回归模型 2 结果 1

模型		非标准化系数		标准系数	t	Sig.
		B	标准 误差	试用版		
1	(常量)	81.938	1.033		79.344	.000
	POI_COUNT	.271	.022	.270	12.342	.000
	function_density	-.033	.002	-.419	-21.402	.000
	function_mix	4.540	.380	.235	11.935	.000
	junction_density	.170	.019	.146	8.811	.000
	Shape_Length	-.013	.002	-.149	-8.409	.000
	DENSITY2010	6.392E-005	.000	.066	4.074	.000
	Distance	-.001	.000	-.125	-7.704	.000

a. 因变量: WS

图 5-56　回归模型 2 结果 2

　　聚类分析分为几种：两步聚类、K-均值聚类和系统聚类等。其中两步聚类较其他聚类方法有诸多优点，如可以同时使用分类变量和连续变量，可以自动选择聚类数量，还可以分析较大量的数据。在本小节，我们主要讲解如何做两步聚类分析。案例采用的还是老北京城区的街道步行指数和城市功能的系数。

　　1）在 SPSS 中找到两步聚类（图 5-57）工具，打开后，设置想参与聚类分析的变量（图 5-58），在本案例中，使用了 width_m、function_mix、Distance 三个变量，刚好都是连续的。

分析(A)	图形(G)	实用程序(U)	窗口(W)	帮助
报告	▶			
描述统计	▶			
比较均值(M)	▶			
一般线性模型(G)	▶	CITY_ID	POI_COUNT	
广义线性模型	▶	1 7		
混合模型(X)	▶	1 1		
相关(C)	▶	1 0		
回归(R)	▶	1 0		
对数线性模型(O)	▶	1 0		
分类(F)	▶	两步聚类(T)...		
降维	▶	K-均值聚类(K)...		
度量(S)	▶	系统聚类(H)...		

图 5-57　两步聚类菜单位置

　　2）点击"输出"打开输出界面（图 5-59），①设置评估字段，也就是在聚类分析结束后看不同的聚类对评估字段的影响。在②中选中"创建聚类成员变量"，这个会在聚类分析结束后在原始数据表格增加一个字段，写上每个样本所属的类别，有助于日后查找和进一步做回归分析。

　　3）点击确认进行聚类运算，结束后在 SPSS 查看器里会显示结果，双击模型概要中的图表，便可以看到更细节的结果信息（图

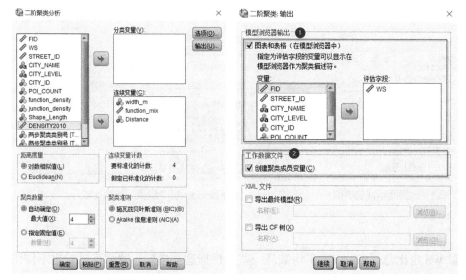

图 5-58 聚类的变量设置　　　　图 5-59 设置评估字段和创建聚类成员变量

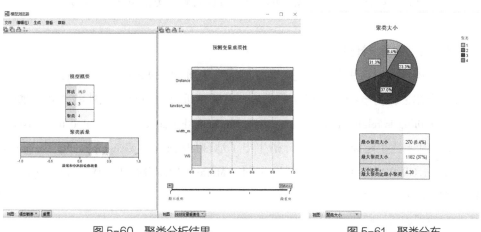

图 5-60 聚类分析结果　　　　　　　图 5-61 聚类分布

5-60）。模型概要显示输入了 3 个变量，输出 4 个组，聚类质量尚好，接近较好。在预测变量重要性中，除了 WS 外其他变量都很重要。由于 WS 是我们的评估字段，不参与聚类分析，因此不打算删除；但如果有参与聚类的变量不重要，那么就要删除后重新运算。

图 5-61 显示的是每个类别所占总样本的百分比，最理想的情况中，占比应该比较平均，大小比率在 3 以内。可以看出，此案例中的比率有些不均衡。

4）在模型浏览器左下角，视图选项选择聚类，然后点击正下方的显示，选中"评估字段"（图 5-62），便可以如图 5-63 左边所示，显示出每个类别具体的指标。在右半边左下角视图选择"聚类比较"，并且在左边图表选中一个类别，便可以显示出该类别的各指标的分布。如现在选中的 1 组，Distance 变量和总样本比较为平均，function_mix 相比总样本来说平均数要低很多，而 width_m 相比总样本高很多；评估

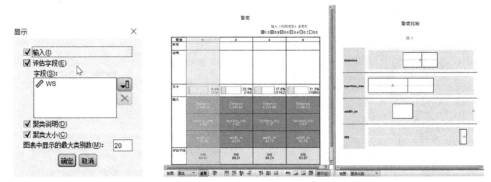

图 5-62　设置显示评估字段　　　　　　图 5-63　每个聚类的特点比较

变量 WS 也比总样本的 WS 平均数高一些。根据这些指标，我们可以看出不同组的特点和区别。

5）最后，返回到 SPSS 数据编辑器里，可以看到聚类成员变量的字段。

5.2.2　空间统计分析

空间统计有一个重要的理论，即沃尔多·托布勒（Waldo Tobler）提出的地理学第一定律：任何事物都是相互关联的，然而更近处的事物比远处的关联更加强烈（Everything is related to everything else. But near things are more related than distant things）。基于这个定律，空间统计衍生出了地理加权回归（Geographically Weighted Regression，GWR）、空间自相关性测量（Global Moran's I）及聚类和异常值分析（Anselin Local Moran's I，LISA）。

1. 地理加权回归

地理加权回归（GWR）是空间回归技术中的一种，主要基于 OLS 回归，但是可以找到针对局部的更合适的 OLS 模型。可以理解为，为一个大区域计算线性回归模型，但是将一个区域继续划分为若干个小区域，GWR 的作用是在不同的小区域内计算出该区域最适合的模型系数。GWR 的特点是通过在线性回归模型中假定回归系数是观测点地理位置的位置函数，将数据的空间特性纳入模型中，为分析回归关系的空间特征创造了条件。

操作层面上，在做 GWR 前，要先用数据做一次 OLS 线性回归，确保基本的假设都合理，方可进入 GWR 的分析。地理加权回归可以对点、线、多边形进行分析，不过所分析的数据单元需要包含必要的因变量和解释变量信息。值得注意的是，GWR 需要 300 个左右及以上的样本量来做分析。

此处将老北京二环路内步行指数与城市功能种类和密度的关系作为案例，用网格多边形作为样本单元。

1）建立以 500m 为边长的网格（图 5-64），然后用空间连接的方法，将每个网格所包含的街道提取步行指数等信息的平均值，保存到网格图层。

2）在 ArcGIS 的 GWR 工具界面中（图 5-65），选择包含参数的图层（Input features，①），然后确定因变量（Dependent variable，②）和解释变量（Explanatory variables，③）、输出结果名称（Output feature class，④）、核类型（Kernel type，⑤）、带宽方法（Bandwidth method，⑥）等参数。因变量和解释变量是与线性回归很相似的必要参数，而核类型以及带宽方法都是 GWR 特有的。

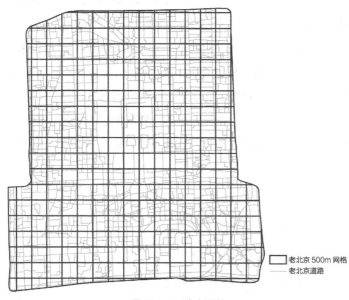

图 5-64　建立网格

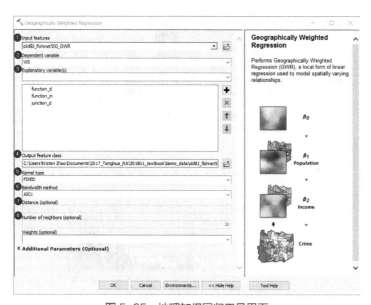

图 5-65　地理加权回归工具界面

核类型有固定距离（Fixed）和适应距离（Adaptive），如果多边形大小较为统一，那么选择固定距离就可以，反之，适应距离会更加合适。带宽方法有 AICc——使用"Akaike 信息准则"确定核的范围、CV——使用"交叉验证（Cross Validation）"确定核的范围和带宽参数（Bandwidth Parameter）——根据固定距离或固定近邻数确定核的范围且必须为距离或相邻要素的数目参数指定一个值。如果使用固定距离核类型，那么就选择带宽参数并在 Distance 输入具体带宽距离。而如果使用适应距离，那么带宽方法可以选择 AICc 或 CV，根据自己的需求来选择。

3）运算结束后，会生成两个文件，一个是 shapefile 文件，记录的是该 GWR 模型的每一个局部模型的参数，另一个是 dbf 表格，记录整体模型的参数。如图 5-66 所示，颜色极黑代表 GWR 局部模型在那个网格的实际值比预测结果高出 2.5 个标准差甚至更多，而极白的网格代表实际值比预测结果低 2.5 个标准差或更多。从 shapefile 的属性表中，选中 LocalR2，右键，选择统计（Statistics），便可以看到如图 5-67 所示的分布图。可以看出，局部 R^2 普遍还是比较高的，说明模型解释数据的水平还不错。图 5-68 显示，每个网格的残差总体分布基本呈正态分布，说明这个模型是适合这组数据的。

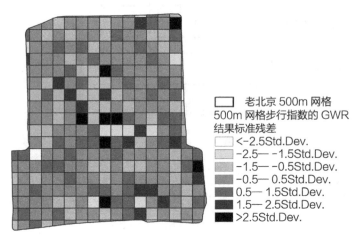

图 5-66　GWR 结果图表

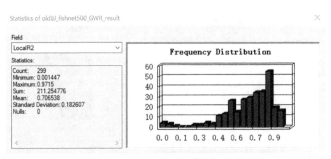

图 5-67　局部 R^2 分布

4）最后，在 xxx-supp.dbf 表格中（图 5-69），可以看到该模型整体的各种参数，以便与用同样数据但不同模型做出的结果做对比，选择较好的模型。

5）GWR 的结果不是一个总体的模型，而每个网格有自己的最佳线性回归模型。在解读时，可以找到每个具体的样本，查看它具体的系数。要在表格里看——每一行对应着一个网格模型系数。如图 5-70 所示，粗线标记出的那个网格的表达公式是：

$$WS = 52.57 - 0.057 * function\_d + 24.09 * function\_m + 0.57 * junction\_d$$

2. 空间自相关

空间自相关（spatial autocorrelation）是指一些变量在同一个分布区内的观测数据之间潜在的相互依赖性。空间自相关系数（Moran's I）是一种推论统计，分析结果始终在零假设的情况下进行解释。对于 Global Moran's I 统计量，零假设（H_0）声明，所分析的属性在研究区域内的要素之间是随机分布的，然后用 Moran's I 对多边形数据进行随机排列（Permutation），看已有数据的排列是否足够随机。没有空间自相关性的 Moran's I 约等于 0，而 Moran's I 越大于 0 表示自相关性越强烈。Z-score 是进行随机排列后得出的可靠性指标。Z-score 越大说明这个零假设越可以被推翻。正相

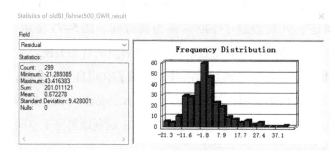

图 5-68　残差分布

图 5-69　模型整体的参数

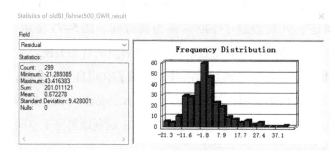

图 5-70　GWR 模型解读

关指的是越相近的样本他们的值也越类似，而负相关指的是越相近的样本他们的值反而越不同。

以下为具体操作：

1）在 ArcGIS 的 Search for Tools 中搜索 Moran's I 便可以找到这个工具。值得注意的是，放入这个工具的数据一定要有正确的坐标系，否则无法成功运算。

2）在工具中（图 5-71），填写输入文件①后，还需填写输入字段②，也就是要衡量空间自相关性的字段，然后选择生成报告③，④填写默认值即可，⑤可以选择欧氏距离（Euclidean Distance）或曼哈顿距离（Manhattan Distance），一般来说，欧氏距离是直线距离，而曼哈顿距离是折线距离，更类似于城市街道特征。

3）全部填好后就可以分析了。如图 5-72 所示，分析结果会展示在结果（Result）栏，Messages 部分会显示最核心的指标，而选中的叫作 Report File 的 html 文件便是此次分析的总结性报告。

本小节的案例依旧沿用上一小节的老北京城 500m 网格的步行指数数据，并且比较了在做地理加权回归前后，步行指数的空间自相关性的差异。

在工具设置方面，两个数据都使用了 INVERSE_DISTANCE 作为地理空间关系的概念化④和曼哈顿距离⑤，并且设置了 1000m 的距离带⑥。图 5-73 显示，Moran's I = 0.236，Z-score = 8.134，很明显，这组数据有聚集性和空间自相关性。

下面笔者又用步行指数做了地理加权回归后的残差来做了空间自相关分析，也就是在 Moran's I 工具的输入字段框中（图 5-74）填入残差（Residual）。报告显示残差并没有显著的空间自相关性（图 5-75），也顺便说明了 GWR 顺利地解释了空间自相关性，是一个合适的模型。

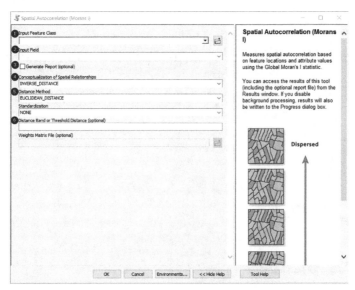

图 5-71　Moran's I 空间自相关工具设置

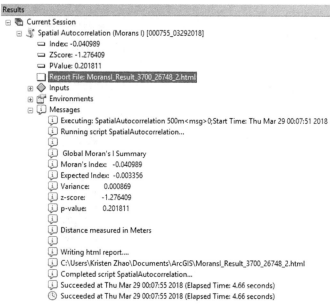

图 5-72　结果和报告的位置

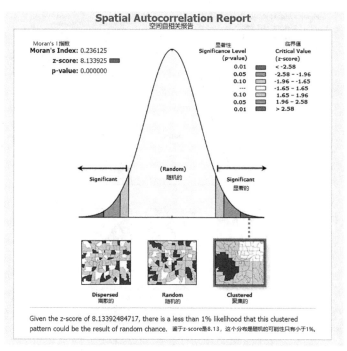

图 5-73　未进行 GWR 的步行指数的 Moran's I 指数报告

3. 聚类和异常值分析

比空间自相关更进一步的空间分析是聚类和异常值分析（Anselin Local Moran's I），又称 Local Indicators of Spatial Association（LISA）。它用于分析一组城市大数据中是否有空间意义上的异常值。

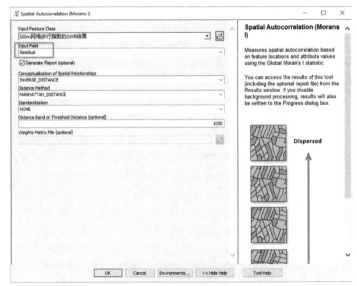

图 5-74　将 GWR 后的残差进行空间自相关分析

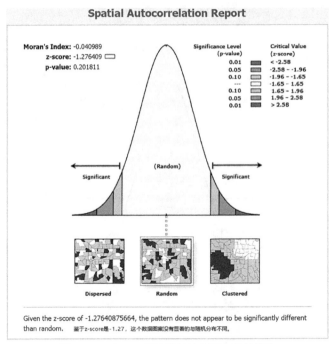

图 5-75　GWR 后的残差的空间自相关报告

　　具体操作如下：

　　1）在 Search for Tools 里搜索"Local Moran's I"，便可以找到这个工具。

　　2）如图 5-76 所示，LISA 的设置和 Moran's I 比较类似，同样需要输入数据①，输入字段②，设置输出文件③，空间关系的概念化④，距离计算方法⑤和距离带⑥。不同的是，LISA 有一个随机排列数量⑦的选择，这个数值越大，测出来的结果越可靠，但是数值太大会运算太长时间，所以一般用默认值 499。

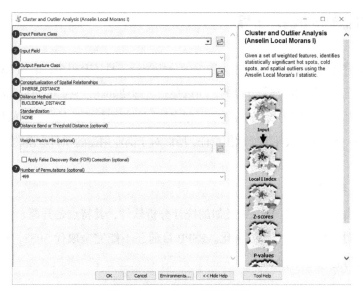

图 5-76　LISA 工具设置界面

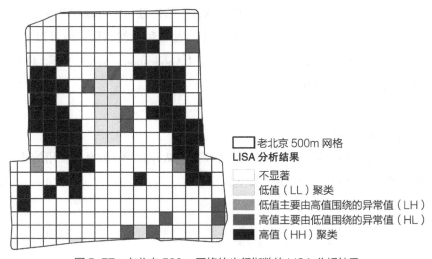

图 5-77　老北京 500m 网格的步行指数的 LISA 分析结果

　　本小节的案例依旧使用老北京城区 500m 网格的步行指数数据，输入字段③是步行指数，空间关系④是 INVERSE_DISTANCE，距离计算方法⑤是欧氏距离，距离宽⑥是 1000m，随机排列数量⑦为 499。

　　结果中白色网格的步行指数与周边网格的区别不大（图 5-77）；浅灰色网格的值与相邻网格的值都较整体数值偏低，是所谓的"低 – 低聚类（Low–Low，LL）"；而最深色网格的值与相邻网格的值都较整体数值偏高，是所谓的"高 – 高聚类（High–High，HH）"。较深灰网格是高值主要由低值包围的异常值（High–Low，HL），表示的步行指数比周边网格要显著得高；而较浅灰网格是低值主要由高值包围的异常值（Low–High，LH），代表该网格的值比周边网格显著得低。

5.3 其他分析与统计工具

除文章讲解到的工具外，城市大数据的分析统计工具还有很多，诸如 PSPP、QGIS、GeoDa 和 R 等。这些软件都是开源的，所以免费。即便如此，它们的质量和功能的全面性依旧有保障，为个人用户的使用增加了很多便利。需要提到的是，这些软件一旦计算出现问题，不会像收费软件那样承担责任，所以对于商业用途的项目应斟酌软件的选择。

5.3.1 PSPP

PSPP（图 5–78）是与 SPSS 类似的统计分析软件，其特点是开源、免费、自由。它可以用于处理统计分析和可视化。PSPP 目前还不能完全取代 SPSS，但它在迭代更新，会变得越来越强大。

5.3.2 QGIS

QGIS（图 5–79）是与 ArcMap 类似的软件，但好处是它可以在 Windows、Mac、Linux 等多种平台运行，本身自带的工具虽然数量和功能有限，但可以安装插件（Plug–ins），就如人们手机上安装不同的应用（Application，App）一样，使得 QGIS 变得十分灵活，拓展空间很大。

5.3.3 GeoDa

GeoDa（图 5–80）是 Luc Anselin 博士及其团队开发的一款易于使用的软件，涵盖大部分经常使用的探索性统计和空间分析工具（exploratory spatial data analysis,

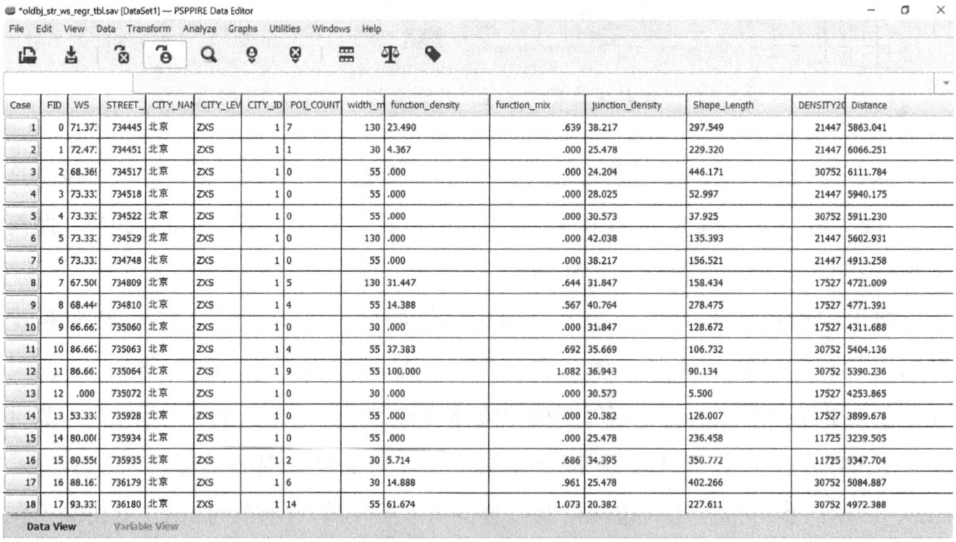

Case	FID	WS	STREET_	CITY_NAN	CITY_LEV	CITY_ID	POI_COUNT	width_m	function_density	function_mix	junction_density	Shape_Length	DENSITY20	Distance
1	0	71.37	734445	北京	ZXS	1	7	130	23.490	.639	38.217	297.549	21447	5863.041
2	1	72.47	734451	北京	ZXS	1	1	30	4.367	.000	25.478	229.320	21447	6066.251
3	2	68.36	734517	北京	ZXS	1	0	55	.000	.000	24.204	446.171	30752	6111.784
4	3	73.33	734518	北京	ZXS	1	0	55	.000	.000	28.025	52.997	21447	5940.175
5	4	73.33	734522	北京	ZXS	1	0	55	.000	.000	30.573	37.925	30752	5911.230
6	5	73.33	734529	北京	ZXS	1	0	130	.000	.000	42.038	135.393	21447	5602.931
7	6	73.33	734748	北京	ZXS	1	0	55	.000	.000	38.217	156.521	21447	4913.258
8	7	67.50	734809	北京	ZXS	1	5	130	31.447	.644	31.847	158.434	17527	4721.009
9	8	68.44	734810	北京	ZXS	1	4	55	14.388	.567	40.764	278.475	17527	4771.391
10	9	66.66	735060	北京	ZXS	1	0	30	.000	.000	31.847	128.672	17527	4311.688
11	10	86.66	735063	北京	ZXS	1	4	55	37.383	.692	35.669	106.732	30752	5404.136
12	11	86.66	735064	北京	ZXS	1	9	55	100.000	1.082	36.943	90.134	30752	5390.236
13	12	.000	735072	北京	ZXS	1	0	30	.000	.000	30.573	5.500	17527	4253.865
14	13	53.33	735928	北京	ZXS	1	0	55	.000	.000	20.382	126.007	17527	3899.678
15	14	80.00	735934	北京	ZXS	1	0	55	.000	.000	25.478	236.458	11725	3239.505
16	15	80.55	735935	北京	ZXS	1	2	30	5.714	.686	34.395	350.772	11725	3347.704
17	16	88.16	736179	北京	ZXS	1	6	30	14.888	.961	25.478	402.266	30752	5084.887
18	17	93.33	736180	北京	ZXS	1	14	55	61.674	1.073	20.382	227.611	30752	4972.388

图 5–78 PSPP 界面

图 5-79　QGIS 界面

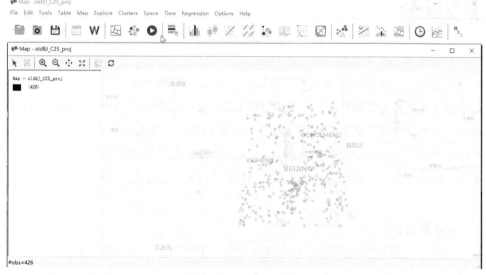

图 5-80　GeoDa 界面

ESDA），如空间自相关分析、空间回归等。由于 GeoDa 的开发团队成员都是有扎实空间统计背景的科研人员，此软件做出的分析比 ArcGIS 这种综合性软件更加可靠，并且功能设置更加详细。比如，在测试空间自相关时，GeoDa 有很多种临近多边形归纳的方法（Neighborhood Types），而 ArcGIS 没有。

5.3.4　AccessMod 5.0

AccessMod 5.0（图 5-81）是一款世界卫生组织（World Health Organization，WHO）开发的用来衡量某一地区公共设施（如医疗机构、学校等）可达性的在线工具。在

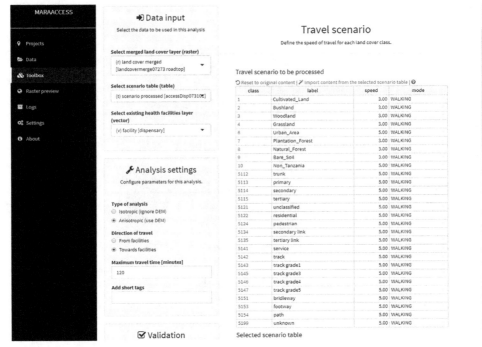

图 5-81　AccessMod 5.0 界面

分析可达性（Accessibility analysis）方面，它的功能比 ArcMap 强大，可以计算出通过不同交通工具到达某种公共设施的耗时，同时还可以掺入人口分布，将可达性分析进一步地加强了重要性的对比，即人口密集地方的可达性高于人烟稀少的区域。除可达性外，它还可以做地理分析（Geographic analysis），也就是结合可达性和设施本身的承载能力后做出的真正受益人数的分析，以及其他复杂的分析模型和运算。

5.3.5　R

R 是一个开源的编程语言，R 本身自带的工具库（Library）尤其适合做统计分析和绘图。随着现在工具库的不断充实，R 也可以做空间数据的分析和可视化。对于统计分析，常用的库有 stats、MASS、car、foreign 等；对于空间分析，常用的有 sp、rgdal、maptools 等；对于数据的可视化，ggplot2、ggmap 比较常见同时功能完善。R 在编程过程中可能会花费较长的时间，但是与 ArcGIS 和 GeoDa 对比，R 的优势在于可重复操作性。操作者可以编写方程，使 R 可以多次计算，这样就比软件省事很多。

在安装时要注意，不仅需要安装 R 语言，而且需要安装 RStudio，一个可以编辑代码和可视化的界面软件。两者都有才能正常运行。

5.3.6　综合比较

表 5-4 中展示了这几种工具的适用性，以及与 ArcGIS 和 SPSS 比较的优缺点。

各类工具的适用性对比　　　　　　　　　　　表5-4

其他工具	擅长的功能 / 相关网站和资源
PSPP	统计分析和结果可视化
	下载页：　　　https：//www.gnu.org/software/pspp/get.html 　　　　　　　https：//mirrors.tuna.tsinghua.edu.cn/gnu/pspp/ 下载安装说明：http：//git.savannah.gnu.org/cgit/pspp.git/plain/INSTALL
QGIS	ArcMap 上的地理数据整理功能都可以在 QGIS 找到类似工具，目前依然认为 ArcGIS 的数据处理功能较 QGIS 来说更加稳定，但是 QGIS 是小规模、低成本的首选
	主页：https：//www.qgis.org/zh_CN/site/ QGIS 系列教程（中文）：百度文库
GeoDa	空间自相关，地理加权回归，聚类和异常值分析，空间聚类（k-means 等），比 ArcGIS 的功能设置更加详细，数据操作方式有点类似 SPSS
	主页：http：//geodacenter.github.io/index-cn.html（中文） 完整版操作手册（中文）：百度文库
AccessMod 5.0	公共设施可达性分析（Accessibility analysis），地理分析（Geographic analysis），转介分析（Referral analysis），分区统计（Zonal statistics），增大比例分析（Scaling up analysis），大部分功能 ArcGIS 不可替代
	主页：https：//www.accessmod.org/ Github 界面：https：//github.com/fxi/AccessMod_server 疑难问题解答：https：//www.azavea.com/blog/2017/08/02/how-to-calculate-location-accessibility-with-accessmod-5/
R	线性回归，逻辑回归，数据可视化，一些空间分析，如 GWR（需要 maptools、spdep、spgwr、rgdal、ggplot2、rgeos、ape 这些库）、点格局分析（Point pattern analysis）、最邻近分析（Nearest neighbor analysis）等。R 的统计可靠性高于 ArcGIS，而且在大量数据的情况下，R 的处理速度比 SPSS 快很多，同时很适合重复操作
	R 下载页：https：//cran.r-project.org/mirrors.html RStudio 下载页：https：//www.rstudio.com/ R 工具库：https：//cran.r-project.org/web/packages/available_packages_by_name.html

第 6 章

城市大数据的
可视化

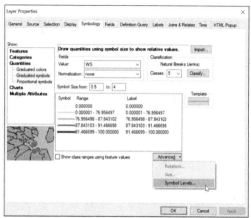

　　城市大数据多为有空间位置信息的数据，于是基于地图的可视化显得尤为重要。数据的可视化主要的目的有几种：洞察问题、寻求视觉美感、科学分析和交流对话。以北京老城区 2014 年微博签到数据为例，同样的一组数据可以由图表形式（图 6-1）呈现，同时还可以以地图形式呈现（图 6-2、图 6-3）。直观地来看，图 6-2 和图 6-3 对于兴趣点热度（签到数量多的地方）的显示更加一目了然。而图 6-2 与图 6-3 的区别在于前者用圆点大小来代表街道办事处尺度的微博签到数量，而后者用颜色深

province	categorys	categorys_	categorys1	category_n	checkin_nu	photo_num	checkin_us	title	address
11 51 55		55	51	中学	1127	472	629	北京四中	西城区西黄城根北街甲2号(近北大医)
11 51 55		55	51	中学	443	169	305	北京八中	西城区太平桥大街学院小街2号
11 51 54		54	51	职业技术学校	2008	1045	514	北京卫生学校	西城区南横西街94号
11 51 52		52	51	高等院校	390	130	117	首都医科大学第一临床医学院	重庆区长椿街45
11 51 55		55	51	中学	296	135	211	北京师大附中	北京市西城区南新华街18号
11 51 52		52	51	高等院校	115	27	86	中央音乐学院礼堂	鲍家街43
11 51 55		55	51	中学	242	104	144	北京师范大学附属实验中学	西城区二龙路甲14号
11 51 55		55	51	中学	311	139	136	北京市第十五中学	西城区陶然亭湘畔
11 51 55		55	51	中学	450	220	216	育才学校	西城区东经路21号
11 51 55		55	51	中学	824	436	243	汇文中学	东城区培新街6号
11 51 56		56	51	小学	195	97	109	北京第二实验小学	北京新文化街111号(与佟麟阁路交口)
11 51 55		55	51	中学	509	242	210	北京市回民学校	广内大街223号
11 51 56		56	51	小学	134	59	80	北京小学	西城区槐柏树街9号
11 51 55		55	51	中学	125	45	82	北京市鲁迅中学(新文化街)	新文化街45
11 51 55		55	51	中学	44	10	41	北京市第八中学	北京市西城区太平桥大街学院小街2
11 51 55		55	51	中学	272	107	73	北师大实验中学	西城区二龙路甲14号
11 51 55		55	51	中学	59	16	48	北京第一五九中学	北京市王府仓胡同23号
11 51 54		54	51	职业技术学校	55	25	33	北京市先农坛体育运动技术学校	东城区永定门西街17号
11 51 55		55	51	中学	87	31	43	北京市第六十六中学	西林前街111号
11 51 56		56	51	小学	71	41	41	奋斗小学	北京长椿街
11 51 55		55	51	中学	108	46	40	北京市第一〇九中学(幸福大街)	幸福大街43
11 51 55		55	51	中学	24	5	17	北京三十五中高校	北京市西城区二弄路小口袋胡同19号
11 51 55		55	51	中学	17	4	14	159中学	159
11 51 56		56	51	小学	30	15	14	康乐里小学	西城区储库营胡同
11 51 55		55	51	中学	15	5	12	北京市第一七九中学	崇文区左安浦园小区4号
11 51 55		55	51	中学	15	3	14	徐悲鸿中学初中部	永安路长街1号
11 51 56		56	51	小学	29	10	19	黄城根小学	北京西城区黄城根北街3号??
11 51 56		56	51	小学	10	1	8	陶然亭小学	西城区龙泉胡同5号
11 51 52		52	51	高等院校	21	5	4	首都医科大学第一临床医学院	长椿街45
11 51 57		57	51	幼儿园	8	3	5	外经贸部	北京东城区台基厂三条2号
11 51 57		57	51	幼儿园	9	2	7	北京市宣武区三教寺幼儿园	西城区里仁街12号

oldBJ_POItype51　　　　　　　0　／　0　▶　▶▏　　　(0 out of 226 Selected)

oldBJ_POItype51

图 6-1　签到的数量及其他属性

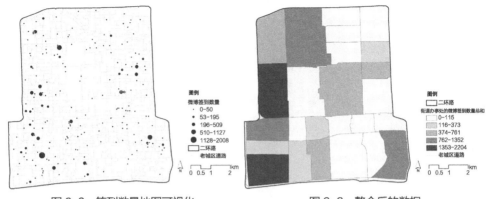

图 6-2　签到数量地图可视化　　　　　图 6-3　整合后的数据

浅来代表。如果加上时间维度，还可以进一步做成动图，更加直观地展现不同时间的数据区别。同样的数据，不同的展示方式，效果便不一样。根据数据类型和希望传递的信息不同，研究者需要找到他们的最佳展示方式。

　　本章内容将会涵盖基于 ArcGIS 软件的可视化方法和 GeoHey 在线地图的可视化，以求给读者最多样的可视化选择。

6.1　基于 ArcGIS 的可视化

　　在空间数据中，点、线、面数据都是 ArcGIS 默认直接显示在地图上的，然而轨迹数据却需要人工处理后才能显示，所以本节先讲解如何显示轨迹数据。

　　随后便是细化的可视化设置。在 ArcGIS 桌面软件中，数据的可视化基本都可以在图层属性（Layer Properties）里设置（图 6-4）。

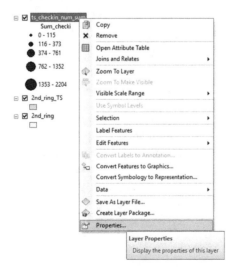

图 6-4　图层属性菜单

6.1.1　轨迹数据可视化

　　轨迹数据一般是由起点终点的坐标连接得来的。以北京的公交卡数据为例，本小节介绍一下轨迹数据的合成方法。数据是来源于 2008 年某一周的北京公交卡刷卡数据。原始数据有卡编号（CARD_ID）、出发时间（TIME_O）、出发站点（STOP_O）、到达时间（TIME_D）、到达站点（STOP_D）、卡种类（CARD_TYPE）。操作步骤如下：

　　1）用 ArcMap 中数据属性表内的 Summarize 功能或 Excel/Access 软件中的

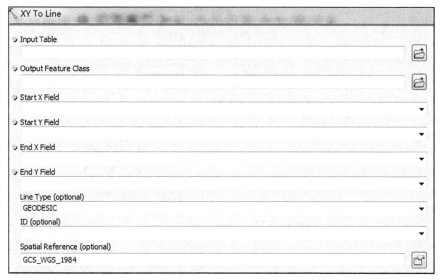

图 6-5　XY to Line 工具界面

group by 对时间（小时）、站点进行汇总。

2）用空间连接（Spatial Join）和 Summarize 工具将站点与交通分析小区（Traffic Analysis Zone，TAZ）进行空间关联，得到 TAZ 层面的统计。

3）通过四步将点状数据整理成轨迹（trajectories）表格数据：

a）用计算几何（Calculate Geometry）计算站点的 ID 坐标；

b）用空间连接（Spatial Join）计算每个站点对应的小区；

c）用 Calculate Geometry 计算小区中心点坐标；

d）最后，用关联（Join）工具将每个小区的坐标添加到轨迹表。

4）将轨迹空间化

a）在 XY to Line 工具界面中（图 6-5）填入相应的信息（建议增加唯一的 ID，便于后续空间图层与属性表的对应）；

b）如果需要程序化，上述步骤也可以使用 Python 编写脚本实现。

图 6-6、图 6-7 是几个轨迹可视化的展示。

6.1.2　图层属性（Layer Properties）

说到 ArcGIS 的可视化，就不得不提符号化（Symbology）——每个图层的可视化属性的核心管理地带。它控制着图层的展现内容、方式、颜色、顺序、透明度等诸多细节。

1. 要素（Features）/ 种类（Categories）/ 数量（Quantities）

图 6-8 展现的是基于①要素（Features）的数据可视化，这种方法展现出的所有多边形只有一种颜色，点击标注②的方框便可以调整多边形的颜色。而大多数时候，

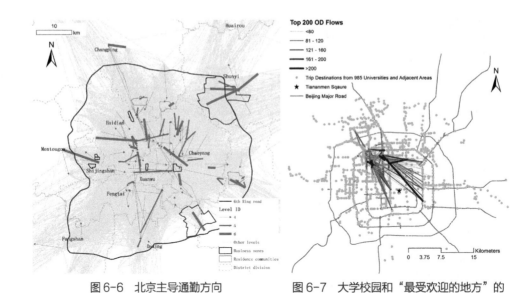

图 6-6　北京主导通勤方向　　　　图 6-7　大学校园和"最受欢迎的地方"的
　　　　　　　　　　　　　　　　　　　　　　　联系强度

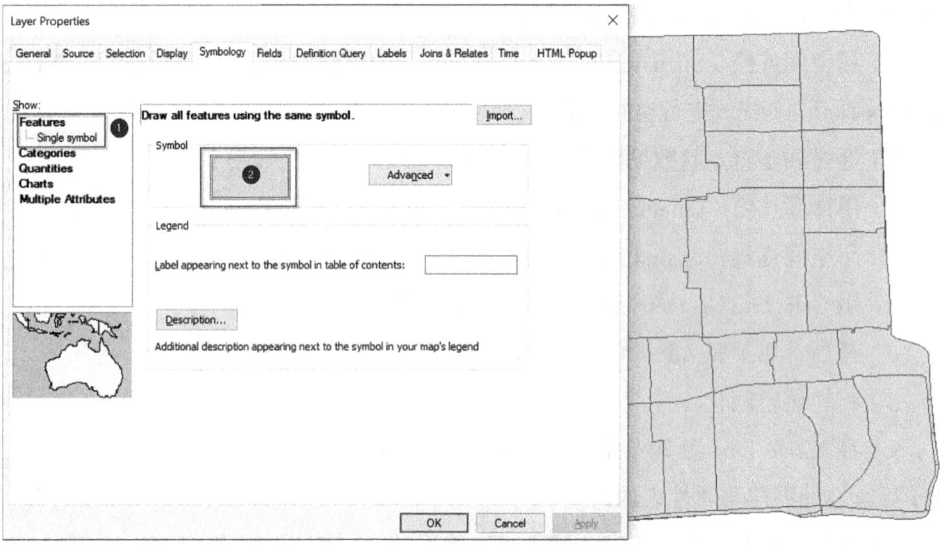

图 6-8　要素（Features）

我们不满足于只使用单一的颜色，因为它传递的信息太少了。

　　在要素（Features）下边的便是种类（Categories），这种展现方式可以识别出一个图层的某一种属性的不同种类，并将图层依据种类赋予不同的颜色（图 6-9）。这种展现方式更适合分类变量，例如本图所示的北京行政区划分，不同的颜色分别代表不同的区。

　　面对连续变量的展示，就需要用到数量（Quantities），它在种类（Categories）下方（图 6-10）。在该案例中展现的是北京老城区每个街道办事处的某一种微博兴趣点的签到数量总和，颜色越深表明签到数越多。

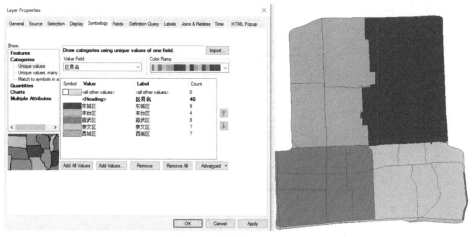

图 6-9　种类（Categories）

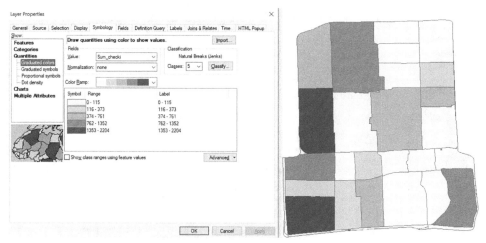

图 6-10　数量（Quantities）

这三种展现方式中还包括了很多细节，例如 Categories 中的唯一值，多字段（Unique Value，many field）可以使用多个分类变量（图 6-11），从而分出更多种类。再比如 Quantities 中的渐变符号（Graduated Symbols）可以将数量的多少表达成点的大小等。

2.ColorBrewer——更好看的配色

对于配色要求比较高的人可能已经发现，ArcMap 自带的色阶欠缺一些美观度。而 ColorBrewer 配色插件完美地解决了这一问题。不过对于已经使用 ArcGIS Pro 的人来说，ColorBrewer 已经是默认的色阶了，也就不用特意安装了。这个指导只针对 ArcMap 的用户。首先，在 http：//www.reachresourcecentre.info/arcgis-colorbrewer-color-ramp-style 网站上下载 "ColorBrewer.zip" 并解压，将它保存在你找得到的位置。在符号系统（symbology）中（图 6-8），双击②，接下来在图 6-12 中点击样式参考（Style References）。新的窗口打开后（图 6-13）再点击将样式添加到列表（Add

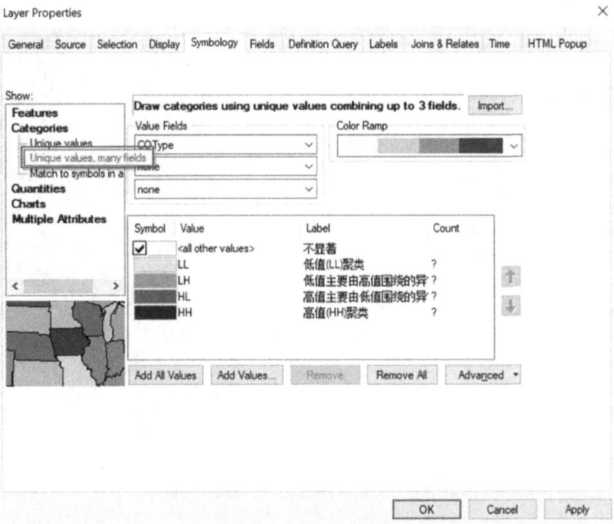

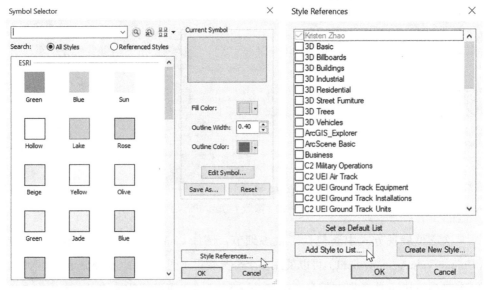

图 6-11　唯一值，多个字段（Unique values，many fields）

图 6-12　符号选择器（Symbol Selector）　　　图 6-13　样式参考（Style References）

Style to List），最后找到 ColorBrewer.style 并选中，这样之后在该 mxd 文件中的配色就都是基于 ColorBrewer 的了（图 6–14）。

3. 调整分级别显示时的上下顺序

有时数据显示的级别也会影响视图效果，因此调节顺序显得至关重要。本小节的案例将展示老北京城区街道根据步行指数的得分。默认图中（图 6–15），圆圈指出的是顺序不合适，需要调整的地方。回到 Symbology，如图 6–16 和图 6–17 所示，找到高级（Advanced），然后选择符号级别（Symbol Levels）调整不同类别的显示顺序即可。

4. 定义查询（Definition Query）

当研究者只想展示某些数据，而不是全部时，会用到此功能。这时，图层属性（Layer Properties）中的定义查询（Definition Query）可以用来有选择性地展示数据。打开如图6–18所示的界面，点击查询生成器（Query Builder），打开设置条件的界面，便可以设置你想要的显示条件了。如图6–19所示，我们对老北京城区的街道用步行指数（WS）的分数进行划分，仅显示高于90分的街道。图6–20显示出的就是加了条件前后的可视化对比。

5. 透明度设置

图层很多时候难免需要用透明度来调节视图效果。在图层属性（Layer Properties）中（图6–21），找到展示（Display）菜单，在透明（Transparent）一栏中填写期望的透明度。注意，这里的透明度顺序是：数值越高，透明度越高，反则反之。

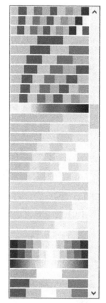

图 6-14　ColorBrewer
色板

图 6-15　街道显示顺序

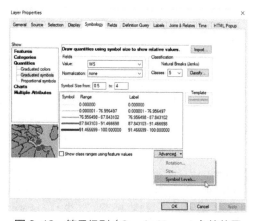

图 6-16　符号级别（Symbol Levels）的位置

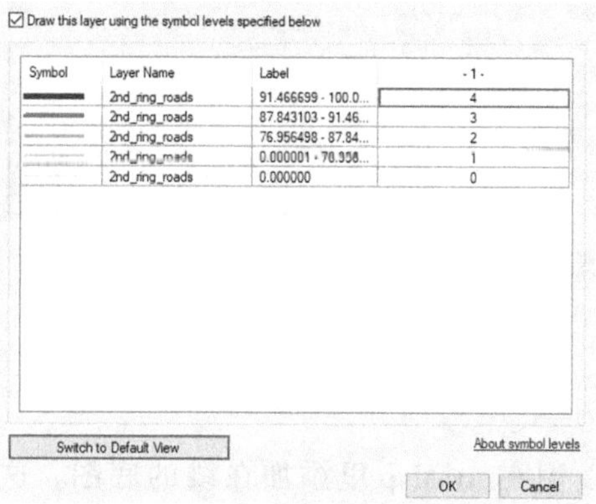

图 6-17　顺序调整

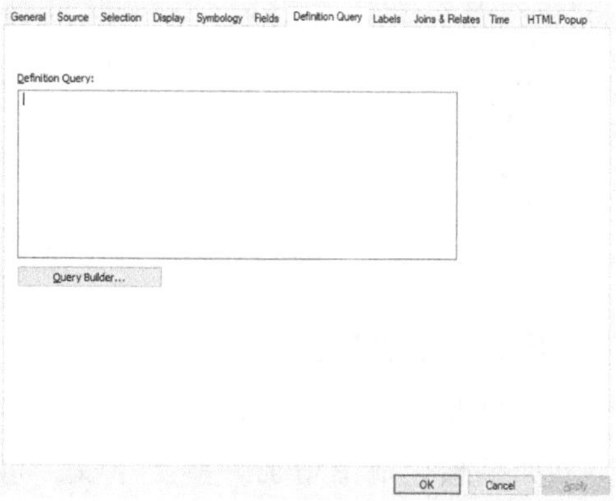

图 6-18　定义查询（Definition Query）

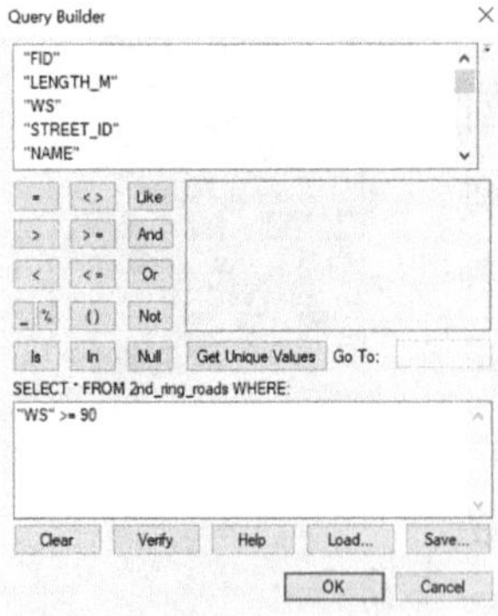

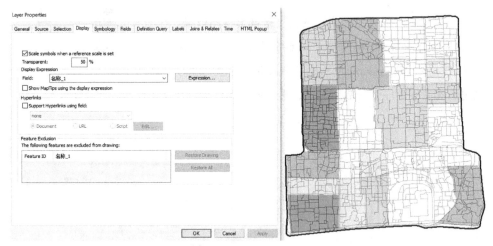

图 6-19 查询生成器
（ Query Builder ）

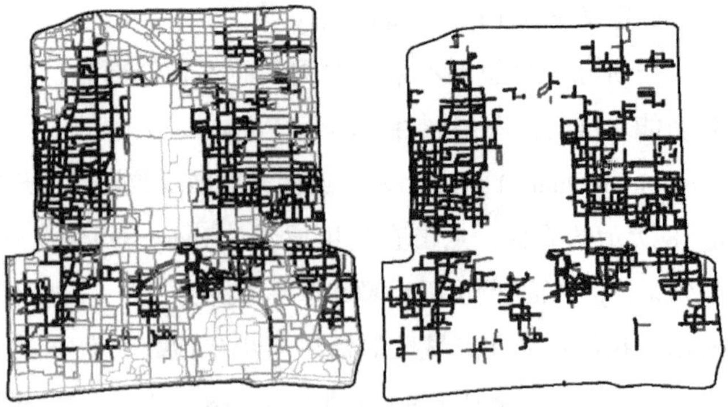

图 6-20 增加显示条件的前后对比（左前右后）

图 6-21 展示（Display）

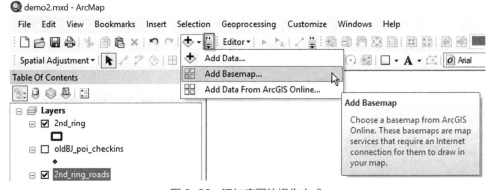

图 6-22 添加底图的操作方式

6.1.3 其他功能

1. 为地图加底图

如果想让地图增加一些上下文，可以用在 ArcMap 里添加在线的底图。这个操作需要联网后进行。如图 6-22 所示，找到"+"号，并点击添加底图（Add

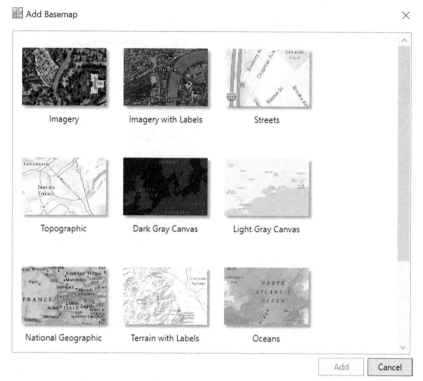

图 6-23　底图的种类

Basemap）。如果找不到"＋"图标，可以点击方框来寻找。

　　打开 Add Basemap 界面（图 6-23），选择合适的底图即可。一般来讲，如果希望给予清晰的上下文及道路信息，推荐使用街道（Streets），而如果比较注重图像表达效果，则推荐使用深灰色画布（Dark Gray Canvas）和浅灰色画布（Light Gray Canvas）。

　　2. 视图（Layout）

　　可视化做好后，就要准备生成最终的视图了。在界面左下角，找到如图 6-24 所示的图标，点击后 ArcMap 就会从地图模式转换成视图模式，然后就可以设置最终视图了。值得一提的是，这里有两组工具，需要分清用途，否则会产生很多不必要的麻烦。如图 6-25 所示，左图是调整地图的工具，其中包括地图本身的缩放、拖拽等，而右图是调整视图的工具，仅仅调整地图在页面上的摆放。如果将两者弄混，不小心将地图错误地缩放或移动了位置，也不要紧，点击左图中蓝色左箭头，回到上一视图就可以了。

　　视图默认的是一张竖版 A4 纸，而你可能需要换一种尺寸。可以如图 6-26 所示，找到换尺寸的图标，打开界面后找到你想要的尺寸更换即可。在视图中，可能还有一些属性你想调整，那么就右键，打开数据框属性（Data Frame Properties）（图 6-27）。比如这里，如果希望把黑色边框设置成无色，便打开边框（Frame）菜单，做相应调整。

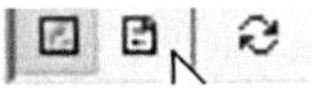

图 6-24　视图图标 　　　　　　　图 6-25　地图调整工具与视图调整工具

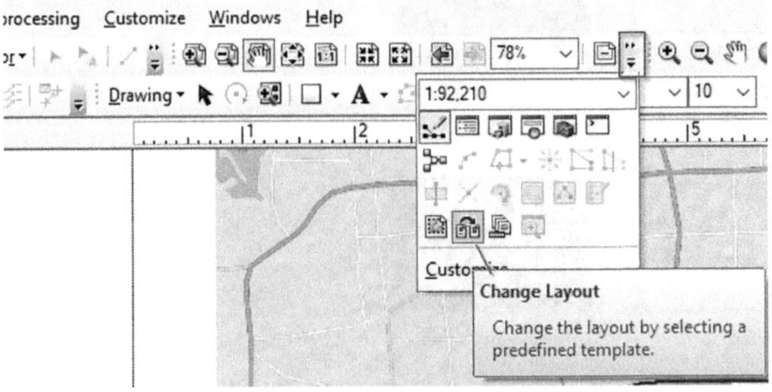

图 6-26　换视图尺寸

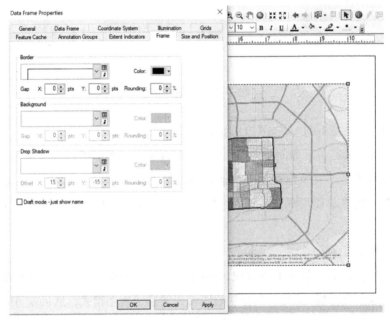

图 6-27　数据框属性

最后，一张完整的地图，一定不能缺少标题、指北针、比例尺和图例。它们的添加方式都在插入（Insert）菜单中。如图 6-28 所示，方框中便是他们的位置。相比起文字比例尺（Scale Text），绘图人一般更青睐图像比例尺（Scale Bar），因为这种情况下，即便视图被任意缩放，读者依旧能一目了然地读懂比例，更适合现在这个数字化网络社会。图 6-29 展现了一张元素齐全的样图，供读者参考。

3.ArcGIS 三维数据的导出

当有三维数据时，可能也会遇到需要导出数据到其他建模软件的情况。本部分

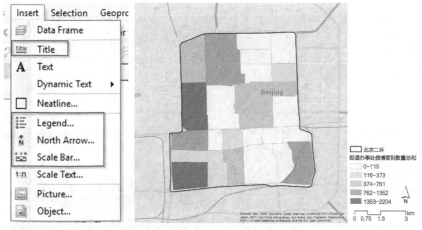

图6-28 添加视图必要元素　　　　图6-29 样图

简单介绍一下两种情形：从 ArcMap 或 ArcScene 导出到 SketchUp。

1）从 ArcMap 到 SketchUp：

a）将 GIS 图层如建筑物根据高度或层数分为若干个子图层；

b）导出为 CAD 格式 dwg 或 dxf；

c）分别导入 SketchUp 进行不同高度的拔升。

2）从 ArcScene 到 SketchUp，需要利用 Maya 作为中间件生成 obj 文件：

a）将 ArcScene 的 dae 文件导入 Maya，选中右边"使用选定的名称空间…"（图6-30）；

b）找到插件管理器（图6-31），在 objExport.mll 栏打勾（图6-32），否则无法导出 obj 格式文件；

c）在导出时选择 obj 格式即可（图6-33、图6-34），此文件格式可直接在 SketchUp 中打开。

图6-30 在 Maya 中导入 dae 文件

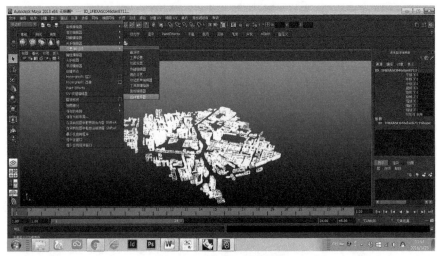

图 6-31　找到插件管理器

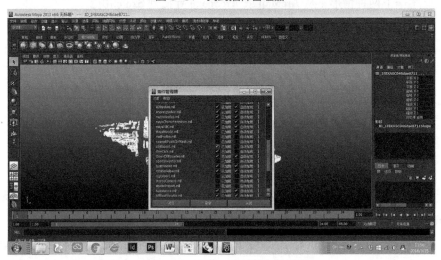

图 6-32　找到 objExport.mll 栏

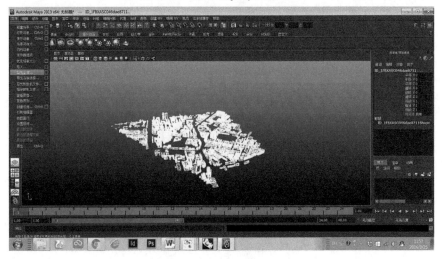

图 6-33　obj 文件导出位置

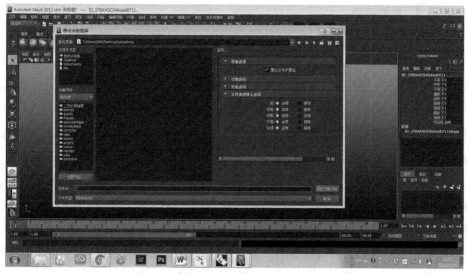

图 6-34　文件导出设置

6.2　基于极海（GeoHey）的可视化

极海（GeoHey）是一个一站式地理云平台，它可以为用户存储大量数据，用它的服务器可以做数据可视化和高速大量的地理信息云计算。更详细的介绍可以参阅 GeoHey 的主页 https：//geohey.com/?go。使用之初，当然要先注册账户。注册好后，就会看到极海云控制台这个界面（图 6-35）。

图 6-35　GeoHey 的数据管理平台

6.2.1 数据来源

1.上传数据

在上传数据前，要首先将数据调整到 WGS 1984 坐标系，否则 GeoHey 无法顺利地识别地理位置。做好准备工作后，在控制台左边点击"数据存储"，便可以上传数据。

空间数据支持很多种格式，包括 csv、Excel、GeoJSON、KML/KMZ、GPX、SHP（ZIP）。除最后一种数据格式外，都可以直接上传。而最后一种 SHP，即 Esri Shapefile 需要进行压缩才能上传。以我们的案例数据为例（图 6-36），虽然在 ArcMap 中，shapefile 是一个文件，但在文件资源管理器（Windows Explorer）里却分为多个文件。压缩时，先确保该图层已经从 ArcMap 软件中移除，然后要将这些同一名称不同后缀的文件全部包括。需要注意的是，压缩时用 zip 格式而不是 rar，并且只能对这些同一名称不同后缀的文件直接压缩，不能压缩还有文件的文件夹。压缩好后，按照指示上传即可。上传后文件便会显示在列表中，如图 6-37 所示，点击其中一组数据，便可以显示在地图上（图 6-38）。

2nd_ring_junction.sbx	2/11/2018 5:33 PM	SBX File	12 KB
2nd_ring_junction.shp	2/11/2018 5:33 PM	SHP File	356 KB
2nd_ring_junction.shp.xml	2/11/2018 5:33 PM	XML Document	6 KB
2nd_ring_junction.shx	2/11/2018 5:33 PM	SHX File	102 KB
☑ 2nd_ring_roads.cpg	2/11/2018 8:39 PM	CPG File	1 KB
☑ 2nd_ring_roads.dbf	2/11/2018 8:39 PM	DBF File	1,971 KB
☑ 2nd_ring_roads.prj	2/11/2018 8:38 PM	PRJ File	1 KB
☑ 2nd_ring_roads.sbn	2/11/2018 8:40 PM	SBN File	33 KB
☑ 2nd_ring_roads.sbx	2/11/2018 8:40 PM	SBX File	4 KB
☑ 2nd_ring_roads.shp	2/11/2018 8:39 PM	SHP File	605 KB
☑ 2nd_ring_roads.shp.xml	2/11/2018 8:40 PM	XML Document	13 KB
☑ 2nd_ring_roads.shx	2/11/2018 8:39 PM	SHX File	26 KB
2nd_ring_TS.cpg	2/13/2018 3:52 PM	CPG File	1 KB
2nd_ring_TS.dbf	2/13/2018 3:52 PM	DBF File	4 KB
2nd_ring_TS.prj	2/13/2018 3:52 PM	PRJ File	1 KB

图 6-36　识别一个 SHP 文件的相关文件

图 6-37　上传后的文件列表

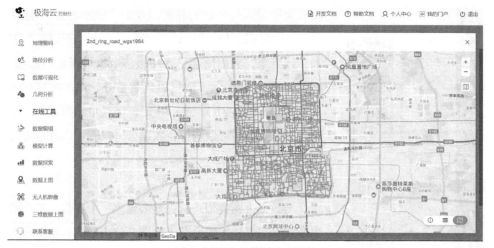

图6-38　上传数据的可视化

图6-39　数据上图界面

2.公共数据

GeoHey还有大量的公开数据，这也是一个很好的数据来源。在控制台便可以轻松获取。如图6-39所示，点击"公开数据"，然后可以用高级筛选功能选择有兴趣的数据，例如这里选择了某一时段的全国电影院票房数据，即可即时显示在地图上。

6.2.2　数据表达

上传好数据，我们就可以在极海做更多的数据可视化工作。主要分为两种，一个是数据上图，即地图可视化的更加详细的设置。一个是数据探索，即生成可用于展示的图表或幻灯片。

1.数据上图

在控制台左边的菜单中点击"数据上图"，进入相应界面，然后点击"新建项目"。

城市规划大数据理论与方法

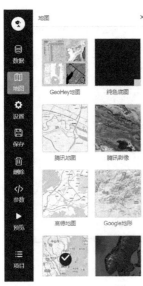

图 6-40　地图选择

随后会被带入一个新的界面，点击"添加数据"，选择想添加的数据。如需要添加多个数据图层，可以依次加入。接下来，界面便会呈现出很多数据可视化的选项，如图 6-39 所示。除了数据可以调整外，地图的样式也可以设置（图 6-40）。最后一定要保存自己的成果。在保存时，有选项可以选择将数据公开与否，以及地图公开与否。

2. 数据探索

与数据上图类似，首先是要建立一个项目，选择图表形式或幻灯片，然后载入地图。这个地图，就是在上一步骤生成的那个地图。接下来，还可以添加图表和文字，从而生成一张可以展示的数据报告（图 6-41）。

6.3　其他可视化工具

现在网络上有很多可视化工具。主要分为三大类：基于软件、基于网络平台和基于 JavaScript 编程进行可视化。基于软件的可视化工具一般速度最快，对技术要求最低，而且一般也可以达到很复杂的效果，但有些是收费的。基于网络平台的可视化一般相对简易，并且免费，然而如果想达到更高的可视化要求，就需要用他们的JavaScript 编程版，对编程技术要求更高，而且如果量比较大，也是会收费的。

图 6-41　数据探索案例

6.3.1 基于软件的图形用户界面（Graphical User Interface，GUI）

1. ArcScene 三维可视化

ArcScene 是 ArcGIS 软件下的三维可视化工具。它可以用来拉伸数字高程模型（Digital Elevation Model，DEM）文件及建筑等图层，以起到更好的可视化效果。图 6-42 展示了用 ArcScene 可以做成的效果图。详细的拉伸数字高程模型的教程可以参考这个链接：https://jingyan.baidu.com/article/4d58d5412969cb9dd4e9c017.html

2. QGIS——可替代 ArcMap 的开源软件

QGIS 是一个免费的开源地理信息分析和可视化软件。与 ArcGIS 比较，除了价格上的优势外，前者的可视化功能比 ArcGIS 更有多样性。如图 6-43 所示，颜色重叠的部分可以叠加和变色，展现出 3D 效果。在第 5 章的 5.3.2 节也有关于 QGIS 的介绍。

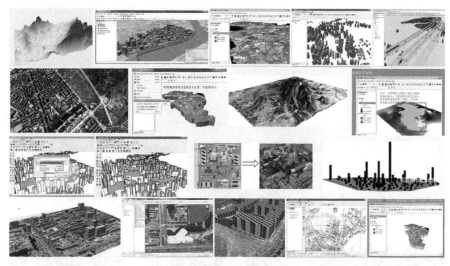

图 6-42 ArcScene

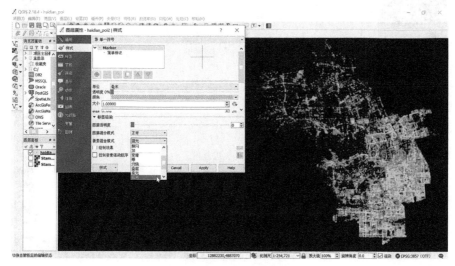

图 6-43 QGIS 界面

3. Tableau

Tableau 是一个独立数据可视化平台,可以承受更大的数据量、更多的表现形式。不仅可以展示数据,同时还可以做一定层面的数据分析。Tableau 的好处是它可以将数据展示在多个平台,电脑和移动设备上都可以展现,并且不同的人、不同角色,看到的数据形式也可以有所不同,所以很适合商业上的合作交流(图 6-44)。

4. Power BI

与 Tableau 类似的产品是微软出的一款数据可视化和分析平台,叫 Power BI。虽然前者的数据处理和可视化更加灵活,但后者的水平也没有落后太多,并且更大优势在于其低廉的价格。图 6-45 展示了 Power BI 可以呈现的可视化图表。

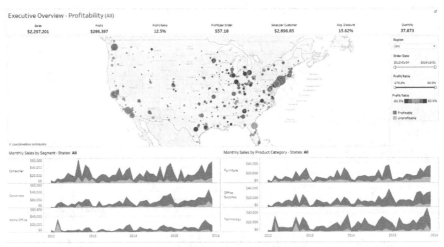

图 6-44　Tableau 应用界面

图 6-45　Power BI 界面

6.3.2　基于网络平台的用户界面

1. Carto

在网络平台的操作上和 GeoHey 类似（图 6-46），Carto 是一个可以上传数据并在线做地图展示的平台。它的优势在于它有根据时间显示数据的能力，可以按时间顺序做成动图。

2. Mapbox

Mapbox 也可以在网络平台上制作地图。与 Carto 稍有不同的是，Mapbox 的侧重点更多的在于地图的个性化设置（图 6-47），如为道路、绿地、建筑物选颜色、定义字体大小等。在上传数据方面，Mapbox 只接受 GeoJSON、JSON、csv 等文本格式文件，不支持 shapefile，于是需要用插件（http://mapshaper.org/）将 shapefile 转换成 GeoJSON 转换数据后才能使用。

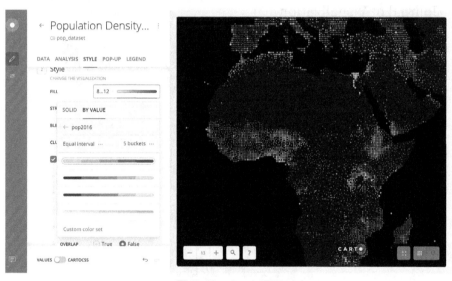

图 6-46　Carto 界面

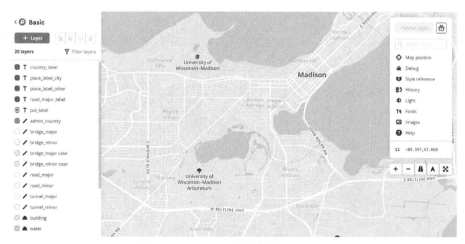

图 6-47　Mapbox 地图个性化设置界面

3. 学术期刊

如今随着学术界对可视化的需求和重视程度日渐增长，数据可视化也可以作为学术成果发表在期刊上。如 Springer 出版社的可视化期刊（Journal of Visualization，图 6-48），专门收录这方面的论文（https：//link.springer.com/journal/12650）。在日后大数据时代的发展中，数据可视化将占据至关重要的地位。

图 6-48 可视化期刊

第 7 章

城市大数据挖掘：
空间句法

空间句法是一种以空间拓扑形态为基础的空间分析方法及计算机软件，也是一种从空间形态出发理解人类社会、经济和文化行为的城市和建筑理论。本章将介绍空间句法的概念界定、软件操作、与城市大数据的区别和联系，并以《北京街道活力：测度、影响因素与规划设计启示》为案例，介绍空间句法与大数据相结合分析城市问题的方法。

7.1 基本介绍

空间句法由英国伦敦大学学院（UCL：University College London）建筑与环境学院教授比尔·希利尔（Bill Hillier）提出，它将城市街道抽象为一组彼此相交的直线段，在此基础上计算他们之间的拓扑关系，用来分析街道的可达性及相关经济活动分布。Hillier 在研究了多个博物馆的人类行走轨迹时发现，决定人们活动的并不是博物馆内展品的摆放，而是某一个展览空间与另外展览空间的位置关系。在空间句法里，空间是空间关系的总和，决定空间功能的并不是这个空间本身，而是这个空间与其他空间之间的位置关系。

空间句法可以用于研究人类社会和空间的关系，包括各种各样的居住空间形式，比如建筑物、聚落、城市甚至景观。人类社会将空间作为组织自身的一个必要和关键的资源。在空间句法的逻辑中，居住空间将会被配置（configured），即将连续的空间变成一组相连的离散单元。空间句法研究的目的就是探索离散单元背后的社会和文化逻辑。

尽管空间句法在实证上积累了交通分析的基础，但它并非一个纯粹用于分析预测交通流量的方法。流量是城市功能产生的基础，对城市规划和建筑设计而言，流量的量化和把握是了解功能和空间联系的非常有用的工具。除了以流量数据为基础以外，空间句法还以模型为方法。数据和模型，特别是空间句法模型揭示的是客观事实背后的普遍规律，而这些规律在空间句法的操作中是可以预测的。空间句法这种可以预测的模型主要应用在城市社会经济、空间认知与行为以及建筑形态与行为几个方面。内容多包含城市中心性的比较、城市空间结构和空间分布、城市公共空间与私密空间、城市土地使用和价值以及人类空间行为研究等方面。

7.2 空间句法与城市大数据

7.2.1 空间句法与大数据的共性

空间句法的轴线图、线段图可视化地表达了街道空间的可达性、选择度等。而大数据，例如兴趣点（POI：Point of Interest）数据、基于位置的服务（LBS：Location-Based Services）、微博数据与 ArcGIS 结合也可以对城市空间进行可视化展示。两者都是量化研究的方法。空间句法通过数学方法对空间关系进行抽象和建模分析，大数据则通过分类、估计、预测、相关性分组或关联规则、聚类等技术对数据进行挖掘。空间句法和大数据都可以量化评估空间形态、预测空间活动和活力等。

7.2.2 空间句法与大数据的差异

空间句法更多的是从数学几何视角关系出发对空间进行分析，是一种"数学空间 – 实体空间"的分析办法；而大数据则是从现象数据视角探寻空间中社会运行的规律和趋势，是一种"现象数据 – 实体空间"的办法。空间句法更多的是对道路物理空间拓扑关系的量化表述，是针对客观空间特征的描述；大数据更大的作用是补充了人的活动、出行、活力、心情、评价等主观行为产生的数据，如微博签到数据、大众点评数据、互联网约车数据等。空间句法输入的数据量比较小，解决问题的关键更多地依赖于模型和算法设计的合理性，其输入和输出之间是定向的；大数据则通过对海量的数据进行分布式数据挖掘，发现数据的潜在价值——只要数据足够多，即便算法设计得不够精准，也能得到贴近事实的结论，而且其结论不一定是定向的，存在着很多未知和可能。尽管两者出发点不同，但是在城市规划领域的应用殊途同归，是不同的视角下对于空间的研究办法。空间句法与大数据的结合是主观感知数据和描述客观物理空间的数据结合，可以产生大量新的研究交叉点。

7.2.3 空间句法与大数据相互促进且互为验证

大数据时代的到来对空间句法的发展具有良好的促进作用。空间句法的基本思想是通过对形态的分析来导出功能和演变规律，而大数据则能够从另一个方面较好地反映功能和演变规律。如果将大数据视为实际监测数据，则可以通过参数率定的思想对空间句法模型进行修正，如对其中权重等关键参数的调整，以实现空间句法的更好预测效果。

空间句法可能会从空间深度、完整度等空间逻辑的角度出发来解释城市空间，但是这些表达方法有一定局限性的。比如某现象产生的原因是多方面的，深度不只是某些现象的唯一结论。所以可以认为，空间句法中空间层面的理论为空间优化提供了依据，同时对于空间的实证（大数据）也促使我们从其他的维度来寻找理论支持。因此，两者并不仅仅是相互验证的过程，大数据一方面可以佐证空间句法的准确性，另一方面也为空间句法的改进提供数据方面的支持。而空间句法则可以将通过大数据研究得出的结论应用到城市空间预测上，两者共同促进优质城市空间的创造和完善。

7.3 轴线分析与线段分析

7.3.1 轴线图的概念

在空间句法中，对空间的理解和概括，由不同的数学模型表达，其中在城市空间分析方面，较常用的是轴线图和线段图。轴线图按照一套既定的规则，用直线去概括空间，将街道空间转译成为由一组彼此相交的直线段，由直线之间的连接关系代替空间结构中的连接关系，通过计算每条线段到其他线段的拓扑距离体现连接性认识空间。

轴线图（axial map）的数学定义是指串联一个空间系统全部空间单元的最长且最少数量的轴线相互连接图，行为含义指以运动和视知觉认知一个空间拓扑结构的路径集合。轴线图及轴线分析是空间句法在城市空间分析中最重要、最基本的工具。尽管目前在城市研究中多使用线段图，但轴线图作为空间分析中最基本的拓扑关系图，对它的认识是了解空间句法算法和原理的基础。

7.3.2 轴线分析

轴线分析是采用轴线图去表达空间布局，并用于分析。拓扑深度是指某条轴线到所有目的地轴线的拓扑步数（即转弯次数），只要一条轴线到另一条轴线要通过其他轴线，拓扑深度就存在。全局拓扑深度是指从某一轴线出发，到系统当中任意一条轴线的最短的拓扑步数之和，也就是从某条轴线出发，穷尽了所有到达的可能，所得到的拓扑步数之和。

选择度是计算某条轴线或者某条街道位于所有空间到其他所有空间的最短路径的概率或者次数。穷尽了所有可能的情况以后，某一轴线出现在最短拓扑路径上的次数，反馈回来，就是其选择度的值。

整合度（integration value）度量某个空间元素（如轴线、线段）到其他所有空间元素的距离之和，一般而言是计算起始空间距离其他所有空间的远近程度，也可用来计算相对非对称性。它是一个关于拓扑深度倒数的函数。拓扑深度越高的空间，整合度的值越低。拓扑深度高的空间一般是可达性较低的地方，因而整合度与可达性方向一致，整合度衡量了一个空间吸引到达交通的潜力。

下面介绍平均拓扑深度和整合度的算法及意义。图 7-1（a）上方街道的平均拓扑深度（MD）为：

$$MD = （1×7+2×6） / （14-1）=1.46$$

图 7-1（a）下方街道的平均拓扑深度为 MD 为：

$$MD = （1 \times 2+2 \times 3+3 \times 5+4 \times 3） / （14-1）=2.69$$

但是在空间句法中，拓扑结构的对称性问题对于空间深度的影响很显著。两个拓扑深度一样的模型，其对称性有可能差别很大。图 7-1（b）中的两个模型的拓扑深度都为 4，但是对称性差别很大，为了剔除不对称的影响，真实地把握形态，可以用下面的公式：

$$Relativized\ Asymmetry\ (RA) =2 (MD-1) / (n-2) \qquad (7-1)$$

Relativized RA（RAA）=RA/RA of Diamond（*RA of Diamond* 是一个钻石形的拓扑结构的 RA 值，具体算法这里就不展开讨论）

$$Integration\ Value=1/RRA \qquad (7-2)$$

图 7-1（b）中列举了分别从两条线为起点计算的整合度（图中由灰色到黑色），事实上，空间句法分析软件会对每条线进行该计算，然后加权，根据整合度数值的大小附以红色到蓝色之间的不同颜色，红色线整合度较高。空间句法就是利用全系统计算的方法，得出的数值是穷尽了所有可能的情况。

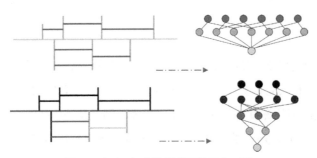

图 7-1（a） 概念性街道网的两个 J 图

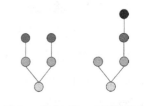

图 7-1（b） 同一个拓扑深度的对称性可能差别很大

下面我们讨论全局整合度（半径为 n）与局域整合度（以 $R=3$ 为例）的区别。全局整合度与局域整合度的差别为：前者计算每条线到其他所有线的拓扑深度，而后者仅仅计算与每条线距离 3 个拓扑距离的线的平均深度。一般情况下，采取全局整合度可以突出空间的等级结构，局部整合度则可以避免边界作用的影响，可以反映出商业次中心。图 7-1（a）上方街道的拓扑深度为

$$MD = （1 \times 7 + 2 \times 6）/ （14-1）=1.46$$

由于这条街与其他街连接均在 3 步以内，故其深度与全局整合度的计算方式无差别。图 7-1（a）下方街道的拓扑深度为

$$MD = （1 \times 2 + 2 \times 3 + 3 \times 5）/ （11-1）=2.3$$

由于这条街比较偏僻，在 3 步以外的点被舍弃不算。

图 7-2 展示了柏林墙拆除前后全局的整合度对比（Jake D，1997）。柏林墙拆除导致 Mitte 区域在全球一体化的背景下发展起来，形成了一个更加集中的中心而不是之前两个分散的中心。

7.3.3 线段图的概念

传统的轴线图有效考虑了空间的连接关系的同时有一定的局限性。首先轴线图没有考虑空间的尺度：一条街道的不同段，在空间上差异很大，比如靠近市中心的部分和靠近城市边缘区的部分，无论从功能还是空间感受上都有很大的差异，不能简单地用一条轴线去概括。并且轴线分析算法过于强调了长直线的作用，如果把一条街道按照与其他街道相交的情况分割成几段，再参与数学模型计算，就会更为准确。因而轴线图又进一步细化成为线段图，用来分析轴线与轴线交点之间的线段关系。此外，用线段图表达基于街道的线段，可以考虑米制关联和角度变化，可以设定以半径为限制的城市研究。

（a） （b）

图 7-2 柏林墙拆除前后全局的整合度对比
（a）柏林墙拆除前全局的整合度（1986 年）；（b）柏林墙拆除后全局的整合度（1995 年）

　　用空间句法表达城市所有街道的空间结构工作量往往非常大，大多数项目不可能将研究范围扩大到整个城市，必须在分析的基础上划定一个尽可能小的区域以控制成本。如果用半径限制研究范围，比如半径 1500 米或者 3000 米，可以针对指定区域研究，大大减小工作量。角度模型的引入可以反映任意两个元素之间的角度关系，在角度模式下，最短路径为两线段间综合折转角度最小的路径，这是在线段分析中最常用的分析模式。国内北京交通大学的盛强老师在研究中较多用到空间句法的线段分析，为国内空间句法研究的代表性人物之一。

7.3.4　线段分析

　　比起轴线分析，线段分析有以下几个特点。

　　1. 分析方式的多元化

　　原有的基于轴线图的拓扑步数均为整数，而角度的引入使拓扑步数可以为小数。增加了与实际街道空间体验的吻合程度，特别是对于微曲的街道空间。需要注意的是，在线段分析中一个线段的角度平均深度（angular mean depth）是该线段在最小综合转角的选路规则下到其他所有线段路径的转角之和除以该地图中所有交角之和的商（而非除以总的线段数量）。线段分析提供了下述三种分析模式，可以综合分析街道网络的拓扑、角度和距离的几何结构。这些分析模式的差异在于对"最短路径"的数学定义不同。分别列出如下：拓扑模式（topological）最短路径为两线段间折转次数最少的路径，或者说是经过其他线段数最少的路径。这意味着在线段分析中的拓扑分析模式等效于轴线分析，只不过有更多的计算半径选择。角度模式（angular）最短路径为两线段间综合折转角最小的路径。这是在线段分析中最常用的分析模式。距离模式（metric）最短路径为两线段间距离最短的路径。这是在线段分析中比较有争议的分析模式。

　　2. 分析半径的多元化

　　除分析模式外，线段分析还提供了三种分析半径，仅在选定半径范围内的线段才参与计算。这三种半径分别为：线段步数（segment step）、角度（angular）和距离（metric）。不难理解，在相同半径数值下，角度半径所涵盖的范围总是大于等于拓扑半径。距离半径是在线段分析中最常用的半径设定。

　　线段分析与轴线分析作用相似，但却可以实现对运动和空间层级更精确的分析方式。目前的分析方式集中在以下两种：在特定距离半径下的角度分析与特定距离半径下的距离分析。

　　3. 角度选择度与距离选择度的差异

　　为什么我们很少能真正选择近路？与半径 3 公里的角度选择度相比，距离选择度突出了更多的"近路"，而前者似乎更接近真实的道路等级结构。事实上，很少有人具备"上帝"的视角来认知我们的城市空间，刻意地选择在距离上更近的路线。相反，长而直的街道往往有更强的方向感，尺度也更宽，习惯上更容易被人选择。不同距离半径的角度选择度计算结果体现了路网的等级结构，大半径的分析往往体现出区域高速路等高等级交通路网。

4. 整合度与选择度的区别

从算法的直接差别来看，在线段分析模式下，整合度是指每个街道段在特定半径内到其他街道区段的"距离"（常用的，转角之和最小），即描述了该街道段的中心性。在线段分析模式下，选择度描述的是每个街道段在特定分析半径内被其他任意两个街道段之间最"短"路径穿过的次数，即它描述了该街道段的被穿过性。

从算法隐含的空间行为来看，每个街道段都是中心，只不过它们辐射和控制的范围不同，因此整合度反映了该街道段作为运动目的地的潜力。每个街道段都是路径，只不过它们被选择性穿过的机会不同，因此选择度反映了该街道段作为运动通道的潜力。那为什么要解释得如此复杂？为什么不直接说选择度用来分析路网，整合度用来分析中心区？小尺度范围选择度的体现的局域路网本身也体现出区域特性，而大尺度范围的整合度本身隐含了路网层级。空间句法不是"性能型工具软件"，而是一种"研究型工具软件"，空间分析结果不单一导向特定的功能解释，不存在按键输出日照分析等明确的结果。真实的商业街或建筑内空间使用状态总是体现为两种空间潜力的综合：高整合度的空间单元可能对应着如高吸引力餐饮娱乐购物等中心功能的聚集区域，高选择度的空间单元可能对应着一般餐饮零售娱乐业等利用穿过性交通流量的商业聚集。

7.3.5 将分析结果推送给建筑或地块

轴线图以及线段图概括的是城市当中公共空间与私有空间的互相转换的界面。假设我们在轴线图和线段图的基础上，计算得到了某个单独的轴线的整合度的数值，可以把这个数值推送给它两侧的空间边界。这就意味着空间句法的研究并不局限于研究街道这一公共空间，轴线图算出的数值，就是建筑物界面的值，知道了不同建筑界面的值，从而可以分析地块的情况。针对具体的地块，人对它有什么功能上的需求与这个地块的出行条件密切相关，当调整空间结构，改变了出行的状态，原来的地块的功能需求就会发生改变，空间结构，出行条件和功能互相影响，互相作用。图7-3为把轴线推送给它两侧的空间边界的示意图，当然线段图的示意图与之类似（深圳大学建筑研究所，2014）。

国内也有学者更为具体地介绍了将空间句法的街道计算结果，并展开推送给周边地块的相关研究。空间句法的算法分为全局选择度和局部选择度两种，全局选择

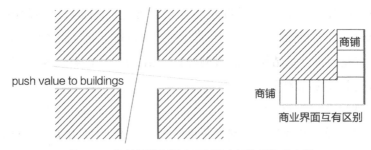

图 7-3　把轴线推送给它两侧的空间边界的示意图

度有利于识别高可达性的主要路径，而局部选择度可以在小尺度识别可达性较高的街道。用全局选择度和局部选择度识别了街道的可达性，然后在 ArcGIS 中将各条街道的选择度数值赋予其环绕的各个街区，作为最终可达性指标，再分别用自然断点法（nature breaks）进行分类，划分为高中低三种，具体界定见表 7-1，该方法已在实践中被证实（叶宇等，2016）。

利用选择度评估街区的可达性　　　　　　　　　　　　　　　表 7-1

选择度	界定
高	全局和局部选择度分析值均为高 全局和局部选择度分析值一为高且另一为中
中	全局和局部选择度分析值均为中 全局和局部选择度分析值一为高且另一为低
低	全局和局部选择度分析均为低 全局和局部选择度分析值一为中且另一为低

7.4　空间句法软件 DepthMap

在空间句法的软件中，只需要按照既定的方法，正确地表达空间连接状态，就可以自动计算空间之间的关系。空间句法的软件有如下三个特点：空间句法软件不是为了完成特定的任务，而是提供一系列量化描述城市和建筑空间拓扑形态的参数；空间句法软件在操作和使用上相对简单，但难在分析思考的过程，不是功能指向性明确的工具型软件，而是一种研究型软件；软件发展的动力和过程源自对空间形态与人类社会、经济、文化行为的科学研究。

7.4.1　手绘轴线图

空间句法的绘制和分析依赖于 AutoCAD 和 DepthMap 两个软件，一般截取需要地段的影像图，在 AutoCAD 中导入 JPG 的影像图，然后手工描出街道的轴线图。有了轴线图后，就可以导入 DepthMap 当中，用软件去进行分析了。在轴线图的基础上，

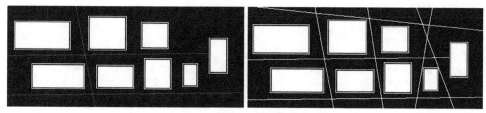

图 7-4　用 CAD 绘制轴线图的步骤

通过 DepthMap 软件，还可以自动生成"线段模型"。

在 AutoCAD 当中手工绘制轴线图，有两个要求。其一是线与线交接处要稍微出头，手绘的每条直线都要出头是为了避免连接关系丢失；其二是空间概括要准确，在空间句法中，建立轴线图是用最长且最少的轴线概括空间结构（图 7-4）。要想准确地概括空间，需要一边画一边调整，寻找更为简化和合理的线来概括空间，在这个过程中，往往不能一下找到最为合适的概括方式，经验的积累十分重要。需要注意的是，AutoCAD 中线段的尺度和 DepthMap 中的尺度是对应的，所以在将 DXF 格式文件导入 DepthMap 前需要确认比例正确。绘图的技巧是先画所需分析空间中最长的线。再添加其他线时，确定每次均是在该空间中最长的线。如对手中的地图有疑惑，可以采用现场核实的方式。另外，绘制轴线地图取决于分析的目的，如果针对分析的对象表面上连续的空间并不可达，则不需要连接。我们也经常把车行空间分析和人行空间分析分别绘制成不同的轴线图。通常情况下，在做研究的时候，针对不同的研究对象和研究目的，往往建立局部模型，这样可以节约人力和物力成本。王浩峰老师的教案当中，介绍了局部模型建立的依据，其中提到以环城高速作为边界和在目标区域外围设置一个足够大的缓冲区两种方法。环城高速、护城河、铁路线等，对于城市往往产生生硬的割裂作用，从卫星图上看，建成区在这附近往往有生硬的边界。

7.4.2　分析

1. 轴线图分析

（1）在 AutoCAD 中建好模型，然后导入 DepthMap 进行分析。

（2）在 DepthMap 中，首先在菜单栏文件（Field）中新建一个工作空间，然后在菜单栏地图（Map）中选择导入，导入 DXF 格式的文件（图 7-5）。首先需要转换成轴线图，在菜单栏地图（Map）下选择转换导入的绘制地图（Convert Drawing Map），在弹出的对话框中选择轴线图（Axial Map）（图 7-6）。

（3）轴线图的分析是在菜单栏工具（Tools）下拉菜单中选择轴线模型 / 凸空间 / Pesh（Axial/Convex/Pesh）下的进行图形分析（Run Graph Analysis）（图 7-7）。

（4）选择轴线图分析下的图形分析之后，会出来下面的对话框。第一列输入半径，输入 n，3，6，9 中间用英文逗号隔开，表示以这些拓扑步数为半径，选出指

图 7-5　轴线图的导入

图 7-6　轴线图分析的准备

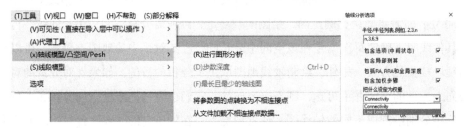

图 7-7　轴线图的分析

定步数的局部结构，进行分析。选择分析内容，有四个选项可以勾选，一般直接使用默认设置。把什么设定为权重一般选择用轴线长度（Line Length）。

（5）参数确认后，在窗口左下方出现了分析的结果。但是这些结果不能直接用于研究，在这之前需要检查模型是否正确，每一条线都是否连接着其他的线。比较简单的方法是通过检查 Node Count（图 7-8），这个数值表示以某个线为起点，一共走几步可以到其他的元素。如果选中 Node Count 看到的是一片绿色，表示没有断开的线条，而如果这个图层出现了红色，就表示模型有断开的地方，需要重新在 AutoCAD 里修改好，将丢失的连接关系补上。检查完了以后，再重新导入一次。在严格地进行了检查步骤以后，轴线的计算结果就可以拿来用了。

（6）结果输出的时候，可以直接截屏输出，也可以在菜单栏编辑中选择导出截屏，输出 eps 文件（图 7-8）。

2. 线段图的分析

线段图的分析操作如下：

（1）在菜单栏地图（Map）下选择转换当前活动着的地图（Convert Active Map），在新地图类型（New Map Type）中选 Segment Map，然后选删除轴线地图中小于 25% 线段长度的小线段（remove axial stubs less 25% of the total length），即生成线段地图（图 7-9）。与轴线分析相比，线段分析的计算单元数量大得多，剪掉绘制轴线时的出头可以减少计算量，提高速度，同时对选择度分析来说也大幅减少了无意义的路径可能。

（2）所有的线段分析工具，都在菜单栏（Tools）线段模型（Segment）下，包括了进行包含角加权的线段模型分析（Run Angular Segment Analysis），进行拓扑或公制计量分析（Run Topological or Metric Analysis）和步数深度（Step Depth）。

以角度为例，首先选择进行包含角加权的线段模型分析（Run Angular Segment Analysis）（图 7-10）。然后勾选介于选择间（Include Choice）设定分析半径类型为公制（米）为单位，输入半径为 n，400，800，1200，1600，2400，3200……最后，勾选包含加权计量（Include Weighted Measures）选择用 Segment Length 权重，然后确定选择用线段长度修正是考虑到长的线段可能有更多的建筑从而能贡献更多的出发和目的地（图 7-11）。原先我们通过图层间的计算来获得角度整合度，利用公式：

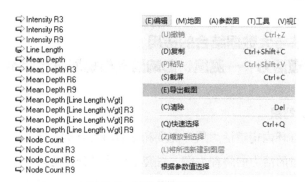

图 7-8 结果的检验和导出

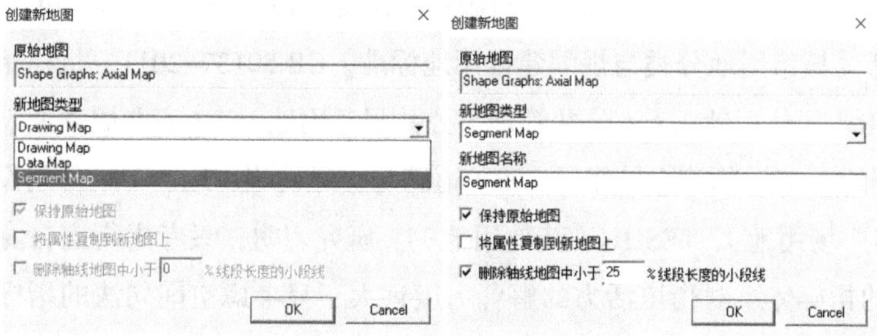

图 7-9 线段图的生成

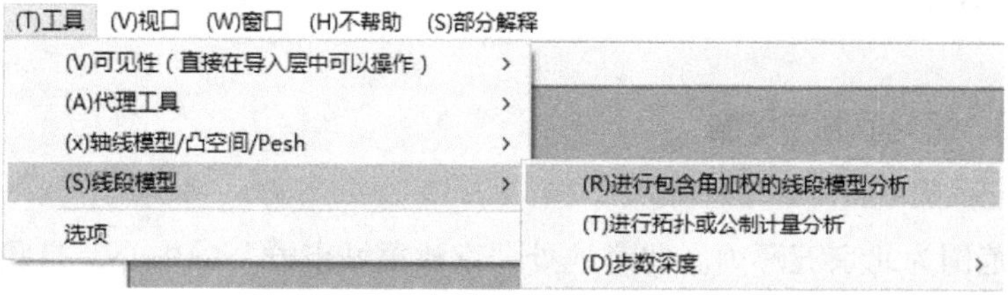

图 7-10 线段图分析的准备

<table>
<tr><td>图 7-11　线段图的角度分析</td><td>图 7-12　1600 米半径角度
整合度分析</td></tr>
</table>

Angular Integration=（*NC* × *NC*）/*TD*，或者 *Angular Integration*=*NC*/*MD*　（7-3）

其中 *NC*=Total Node Count；*TD*=Total Depth；*MD*=Mean Depth。

现在就不需要这么复杂的计算，角度整合度可以直接出结果。比如直接选择"T1024 Integration R1600 metric"即可获得 1600m 半径角度整合度分析结果，无需借助图层计算（图 7-12）。

7.5　空间句法与大数据结合的应用：
北京街道活力——测度、影响因素与规划设计启示

7.5.1　研究背景

研究对北京五环内街道活力展开测度和影响因素分析，分别对比了三套指标体系对三种类型街道的活力的解释力度。三套指标体系分别是只考虑空间句法的指标体系、只考虑街道自身属性及周边环境等的指标体系和二者都考虑的指标体系，三种类型的街道分别是 A 类（公共管理与服务）、B 类（商业服务业设施）和 R 类（居住）街道（参考《城市用地分类与规划建设用地标准》GB 50137-2011，将原始地块数据分为 9 类:R（居住用地）、A（公共管理与公共服务用地）、B（商业服务业设施用地）、M（工业用地）、W（物流仓储用地）、S（道路与交通设施用地）、U（公用设施用地）、G（绿地与广场用地）、TESHU（其他用地））。研究表明，只考虑街道自身属性及周边环境等的指标体系对街道活力的解释力度远大于只考虑空间句法的指标体系，而二者都考虑的指标体系对街道活力的解释力度略大于只考虑街道自身属性及周边环境等的指标体系。

7.5.2　研究范围与数据

1. 研究范围

研究范围为北京五环内。北京地处"京津冀城市群"的中心，是我国重要的政治、文化、国际交往和科技创新中心，而北京五环内区域则基本为平原，面积约

$710km^2$，承载着北京大部分的就业、文化娱乐等活动。此外，无论从城市景观还是人气集聚的角度，北京均呈现"南四北五，西四东五"的特征。

2. 研究数据

研究数据主要包括路网、某互联网 LBS 数据、地图 POI。

（1）路网

考虑到研究的需要，研究所用道路为出租车能够通行的道路。原始路网数据细节过多，且存在可能的拓扑错误等问题，因此路网经过制图综合与拓扑处理。考虑到空间句法要求道路不能有结点，因此道路均在折点处打断。最终参与计算的道路14800条。

（2）某互联网 LBS 数据

数据来源于某互联网公司产品的后台 LBS 数据，通过爬虫技术获得，数据按小时聚合，空间尺度为25m，时间为 2015 年 8 月 1 日和 2 日，分别为周六和周日，对这两天的数据以小时为基础取平均，最后得到休息日各小时的平均人口数据，以此作为数据分析的基础。选取这两天的 14：00—17：00 用于街道活力评价。

（3）地图 POI

地图 POI 数据于 2014 年取自中国某大型地图网站。根据简化后的街道，选取街道两侧55m内与城市活力相关的 POI 点位，共计111189个。参照刘行健和龙瀛的研究，将筛选之后的 POI 分为 8 大类：政府机构（2.7%），交通运输（5.7%），商业（56.8%），教育（4.6%），公司企业（15.7%），住宅（3.3%），绿地（1.3%），其他（9.9%）。

7.5.3　研究方法

1. 街道和活力定义

此处将街道界定为城镇范围内、非交通为主、能承载人们日常社交生活的道路，包括道路红线范围、对街道活力有直接影响的建筑底层商铺、小的开敞空间等。街道范围为以街道中线为基础，左右各 55m 的缓冲区域。而街道的活力定义为街道的社会活力，其核心为街上从事各种活动的人。

2. 指标体系构建

对北京街道活力的剖析从两个层次展开，即街道活力的外在表征和街道活力的影响要素。关于活力的外在表征，本研究选用某互联网 LBS 数据的人口密度为表征；而关于街道活力的影响要素，考虑到数据的可获取性和北京的城市特点，具体指标选择如下。

①区位：街道中点距离商业中心、商业综合体的距离。②街道肌理：街道周边道路交叉口密度。③周边地块性质：现状城市用地分类。④交通可达性：街道中点与地铁口的最短直线距离、道路缓冲区内公交站点密度。⑤功能混合度：筛选之后 POI 混合度。⑥功能密度：筛选之后 POI 密度。⑦自身特征：道路宽度、等级。

3. 指标体系量化

为了便于定量研究，对这些指标进行量化和空间表达。

（1）街道活力

为了减少日常必要性活动（比如上下班、在家）对人口密度分布规律的影响，选择休息日 14 : 00—17 : 00 间的人口数之和来表征与街道活力相关的人口密度。街道范围和人口数据相交，假设各街道缓冲区范围内人口分布均匀，对每条街道内的网格人口取平均，以去除道路长短这一量纲的影响，即可得 14 : 00—17 : 00 间每条街道的人口数，以此表示街道活力。

（2）区位

到商业中心的距离：所选商业中心为西单、王府井、中关村和三里屯太古里，由道路中点计算到最近商业中心的距离。到商业综合体的距离：由道路中点计算到最近商业综合体的距离。

（3）街道肌理

街道周边道路交叉口密度：计算道路中心线 1km 缓冲区范围内的交叉口密度。

（4）周边地块性质

街道性质由道路中心线 100m 缓冲范围内地块性质决定，若最高类型地块面积占比超过 50%，则将该类型赋属性给街道；若最高占比大于 0 且小于 50%，则该街道为混合型（Mixed）；若缓冲区范围内不包含明确用地属性的地块，则街道分类为未知（Unknown）。最后选取商业服务、居住、公共管理与服务参与街道活力的分析。

（5）交通可达性

到地铁口的距离：由道路中点计算到最近地铁口的距离。公交站密度：道路中心线 55m 缓冲区范围内的公交站点密度。

（6）功能混合度

街道功能混合度（多样性）用信息熵来计算。

$$Diversity = -sum\ (pi \times lnpi),\ (i=1,\cdots,\ n) \tag{7-4}$$

式中，*Diversity* 表示某街道的功能混合度，*n* 表示该街道 POI 的类别数，*pi* 表示某类 POI 占所在街道 POI 总数的比例，各类 POI 数量均进行过归一化处理，归一化的方法是该类 POI 在该街道的数量与该类 POI 在北京所有街道的数量的比例。另外，其他类 POI 不参与功能混合度的计算。

（7）功能密度

道路中心线 55m 缓冲范围内影响活力的 POI 总数。

（8）自身特征

本研究道路自身特征包括道路等级、道路宽度；道路等级有高速公路、国道、城市快速路、省道、县道、乡镇道路和其他道路，依次赋值为 1，2，…，7；由于本书所研究街道为生活型街道，因此最后参与街道活力计算的街道为县道、乡镇道路和其他道路。

4. 研究思路

研究从三个层次对街道活力展开定量分析。

（1）选择空间句法中的全局整合度和全局标准选择度，在只考虑空间句法的指标体系中，评估这一套指标体系对街道活力的解释力度，称为第 1 组指标体系；

（2）在只考虑街道自身属性及周边环境等的指标体系中，定量评估这一套指标体系对街道活力的解释力度，称为第 2 组指标体系；

（3）将结合街道自身属性及周边环境等本书所构建的指标和空间句法的全局整合度和全局标准选择度，评估二者均考虑的指标体系对街道活力的解释力度，称为第 3 组活力指标体系。

7.5.4　研究结果

1. 指标体系空间分布规律

表达需要，研究选取北京三环内的街道进行展示（总研究范围为五环内）。

（1）街道人口活力

基于某互联网 LBS 数据表征的街道活力结果如图 7-13 所示。总体而言，首先，东部的活力高于西部。其次，三环内活力高的地方主要集中在西单、王府井、动物园批发市场、三里屯太古里、前门、崇外大街及其两侧东西向部分街道、长安街等。其中，西单、王府井、三里屯太古里均是市级商业中心，前门、崇外大街及其两侧东西向部分街道、动物园批发市场等同样也是商业设施分布密集区。

（2）街道性质

由现状用地分类推导出的街道类型，增添了混合型（Mixed），结果如图 7-14 所示。B 类（商业服务）街道有明显的集聚区，即西单、王府井和金融街；R 类（居住）街道大部分分布在二环内，混合类街道以二环到三环之间居多；A 类（公共管理与服务）街道最为明显的两处为北京理工大学等高校聚集区和北京市政府所在地一带。三环内各类街道的总条数和平均长度见表 7-2。R 类（居住）街道数量最多，其次为混合型、A 类（公共管理与服务）和 B 类（商业服务）街道；U 类（公共设施）街道平均长度最短，W 类（物流仓储）街道最长。

（3）功能密度与混合度

采用 ArcGIS Natural Break 的方法，分别将街道功能密度与功能混合度分为 5 级（图 7-15、图 7-16）。功能密度较高的街道分布集中，主要分布在西单、王府井、东单—灯市口、崇文门崇外大街等地。功能多样性高的街道在三环内占比较高，且分

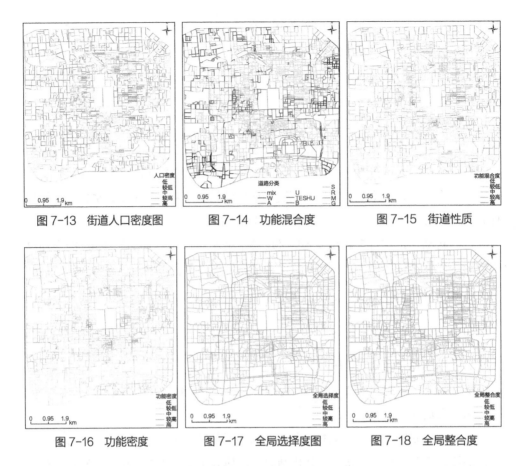

图 7-13　街道人口密度图　　　　图 7-14　功能混合度　　　　图 7-15　街道性质

图 7-16　功能密度　　　　图 7-17　全局选择度图　　　　图 7-18　全局整合度

三环内不同性质街道数量与平均长度　　　　　　　　　　表 7-2

三环内街道性质	mix	W	S	M	A	B	U	R	G	TESHU
总条数（条）	1622	4	17	17	420	414	23	3287	255	325
总长度（m）	335924	950	3191	2488	85742	68812	2916	579512	44701	66802
平均长度（m）	207	238	188	146	204	166	127	176	175	206

布分散，略微集中的两处分别是东单—灯市口及两侧东西向街道和崇外大街及其两侧东西向街道。西单虽然有较高的功能密度，但却是功能混合度的低洼区。

（4）全局整合度和全局标准选择度

选择 Segment Map，采用 DepthMap 软件计算五环内的全局整合度和全局标准选择度，采用 ArcGIS Natural Break 的方法，分别将全局整合度和全局标准选择度分为 5 级（图 7-17、图 7-18）。全局整合度和全局标准选择度总体趋势一致，即主干道基本为高全局整合度和高全局选择度；而相较全局选择度，二环内东西向胡同也具有较高的全局整合度。

2. 活力构成因素分析

采用多组多元线性回归的方法评估各活力影响要素对街道活力的贡献。根据研究对街道活力的概念界定和街道属性信息，被纳入回归分析的街道有：①县道、乡镇道路和其他道路；②A，B，R 类街道。对于不同类型的街道，回归因变量为相应类型街道对应的人口密度的自然对数（LNpop），三组指标体系对应三组自变量。

第一组自变量为全局整合度（$Inte$）和全局标准选择度（$Nach$），回归模型如式（7-5），i 表示街道的 ID 号。

$$LNpop_i=\beta_0+\beta_1\times Inte_i+\beta_2\times Nach_i \tag{7-5}$$

第二组自变量为与商业中心（$d$center）、商业综合体（$d$shm）、地铁口的最近直线距离（$d$sub），公交站点密度（$busden$），道路交叉点密度（$juncden$），功能密度（$funden$）、功能混合度（$fundiv$）、道路长度（$length$）、道路宽度（$width$）、道路等级（$level$），回归模型如式（7-6），i 表示街道的 ID 号。

$$LNpop_i=\beta_0+\beta_1\times d_{centeri}+\beta_2\times d_{shmi}+\beta_3\times d_{subi}+\beta_4\times busden_i+\beta_5\times juncden_i+\beta_6\times funden_i+$$
$$\beta_7\times fundiv_i+\beta_8\times length_i+\beta_9\times width_i+\beta_{10}\times level_i \tag{7-6}$$

第三组自变量包含了第一组和第二组的自变量，回归模型如式（7-7），i 表示街道的 ID 号。

$$LNpop_i=\beta_0+\beta_1\times d_{centeri}+\beta_2\times d_{shmi}+\beta_3\times d_{subi}+\beta_4\times busden_i+\beta_5\times juncden_i+\beta_6\times funden_i+$$
$$\beta_7\times fundiy_i+\beta_8\times length_i+\beta_9\times width_i+\beta_{10}\times level_i+\beta_{11}\times Inte_i+\beta_{12}\times Nach_i \tag{7-7}$$

3. 各组 R 方对比

三套街道活力影响要素、不同街道类型的回归结果——R 方如图 7-19 所示。图中，A、B、R 分别表示对公共管理与公共服务类、商业服务业设施类和居住类街道的分析，ABR 表示对这三类街道的总体分析；图例中的 1、2、3 分别对应于 7.5.3 4. 研究思路中的第一、二、三组指标体系，即只考虑空间句法的指标体系分析，只考虑街道属性、周边环境等的指标体系的分析，和二者都考虑的指标体系的分析。

无论从总体（ABR）上看，还是分街道类型看，第一组指标体系小于第二组指标体系，而第二组指标体系小于第三组指标体系；从整体来看，第一组的 R 方为 0.124，第二组的 R 方为 0.310，明显高于第一组指标体系对街道活力的解释力度，而第三组的 R 方 0.318，略高于第二组指标体系对街道活力的解释力度，可见空间句法对街道活力的解释力度远不及街道自身属性、周边环境等指标解释力度大，而加入空间句法的指标体系虽然能提高对街道活力的解释力度，但是作用不明显；只考虑空间句法指标的指标体系对 B 类街道的解释力度最小，而二者都考虑的指标体系对 B 类街道的贡献最大（第三组 R 方与第二组 R 方之差最大）。空间句法主要用来表

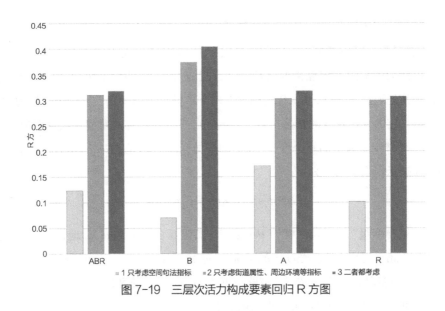

图 7-19　三层次活力构成要素回归 R 方图

征区位，而在本书建构的活力影响要素中，到商业中心的距离这一指标实际上已经代表了区位，因此，空间句法的加入并不能显著提升对街道活力的解释力度。

7.5.5　小结

本章展示了将大数据与空间句法相结合，从而指导城市研究的案例。北京的实证研究表明，单纯考虑空间句法的指标体系对街道活力的解释力度达不到考虑街道属性、周边环境等的指标体系。但将空间句法纳入传统的指标体系后，能够提升对街道活力的解释力度。实践上，本书的研究成果对街道活力的营造具有一定的指导意义。而在天津、重庆、北京等城市进行的基于空间句法的量化分析中，发现空间句法的方法论能够解释部分大数据背后的人类底层行为逻辑。而通过加入开放数据对回归模型进行补充，其对于城市现象的解释度也得到了有效加强。

在实践中，大数据与空间句法分别从自上而下（大数据体现出多种人类综合行为造成的现象）与自下而上（空间句法从算法的角度对人类行为进行模拟）两个角度，能够有效弥补互相的短板，从而互为验证，互相促进，各取所长。

参考文献

[1]　Jake D. Using Space Syntax to analyse the relationship between land use，land value and urban morphology[C]. Space Syntax First International Symposium，London，1997.

[2]　深圳大学建筑研究所 . 空间句法简明教程 [EB/OL].http: //www.docin.com/p-2100472610.html.

[3]　叶宇，庄宇，张灵珠，等 . 城市设计中活力营造的形态学探究——基于城市空间形态特征量化分析与居民活动检验 [J]. 国际城市规划，2016（1）：26-33.

第8章

城市大数据挖掘：
城市网络分析

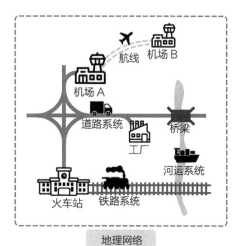

城市大数据从空间形式而言，一般可分为位置数据以及联系数据。前者主要体现城市要素位置或密度（空间分布），如：POI 数据、点评数据等。后者则体现了空间之间关系（点、线和面），常见如：人迹地图、交通轨迹等数据。在当前的大数据环境中，此类数据往往蕴含了复杂的联系关系，而城市网络分析便是针对此类数据进行有效地剖析。本章将从网络基本概念、常见数据源、分析步骤等部分进行介绍，并以笔者过去参与的相关科研工作为案例，展示网络分析于城市规划设计的研究应用。

8.1 城市网络分析概述

8.1.1 概念介绍

网络（network），泛指由节点（nodes、vertices）与连接线（ties、edges）所架构出的概念，用以体现不同对象或要素之间的关系。这样的概念充斥于人类社会中的各种层面，无论是社会科学、生命科学还是信息科学，许多科研相关工作都是基于网络概念而展开。

而将网络应用于城市的相关研究，主要起源于对"流的空间"（space of flow）的理解（Castells，1996），自此便开展了基于电信容量、航空客流、互联网、企业网络等各项网络数据作为研究对象的城市网络研究。近年来，随着全球化和信息及通信技术的兴起，人类社会交往越加频繁，加剧了城市空间格局的演替与网络的复杂程度，使得网络概念在城市研究与社会科学领域中获得了更广泛的关注，相关研究也有了明显增加的趋势。

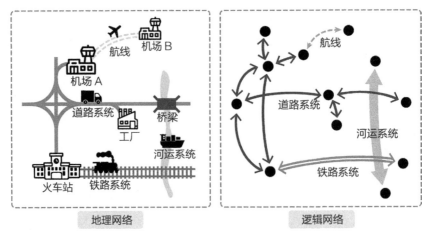

图8-1　地理网络与逻辑网络示意

正如迈克尔·巴蒂（Michael Batty）于 *The New Science of Cities* 一书中所言："Cities should not be simply viewed as places in space, but as systems of networks and flows"（Batty, 2013），城市网络分析可以有效地辅助城市研究者或是城市规划工作者以更系统化的思维来认识城市、处理城市议题。

在认识城市网络的分析工作之前，本小节首先整理了城市网络类别、网络图论以及网络中心性等基本介绍，以助于初步了解城市网络的重点概念。

1. 城市网络类别

在城市网络的表达中，一般可以分为"基于地理实质状况的具象表现"以及"基于逻辑关系的抽象线性表现"两个观点（图8-1）。

（1）地理网络（geometric network）

地理网络顾名思义就是能够实际表现城市中各物件的网络，如：车站、桥墩、铁路、道路系统、公共设施等，反映着城市中起讫点、功能区域、转运点、路径等之间的网络关系。

（2）逻辑网络（logical network）

逻辑网络的主要目的是表现网络之间的连接关系，通过将网络里的要素简化成为节点与边，形成一组由点和线构成的网络图形，有效地简化网络系统，便于进一步的计算与分析。有别于地理网络所注重的具体特性，逻辑网络着重于网络内各个节点之间的连接关系以及各连接边对应的相关属性。

2. 网络图论的基本概念

"图论"（graph theory）是基于数学理论和方法所衍生出的一个理论分支，以"图论"为研究对象，研究由点和线所组成的图形的规则逻辑。这种图形通常用来描述某些事物之间或是某区域间的某种特定关系，用点代表事物或特定研究对象，用连接两点的线表示相应两对象间的关系。

图论起源于著名的柯尼斯堡七桥问题（Seven Bridges of Königsberg）（图 8-2）。1738 年，瑞典数学家欧拉（Leornhard Euler）为了解决东普鲁士柯尼斯堡（今日的俄罗斯加里宁格勒）的问题，将实际的问题简化为平面上的点与线抽象组合，每一座桥视为一条线，桥所连接的地区视为点，由此图论诞生，欧拉也成为图论的创始人。由于图论能够有效地将实际地理要素或是事件关

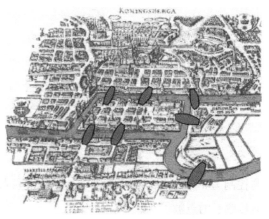

图 8-2　柯尼斯堡七桥问题
（图片来源：https://wikipedia.org）

系进行简化，自此许多与城市网络相关的研究都在图论的基础之上展开。

图论的图是一个二元组，通常以 G=（V，E）表示。其中 G（graph）代表图；V（vertices）为顶点集，或称节点集、点集，表示事件或是物件等元素，亦可写成 V（G）；E（edges）为边集，表示物件或事件之间的关系，也可以 E（G）表示。绘制图的重点在于顶点与线之间的联系，藉此达到客观描绘复杂网络关系的作用。

3. 网络中心性介绍

分析一个复杂的网络结构有许多测度与指标，如：距离、连通度、密集程度和同质程度等，而在城市网络研究中，最常被使用的测度之一是"网络中心性（network centrality）"，以下内容从基本的统计特征再到常见的中心性方法进行介绍，帮助读者初步铺垫网络分析思维，并开展进一步的城市网络分析工作。

（1）基本统计术语

在利用中心性方法计算、分析城市网络之前，我们先就一些基本的统计术语进行介绍：

1）度（degree）

度是网络分析中的一个重要指标，网络中节点 vi 的"度" ki 指的是与节点 vi 相关联的边数总和。直观上来看，一个节点的度越大，就意味着这个节点在某种意义上越"重要"。

另外，网络中所有节点的度的平均值则称为网络的"平均度 k"，而网络中度的分布情况可用分布函数 $p（k）$ 来描述，我们称之为"度分布"（degree distribution）。度分布函数反映了网络系统的宏观统计特征，表示的是一个随机选定的节点的度恰好为平均度 k 的概率分布。

而若考虑度的方向关系，则可以将其分为出度（out-degree）和入度（in-degree）（图 8-3）。在城市网络的分析应用中，点出度、点入度分别代表了各要素的吸引力

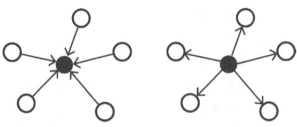

图 8-3　入度（左）与出度（右）概念图

与控制力。点出度为从该点出发与其直接联系的点数，点入度为到达该点并与该点直接联系的点数。

此概念同样可以应用于社会网络的研究当中，出度是指扩张性（expansiveness）的测度，而入度则是接收性（receptivity）或受欢迎程度（popularity）的测度。以人的社交关系为例，一个有较大出度的行动者是喜欢主动广结朋友的人，反之，较小出度的行动者所结交的朋友较少；一个有较大入度的行动者是很多人都喜欢与之交往的人，而较小入度的行动者则被较少的人选作朋友。

2）介数（betweenness）

介数指的是一节点或一边担任网络中其他要素之间最短路径的中介的次数或频率，反映了该节点或边在网络中的作用和影响力。如果一对节点间共有 B 条不同的路径，其中有 b 条经过节点 i，那么节点 i 对这对节点的介数的贡献为 b/B。把节点 i 对所有节点对的贡献累加起来，再除以节点总数，就可得到节点 i 的介数。相同的概念也可以用以计算某一边的介数，即为所有节点对的最短路径中经过该边的数量比例。

因此，若一节点的介数越大，表示经过该节点或边的最短路径越多，同时意味着该节点或边的信息量越大。若以城市网络的观点而言，中介程度较高的节点通常代表着交通运输枢纽、转乘站或是贸易转运站等地区。

（2）常用的中心性方法

1）介数中心性方法（betweenness centrality）

介数反映了要素于网络中的作用和影响力。计算网络中任意两节点的所有最短路径，其中若有相对高比例的路径经过某节点，表示这个节点的介数中心性高。这一度量是由社会学家 Linton Freeman 于 1977 年引入的，发展至今已广泛应用于社交网络、交通运输、生物学及社会科学等领域。而在计算方式方面，节点 i 的介数中心性被定义为：

$$C_i^B = \frac{1}{(N-1)(N-2)} \sum_{j \in G, j \neq 1, k \in G} \sum_{k \neq 1, k \neq j} n_{jk(i)}/n_{jk} \tag{8-1}$$

其中，N 代表网络中的节点总数，n_{jk} 表示连接节点 j 和 k 之间最短路径数目，

$n_{jk(i)}$表示连接节点j和k之间包含着节点的最短路径数目。

2）邻近中心性方法（closeness centrality）

邻近中心性是指要素处于图中间位置的程度，计算某节点到图中其他节点的平均距离若较小，则说明节点更容易连接至其他节点，其邻近中心性的值越大。

在计算方面，一个节点i的邻近中心性一般可以基于平均距离L_i或是以最短路径d_{ij}来定义，以下列方程式计算求得邻近中心性的值：

$$C_i^C = (L_i)^{-1} = \frac{N-1}{\sum_{j \in G} d_{ij}}$$ （8-2）

3）特征矢量中心性方法（Bonacich's eigenvector centrality）

这一度量最早由数学社会学家 Phillip Bonacich 提出，基于一个节点的中心性值也会受邻接顶点的值决定的思维，这种方法不仅考虑到它邻近节点的中心性值，同时也需考虑到一个节点在图中的位置、其周围连接的节点的信息，可以看作是邻近中心性的加权总和，借以标示出网络中与其他连接度良好的节点相连的节点，量化其之于网络间的影响性。一般将节点i的特征矢量中心性定义为：

$$C_i^\lambda = \sum_{j=1}^N A_{ij} C_j^\lambda$$ （8-3）

其中，A为网络图中的节点i与j的邻接矩阵，λ是一个常数，重新安排后可将上式重写为下列特征矢量方程，式中，λs是图的邻接矩阵As的最大特征矢量值：

$$\lambda s = As$$ （8-4）

8.1.2 常见的网络分析数据源

1.传统数据

在大数据时代来临前，城市网络分析往往仰赖由传统方式调查、收集的数据作为研究对象，此类数据在类型上多半为固定结构或标准的定量数据，或是经过专门设计、数据质量有限的质性数据，碍于数据收集的技术与时间成本等诸多因素，数据缺乏一定的精确度。而数据收集过程历时长、工作量大、获取难度高，再加上数据本身的质量不容易进行验证，成为相关研究较难开展的主要原因。以下列举几种国内研究城市网络领域常见的传统数据。

（1）人口普查公报中的人口迁移矩阵

人口普查公报的普查内容包括性别、年龄、受教育程度、职业、迁移流动、住房情况等，是我国在人口数量、结构、空间分布等方面相对具公信力且完整的数据来源，通常是经过大量人力，耗费数月的现场登记和复查任务进行数据收集。其中的人口迁移数据，说明国内人口分布的状况与演变，进而反映城市间社会经济网络关系。

（2）居民交通出行调查

"居民交通出行调查"是一项主要由政府组织专门单位进行的社会性调查，针对交通规划区域的居民在一定时间内的出行属性（如：出行次数、出行起讫点、出行目的、交通方式、出行时间等）、社会经济属性进行调查，可以体现单一城市内的空间、经济等网络规律。

（3）城际交通

城际交通指航班、火车、长途客车等跨城市的交通工具，通过城际客运的旅次数据，可以对城市间的功能联系的空间格局进行分析（陈伟劲等，2013）。另外也可以从运输成本探究城市群的空间联系和网络结构特征（王圣云等，2013）。

（4）公司的总部与分支关系

企业公司的部署也是了解城市间、甚至是国际网络关系的视角之一。以公司和企业总部及分支机构作为研究对象，通过分析分支机构所在城市与母公司所在城市之间的数量关系，探讨国内城市网络的流向关系和节点关系（吴康等，2015；朱查松等，2014）。

（5）文献统计

早在20世纪初，文献信息开始作为定量统计分析的研究对象之一。发展至1969年，情报学家Pritchard首次提出了Bibliometrics，标志着文献计量学作为独立学科的开始（Pritchard，1969），且随着信息技术的发展，文献计量分析逐步从单一期刊统计转变为更大样本的多期刊分析，在各领域展开了广泛的应用，如：基于某学科的期刊文献剂量探究该学科的发展特点与规律（钟赛香等，2015）；或是藉由期刊作者所在城市与其研究的城市探究空间网络关系。（详见"8.2 中国城市规划领域的知识网络"基于文献统计的空间网络研究。）

2. 新数据环境

在新数据环境下，几种常见或是笔者接触过的城市网络数据包括：①交通工具轨迹；②手机信令；③社交媒体；④兴趣点（Point of Interest）（详见第3章）。

8.1.3 网络分析主要步骤

依托大数据的城市研究工作主要可以分为数据获取、数据处理、数据分析及结论应用四个步骤，本小节针对城市网络分析进行说明，并简单介绍几种应用于城市网络研究的工具。

1. 数据获取

以往要获取与城市网络相关的数据，除了政府或是相关机构单位的开放数据，如：普查公报、非政府组织统计报告等，其他数据大多需要通过合作协议或是购买的方式来取得，数据的可获得性较低，使得相关研究的进展较为缓慢。

而随着大数据时代来临，物联网与互联网技术的革新，城市规划领域的工作者不再只限于通过上述方式获取数据，还可以通过相关编程软件工具或是数据爬取软件在提供开放资源的网站上获取所需信息，目前市面上许多常见的数据获取软件，如国内常见的火车头采集器、八爪鱼采集器等，国外网站基于 Python 语言的 Scrapy（scrapy.org/），或基于 C++ 语言的 DataparkSearch（www.dataparksearch.org/）等都是相当成熟的数据获取工具（详见第 4 章）。

2. 数据处理

面对城市网络的庞杂数据，研究者大多使用计算机软件辅助此阶段的数据处理，一般而言，Excel、Access、SPSS、GIS 等都能有效完成大部分网络分析的基础数据处理工作；也有其他专门的数据清理软件，能够依照使用者需求自动检测数据内容，更正错误，并进一步整合数据格式，加强数据间的一致性，如 Alteryx、OpenRefine（openrefine.org/）、DataKleenr（chi2innovations.com/datakleenr/）等；当然，也可以基于 R、Python 等语言编写更符合网络分析需求的程序进行数据处理工作。

3. 数据分析

经过了数据处理后，接下来便是通过收集、整理、演算、再组织等过程，将庞大的网络数据提炼出与研究对象相关之信息，并找出网络间的关系、规律或是动向。常见的有网络分析工具有 ArcGIS、NetworkX，下一小节也将针对几种基本且较为广泛应用的网络分析工具做介绍。

4. 具体应用

最后，综整出网络分析结果，并进一步应用在城市议题的探究或城市规划设计方面的策略建议，常见的研究如：城市网络联系、城市影响腹地、城市活力分析、职住平衡问题等，都能够在城市网络分析的基础上展开。

本章亦整理了笔者过去基于网络分析而参与的其中几项城市研究（参见本章第 2、3、4 节），希望透过研究案例的演示，让读者能够对于城市网络分析的相关应用有更深刻的认识。

8.1.4　常用的网络分析工具

城市网络往往是一个复杂且庞大的系统，仅通过人工计算分析难以有效地完成，因此在网络分析领域中发展出了许多专门的计算、分析工具，藉此辅助相关人员开展后续的研究工作。

以下简单介绍几种常见的网络分析工具，然本章节仅作一些基本介绍，不针对详细内容或是技术操作进一步说明，在此鼓励有兴趣的读者通过相关书籍或是网上资源进行更深入的学习。

1. ArcGIS

地理信息系统系列软件 ArcGIS 是众多城市研究工作者赖以提升研究效率与质量的重要平台。就城市网络而言，ArcGIS 也提供许多计算工具可以进行基本的网络分析，如：点、线要素之间的转换、数据可视化等，藉此识别如移动轨迹、联系关系等的网络信息。

另外，ArcGIS 平台中也有一个专门进行网络分析工作的 Network Analyst 工具包，提供了计算服务范围、分析最佳路径、位置分配、创建 OD 矩阵等功能，亦能有效协助城市网络的相关研究。

2. Python

Python 是一种简洁、易读、资料库丰富同时兼具严谨的编程语言，因其便利性与应用弹性，目前已被广泛应用于处理各种网络分析的高级编程。Python 语言的基础逻辑包括：类型、列表、元组、条件等，在网络分析的应用上不仅可以做到分析工作，还能进行可视化、数据抓取等任务。在新时代数据环境之下，Python 成为了最受城市网络研究者欢迎的工具之一。NetworkX 则是其中一款以 Python 语言开发的图论与复杂网络建模工具，内置了常用的网络分析算法，可以方便地创建和操纵复杂网络、轻松计算复杂网络中数百节点的各类中心性测度，并对复杂网络的结构进行分析、仿真建模等工作。

除了 NetworkX 之外，其他基于 Python 语言逻辑的网络分析类库还有 igraph、graph-tool、Snap.py 等，都是能提升城市网络分析研究质量的工具。

3. Urban Network Analysis

Urban Network Analysis（UNA）工具箱，由哈佛大学 City Form Lab 研发，提供了空间网络分析与优化分析、人流分析等功能。UNA 目前可以加载至 ArcGIS 和 Rhino 两个平台，ArcGIS 版主要用于已有数据，而 Rhino 版本还增加了编辑修改空间要素的方便性。

UNA 工具箱包含了 22 种建立与编辑网络的工具，通过操控要素信息、导入或汇出资料等执行空间分析功能，诸如介数中心性、邻近中心性等网络测度都能藉此实现。然而，由于 UNA 要求相对精细的空间网络数据，在城市网络研究领域中，还尚未广泛应用于较大范围的研究。

4. Gephi

Gephi 是一款免费跨平台的复杂网格分析软件，专门制作网络图并进行分析，且基于其本身的开源性，允许开发者编写扩展插件、创建新的功能。其功能主要针对各种网络和复杂系统进行动态分析与分层图的交互可视化，适于处理用于观测性分析的动态大数据，因此被广泛地应用于社交网络分析、探索性数据分析、生物网络分析等领域。

这款由各国的工程师和科学家联合研发的网络分析软件，2008 年于法国开始使用，并成立非营利机构 Gephi 联盟以支持、保护和促进开发项目，以期将 Gephi 打造为"数据可视化领域的 Photoshop"。

5. UCINET

UCINET 是一款容易上手同时功能强大的网络分析集成软件，主要广泛地应用于社交网络的数据分析，最早由加州大学欧文（Irvine）分校的一群网络分析者所开发。随后由 Stephen Borgatti、Martin·Everett、Linton Freeman 等人所组成的团队进行扩展与更新维护。

UCINET 软件配备了一维与二维数据分析与可视化工具——NetDraw，可读取文本文件、KrackPlot、Pajek、Negopy、VNA 等格式，支持各种社会网络分析方法，包括中心性分析、角色分析和基于置换的统计分析等。另外，该软件包有很强的矩阵分析功能，如矩阵代数和多元统计分析，适于处理多重关系复杂问题的中大型数据，其综合性较强，在运算功能与兼容性上也都有良好的表现，因此成为了在社会网络分析领域中最受欢迎的软件之一（邓君等，2014）。

除了以上介绍的工具外，igraph、MATLAB 等其他软件不仅提供基本的网络分析，也涵盖了诸如网络生成、网络社区的划分、信息扩散的模拟等功能。借助于上述的计算机软件技术，使城市空间的复杂网络得以有效地被分析、演算与应用。

8.1.5　网络相关研究概述

1. 城市间尺度的网络研究

随着信息技术的发达、全球化的扩张，人类社会的交往越趋复杂，基于跨城市、区域乃至跨国的各项议题也越发关键，相关学者开始尝试以网络的概念来认识、剖析城市、区域之间的关系。

自 20 世纪末开始，学术界开始探索以生产性服务业、跨国企业网络等信息的城市网络研究。例如：Peter J. Taylor 等学者基于连锁网络模型，选取会计、金融、广告和法律四种高级生产性服务为研究对象，提出了世界城市（Global City），指出城市间的网络关系决定了各个城市的地位（Beaverstock et al., 1999；Taylor et al., 2001），并于 1999 年与 Jon Beaverstock、Richard G 等人，为世界级城市定义和分类，共同成立了全球化及世界城市研究网络（Globalization and World Cities Research Network）；美国学者 Sassen 也以高级生产性服务业为例，对全球城市影响进行了研究，认为跨国公司生产活动向全球扩散且公司管理功能空间集聚，取得了一系列成果（Sassen et al., 2001）。

而我国一些学者也采用了城际客运交通流数据、公司和企业机构网络等数据，以类似方法对城市间网络进行了实证研究，对城市间功能联系的空间格局进行分析、评价。

加上近年来互联网大数据、云计算时代的到来，相关研究者开始运用计算机编程语言和数据抓取技术等取得新类型数据，如微博、公交卡、百度指数、手机信令、POI 等，使得城市间网络的研究有了更多面向、多维度的讨论和发展。

2. 城市内部尺度的网络研究

新数据不仅仅辅助了城市间尺度的空间网络研究，由于其特点在于能精细、快速且大量地获取，能反映出较细粒度的信息，进而更有效地支持小尺度的城市内部网络研究，这是以往传统数据较难以实现的。

目前的城市内部网络研究大多还是以交通流数据为主要的数据源，除了支持城市交通系统运行与管理，也能辅助研究者理解城市空间结构，进而研拟相关的规划设计方案。如：基于公交卡数据识别城市内的通勤出行，评价了城市内过度通勤现象；或是分析城市职住空间的关系；通过个体流动数据来有效认识城市空间结构的变化，并进一步分割空间，进行社区识别（community detection）（Zhong et al.，2014；Sun et al.，2014）。

8.2 中国城市规划领域的知识网络

知识的产出和消费是后工业社会的中心问题，本节将介绍从文献数据视角识别我国城市规划领域的知识产出、消费与网络，以笔者与周垠于 2017 年的"基于 2000-2015 城市规划四大期刊的分析"研究作为案例演示。

8.2.1 背景

规划学者对城市空间的研究众多，但我国对城市规划知识产出、消费的空间分布规律却鲜有研究。在现实中，大部分城市规划研究以实际项目为依托，有指定的研究区域。一般而言，被研究的地区被视为城市规划知识的消费地区；与研究项目相关的高校科研工作者、规划设计院/所、规划管理部门和咨询公司的研究人员则被视为知识的产出者。研究所产出之论文则是城市规划研究的重要形式，其中论文的作者单位和通讯地址提供了研究者的空间分布信息，标题和摘要蕴含着被研究的城市，综上所提供的信息，为开展规划领域的知识产出、消费与网络分析提供了可能。

本案例采用文献计量分析的方法，对 2000 年至 2015 年中国城市规划领域四大核心期刊发表的文章展开研究者所在城市、被研究城市的识别、分析，探寻了城市规划研究中知识产出、知识消费的空间分布规律，知识产出—消费的网络联系强度，知识产出合作联系强度，并进行了本地化分析。

8.2.2 数据处理与分析

1. 数据来源

案例的文献来源于《城市规划》、《城市规划学刊》（原《城市规划汇刊》）、《规划师》、《国际城市规划》（原《国外城市规划》）四大期刊 2000 年 1 月至 2015 年 7 月收录在万方数据和中国知网两个网络数据库中的全部文章（包括论文、通讯、访谈、随笔等），从在线数据库以 Endnote 格式批量导出文章的标题、摘要和作者通讯地址等信息，共计 13028 条不重复的记录。

2. 数据处理

以 2010 年全国 659 个大陆城市名单为准（4 个直辖市，15 个副省级城市，17 个省会城市，623 个地、县级市），使用 Python 编程方法，从所有导出信息中识别出直辖市、副省级城市、省会城市、一般地级市和县级市。在自动识别的基础上，对自动识别结果进行以下的人工复查：在标题和摘要城市地名识别部分，删除非城市命名导致的错误识别（如街道名、河流名等），补充遗漏的简称（如苏锡常、长株潭等）和代称（如泉城），在"A 地级市 B 县级市"的表述中只保留该县级市。

在作者通讯地址识别部分，删除部分错误识别（如津市、海市等），补充机构名称中不包含城市地名的所在城市（如同济大学、清华大学等），将没有明确所属分支或所在城市的省级和国家级机构所在地识别为总部所在城市（如中国城市规划设计研究院、山西省城乡规划设计研究院等），作者为期刊编辑部的不计；同一文章的多个作者属同一单位或同一城市的，该城市按一次计，如文章《北京市限建区规划：制订城市扩展的边界》，四位作者的单位皆为北京市城市规划设计研究院，但作者所在城市"北京"，仅记录一次。

8.2.3 应用结论

案例利用期刊数据探寻中国城市规划领域的知识产出、消费与网络格局，为中国城市网络研究提供了一个新的数据源与渠道。从文献计量分析的维度看，产出—消费联系是一种新的统计思路，且精度到县级市，相比传统的分省统计，更能清晰地体现出文献计量的区域规律。通过对 2000 至 2015 年城市规划四大期刊的分析，有了以下发现：

1. 我国知识产出—消费的网络格局

与传统的中国城市网络的主体不同，所述的城市网络的主体为知识网络，这种网络联系可以从两个维度来考虑：规划知识的产出与消费联系，体现出研究者与被研究城市之间的联系。

知识产出—消费网络可分为两类：无向网络和有向网络。例如，北京学者研究上海城市问题和上海学者研究北京城市问题，若考虑有向联系，则两条记录不能累加。研究针对这两类型的网络联系强度进行分析，综整出我国在知识产出—消费的网络格局。

（1）无向联系强度

通过研究者所在城市和被研究城市，建立异地知识产出—消费网络的无向连接关系，共有2229条记录，其中非重复记录有932条，即有研究联系的城市之间的平均联系强度为2.39次。在上述非重复的932对城市对中，联系强度前十强依次是北京—上海（53次）、南京—上海（36次）、北京—南京（32次）、广州—中山（30次）、北京—广州（29次）、上海—广州（29次）、广州—佛山（27次）、北京—深圳（27次）、杭州—上海（26次）、上海—苏州（24次）等。可见，北京和上海之间的研究联系强度遥遥领先。

从空间格局上来说，胡焕庸线以西，城市研究联系少且弱，无联系强度大于5次的城市对。乌鲁木齐与其他城市的联系强度相对于胡焕庸线以西的城市高，长三角、珠三角和京津冀城市群核心城市之间的联系强度最强。

研究中进一步探讨空间距离对于知识产出—消费关系的影响，使用重力模型来推导距离的衰减系数，经过计算后得到距离衰减系数为0.34，R^2为0.47，说明距离的阻隔对知识产出—消费的联系强度有一定的影响，但这种影响效应较弱。

（2）有向联系强度

建立研究者所在城市和被研究城市的异地有向连接关系，共有2229条记录（与无向OD相同），其中非重复记录有1028条，即有方向的研究联系平均强度为2.17次。对其他区域感兴趣的研究者主要分布在北京（455次）、上海（448次）、南京（317次）、广州（211次）、杭州（96次）。

在研究者—被研究城市之间，有向研究联系强度大于10次的城市有35对，其中在这些有向异地研究城市对之间，知识产出（研究者）集中在北京、南京、上海和广州4座城市，知识消费（被研究城市）分布在上海、苏州、杭州和深圳等19座城市，从以得知知识产出的集中程度远远高于知识消费的集中程度，并可以观察研究者和被研究城市的区域规律（图8-4）。

2. 我国知识产出的合作网络格局

研究中建立同一篇文章不同城市合作者之间的无向连接关系，总计有894条记录，其中非重复记录有270条。其中，北京和上海的研究者合作最为频繁，识别出75次，随后为北京和南京（65次）、上海和南京（42次）、上海和武汉（28次）、深圳和北京（27次）、杭州和上海（23次）、广州和北京（18次）、广州和上海（18次）。这说明合作研究并没受到空间距离的影响，多发生在经济发达的大城市之间。从空间格局上来说，不同城市的合作者大多分布在胡焕庸线以东，西部仅有乌鲁木齐和兰州等城市与东部城市有少量的合作交流，且西部不同城市之间的合作研究极少。

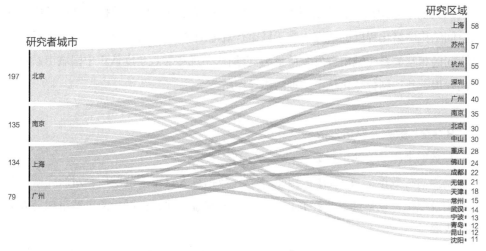

图 8-4　研究者—被研究城市的有向连接

同理，使用重力模型可计算出合作研究的距离衰减系数。研究中利用研究者数量来表示某城市的实体规模，计算出合作研究的距离衰减系数为 0.20，R^2 为 0.43。由此可见，空间距离对合作研究的影响较知识产出—消费的影响更弱。

综上所述，通过文献数据的研究，表明我国目前无论是规划知识产出、消费还是网络联系强度，都集中于大城市，长三角、珠三角和京津冀城市群核心城市之间的联系强度最强，北京—上海之间的研究联系最多，但对于中小城市的规划研究相对薄弱；在知识产出—消费和合作研究中，距离衰减效应较弱，相较于知识产出—消费而言，合作研究受距离的阻隔作用更小。

8.3　基于交通工具轨迹透视城市网络关系

本节以《利用滴滴出行数据透视中国城市空间发展》之研究工作为演示案例，说明如何通过交通工具的轨迹数据，有效描绘城市内或城市间的空间网络关系，并进一步提炼出城市规划建设的指导建议。

8.3.1　背景

滴滴出行是我国目前最大的共享交通平台。在滴滴上，每天约有 2500 万订单，利用每个订单接送乘客的行驶轨迹，可以准确地判断出他们的出行特征，对于研究城市的开发、形态、功能、活动、活力乃至品质有一定的支持。

当今我国致力于发展网络化城市空间结构，然以往的中国城市空间研究多局限于少量典型案例城市，缺乏对其他城市的通盘认识。而滴滴出行数据覆盖中国大量城市，出行量规模巨大，适合在精细化尺度研究中国城市系统。

研究利用滴滴出行记录这种覆盖大量城市的精细化空间新数据，进行了单一城市空间结构网络化程度的研究（基于城市行政范围的多中心性评价），同时也了解了城市间的相互关系（城市群发育质量），以期从中观和宏观角度认识中国城市系统的空间发展，并达到智慧化城市治理的指导作用。

8.3.2 数据处理与分析

1. 数据来源：滴滴出行数据

滴滴出行数据记录了居民的出行信息，数据量大且覆盖范围广，对研究城市空间结构及变化，或是进一步开展相关研究十分有益，同时也可为制定城市规划方案提供依据。

研究利用了 2016 年 8 月 24–26 日连续三天（周三至周五）全国范围乡镇街道办事处尺度的滴滴专车、快车、出租车和顺风车出行数据。数据包括全国所有 5 万余个乡镇街道办事处单元共计四千多万次出行（2016 年 8 月 24–26 日）。

2. 数据处理与分析

（1）城市出行矩阵

首先要建立基于滴滴出行数据所构造的城市联系矩阵，将横列设定为目的地、纵列设置为始发地，通过这样的矩阵将出行的起始与终点的位置信息量化为我国城市内与城市间的空间联系程度。

（2）多中心的评估方法

利用滴滴出行中的乡镇街道办事处尺度的通勤出行数据，从就业角度对中国各个市辖区的形态和功能多中心性进行评价。

其中形态多中心程度是利用入流量（Inflow volume）来进行评估，入流量表征的是一个区域对就业人群的吸引强度。而功能多中心程度则利用入度（In-degree）评估，表示了一个区域对就业人群的地理范围吸引广度。

多中心的计算公式为：

$$P = 1 - \frac{\sigma}{\sigma_{\max}} \tag{8-5}$$

其中 P 为形态或功能多中心程度，σ 为所有街道评估值（入流量或入度）的标准差，$\sigma_{\max}$ 为街道评估值的最大值与一个入流量为 0 的街道之间的标准差。

（3）城市规模等级

城市建成区面积也就是城市的实体地域，往往比城市行政边界小，能更好地反映出城市的空间规模。因而我们用城市建成区面积对城市进行排名分类，将 36 个直辖市、副省级城市和省会城市分为大规模城市（排名 1–12 名的城市）、中等规模城市（排名 13–24 名的城市），以及小规模城市（排名 25–36 名的城市）。

（4）城市群发育质量的评价要素

城市群是中国城市化的重要关注对象，其发育水平得到多方关注。可以通过滴滴出行数据，从交通出行研究，以规模、比例以及分布三个要素对中国 23 个城市群进行发育质量的评估。

城市群规模指的是城市群内部城市间跨城出行的总次数；而城市群比例表示城市群内部城市间跨城出行的总数占城市群内部城市所有跨城出行（包括城市群内部城市间和城市群内部城市与城市群外部城市间）总次数的比例，用以评价一个城市群内部城市间联系的紧密程度；分布则是城市群内部城市之间跨城出行分布的均衡程度，由形态分布（出行总量均衡程度）和功能分布（出行的网络化结构）两部分组成。

8.3.3 应用结论

基于滴滴出行数据的网络分析，将多尺度的网络化空间结构作为切入点，综整出以下从单一城市的网络化结构，到城市的经济社会辐射的空间范围，再到城市群的发育质量评估等应用结论：

1. 城市空间结构网络化程度

随着对城市发展认识的不断加深，相关研究不再局限于评估城市中心区的数量，而更加关注城市中心的网络结构。多中心的城市网络结构能有效避免中心城区规模过大而导致城市问题，是提升城市治理能力和管理水平的关键。通过滴滴出行数据所记录的居民出行信息，可用来评估城市空间结构的网络化程度（亦即"功能多中心"），弥补了传统仅评估城市"形态多中心"的研究不足。通过分析，研究针对单一城市的网络化空间结构有以下重点发现：

（1）在城市形态方面，我国形态网络化最好的大规模城市是重庆、成都和广州，而这三个城市相对应的网络化程度（功能多中心指数）0.69、0.64 和 0.63 也分别排在大规模城市空间结构网络化程度的一、二、三名。由于大规模城市形态的网络化比小规模城市更难实现，因而这三个城市的城市发展空间格局非常有借鉴意义。另外，天津、西安和银川的形态多中心指数分别为大规模城市、中等规模城市和小规模城市之首，显示了它们的城市空间格局较好，值得其他城市借鉴（图 8-5）。

（2）而从功能视角而言，我国城市空间结构网络化程度较好（功能多中心指数超过 0.5）的城市占总数的 73.4%，但多为中小城市，若依照传统的经济学家克鲁格曼和藤田昌久的观点，中小城市可能还没有形成良好的经济集聚场所（单中心），经济发展还有较大的变数，网络化格局有可能会被打破，因此不足以说明我国城市的空间结构网络化程度已经非常合理（图 8-6）。

（3）通过出行的数据进一步描绘城市内部通勤时段出行图，能够初步反映单一城市内的网络功能关系（图 8-7）。以重庆和长春为例，从分析图可以发现：重庆的

大规模城市			中等规模城市			小规模城市		
1	天津	0.87	1	西安	0.84	1	银川	0.81
2	广州	0.83	2	乌鲁木齐	0.84	2	贵阳	0.72
3	**重庆**	**0.81**	**3**	**郑州**	**0.83**	**3**	**海口**	**0.71**
4	成都	0.80	4	哈尔滨	0.81	4	兰州	0.68
5	南京	0.79	5	济南	0.80	5	福州	0.66
6	上海	0.79	6	太原	0.73	6	南宁	0.66
7	青岛	0.77	7	合肥	0.71	7	长沙	0.65
8	武汉	0.76	8	沈阳	0.71	8	呼和浩特	0.65
9	北京	0.76	9	昆明	0.69	9	石家庄	0.64
10	杭州	0.73	10	厦门	0.68	10	西宁	0.61
11	长春	0.70	11	大连	0.67	11	拉萨	0.60
12	深圳	0.65	12	宁波	0.66	12	南昌	0.54

图 8-5　大、中、小规模城市的形态多中心排名

大规模城市			中等规模城市			小规模城市		
1	重庆	0.69	1	合肥	0.85	1	拉萨	0.92
2	成都	0.64	2	乌鲁木齐	0.77	2	银川	0.68
3	**广州**	**0.63**	**3**	**哈尔滨**	**0.65**	**3**	**呼和浩特**	**0.57**
4	上海	0.62	4	宁波	0.62	4	长沙	0.55
5	天津	0.60	5	大连	0.62	5	贵阳	0.53
6	杭州	0.58	6	沈阳	0.55	6	南昌	0.52
7	南京	0.57	7	济南	0.53	7	福州	0.52
8	武汉	0.53	8	太原	0.51	8	南宁	0.51
9	青岛	0.52	9	西安	0.51	9	海口	0.44
10	北京	0.52	10	厦门	0.46	10	兰州	0.43
11	深圳	0.47	11	昆明	0.46	11	石家庄	0.42
12	长春	0.46	12	郑州	0.37	12	西宁	0.37

图 8-6　大、中、小规模城市的结构网络化排名

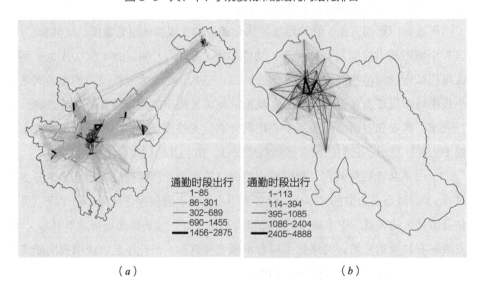

（a）　　　　　　　　　（b）

图 8-7　城市内部通勤时段出行图
（a）重庆，是大规模城市中空间结构网络化程度最高之城市；
（b）长春，代表大规模城市中空间结构网络化程度较低之城市

空间结构网络化程度较高，长春的空间结构网络化程度一般。说明了重庆的各个乡镇街道办事处，除了和中心城区联系较好以外，相互之间也有一定联系。长春的出行分布类似于复杂的五角星，各个地方出行主要和中心区有联系，但相互之间联系较少。

　　2. 城市间的相互关系

　　有别于传统的等级化城市结构，城市群发育质量体现了城市群内部的均衡性、城市对外开放的系统性以及城乡一体的联动关系，也因此，国家十三五规划和新型城镇化规划均把发展城市群作为我国城镇化的重要战略之一。研究针对中国 23 个官方较为认可的城市群，利用滴滴通勤时段的出行数据进行多维度评价，从规模、比例、分布等三个要素评价城市群的发育质量，进而综整出我国城市群的发展态势（图 8-8）。

　　（1）珠江三角洲城市群发育质量居全国城市群之首

　　城市群发育质量排在前六位的分别为：珠江三角洲城市群、长江三角洲城市群、山东半岛城市群、成渝城市群、关中城市群和京津冀城市群，其中珠江三角洲城市群以规模 100.0%、比例 96.4%、分布 68.6%、综合质量 66.2% 位列榜首，这表明在粤港澳大湾区城市群发展规划之前，珠江三角洲初步形成了具有国际竞争力的城市群，贸易活动频繁、道路交通等基础设施完善。这是粤港澳大湾区城市群发展规划的重要前提。

　　（2）海峡西岸城市群边界划分最为合理

　　海峡西岸城市群内部城市间跨城出行次数占城市群内部城市所有跨城出行次数的比例为 98.8%，从侧面表明海峡西岸城市群边界划分最合理，城市群内部的城市较少与城市群外部的城市有出行往来。

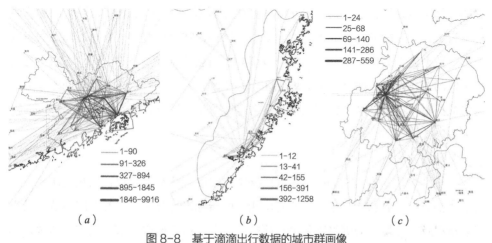

图 8-8　基于滴滴出行数据的城市群画像
（a）珠江三角洲城市群；（b）海峡西岸；（c）成渝城市群

（3）成渝城市群内部城市经济社会发展水平最均衡

成渝城市群以分布值 82.4% 位列所有城市群分布的榜首。分布特征反映城市群内部交通出行的均衡程度，均衡程度高表示城市群内部城市的吸引力相对均衡，经济发展水平较接近。

8.4　城市社会空间网络联系

在地理信息系统中，兴趣点（POI）可以是住宅楼盘、餐饮类、购物类或是生活服务类的空间点位，基本涵括了城市大部分的功能，可以有效反映城市的社会空间联系。本节以《基于兴趣点位置和名称的中国城市网络分析》为案例，该案例利用数据采集技术，获取中国各城市的 POI 网点数据，从人们经常参与其中的社会经济活动网点入手，根据不同城市的行动者在各个地区开设的网点信息而产生的社会空间联系，尝试着构建相应的网络模型，以此来分析基于社会经济活动的中国节点城市网络联系和等级特征。

8.4.1　数据处理与分析

1. 数据来源

研究中主要使用的数据为 2009 年和 2014 年中国所有的 POI 网点。2011 年 POI 网点有 5281382 个，2014 年 POI 网点有 10589322 个。数据格式为 ArcGIS 中 Shapefile 文件的 Point 数据，本研究基于 ArcGIS10.2 平台将对应的坐标转换成相应的空间网点数据，得到其可视化的空间分布图。

2. 研究思路

根据 POI 的名称字段的特征进行模型构建。如果一个城市的 POI 中含有其他城市的名称字段，则代表这两个城市之间产生了联系，POI 个数越多，城市间的联系强度越大，形成的网络等级越高。根据以上思路，结合地理信息空间处理方法对城市相关数据进行分析。主要基于各个城市 POI 网点的位置及名称类型，筛选出有城市字段的 POI 网点，建立 OD 模型空间关联的数据库（表 8-1），并通过创建全国的网络数据集，进一步绘制城市之间的网络连接图并作相应分析，具体基于 Python 以及 ArcGIS 软件实现。

3. 研究方法与数据分析

泰勒通过数学模型来刻画城市间的网络连接度，研究基于以往的相关研究，结合上述的研究思路和算法模型，测度出相应的指标进行分析，主要对网络节点城市联系情况及节点城市的等级特征进行研究的展开。由于研究中节点城市间的联系具有方向性，因此再展开研究时，分别从不同方向类型的联系流和层级中心性进行研

可构成联系网络的 POI（以北京为例） 表8-1

反映了城市出度（开放走出去）含有北京字段的 POI	所在城市	反映了城市入度（开放引起来）北京含有其他城市名称字段的 POI	该城市名称
福联升老北京布鞋	石家庄	成都小吃	成都
泰和源老北京布鞋	太原	杭州小吃	杭州
老北京火锅	衡水	周记桂林米粉	桂林
北京天融信公司河北办事处	石家庄	百联顺杭州小吃	杭州
北京动力源科技	石家庄	昆明湖水操学堂	昆明
北京城建顺捷图文	石家庄	阿婆重庆绿色鱼火锅	重庆
北京名人婚纱摄影视觉馆	吴忠	华旗扬州修脚康体会所	扬州
北京金威焊材	石家庄	杭州小笼包	杭州
北京老万生物质能科技公司	吴忠	陈重庆刘一手火锅亚运村店	重庆
北京天诚盛业科技公司	石家庄	杭州风味小吃	杭州
北京华联生活超市滨河广场店	吴忠	泸州幺妹私房菜等	泸州
福联升老北京布鞋	石家庄	赛百味苏州街店	苏州
诚记老北京面馆	石家庄	重庆8号馆	重庆
北京味味香麻辣香锅古交店	太原	扬州修脚会所太阳宫店	扬州
老北京九味卷	石家庄	成都好吃馆家常菜	成都
等		等	

究，主要基于出度和入度进行分析，并以城市间联系流、出度中心性、入度中心性、总的中心性、变异系数等作为测度指标。

（1）城市间联系流

指城市间的联系强度，研究基于 POI 的位置和名称来反映城市的联系情况，如果一个城市的 POI 中含有其他城市的名称字段，则代表这两城市间有联系，POI 个数越多，城市间联系流和联系强度越大，形成的网络等级越高，边联系越强。具体计算：

$$C_{ab}=\sum_{j=1}^{m} C_{abj} \tag{8-6}$$

$$C_{ba}=\sum_{j=1}^{m} C_{baj} \tag{8-7}$$

$$C=C_{ab}+C_{ba} \tag{8-8}$$

其中 C_{abj} 表示基于兴趣点 j 而使得城市 a 与城市 b 产生作用联系，即 b 城市含有 a 城市字段的兴趣点 j。C_{ab} 表示 a、b 城市间关联度、联系流，主要反映 a 城市基于出度的联系流。

C_{baj} 表示基于兴趣点 j 而使得城市 b 与城市 a 产生作用联系，即 a 城市含有 b 城市字段的兴趣点。C_{ba} 表示 b、a 城市间关联度、联系流，主要反映 a 城市基于入度的联系流。

C 表示城市 a、b 间的总关联度，即节点城市 a、b 间的总联系流。

（2）出度中心性

出度中心性反映城市的控制力，通过其他城市具有该城市名 POI 多少，来反映城市在联系网络中的出度中心性，有联系的 POI 数越多出度越大，网络等级越高，中心性越强。

$$C_a=\sum_{i=1}^{n} C_{ai}(a\neq i) \tag{8-9}$$

其中 C_{ai} 为城市 a 与城市 i 之间的联系流；C_a 为所有 i 城市含有 a 城市名字段的 POI 总和，反映了 a 城市在中国城市网络中与其他节点城市的总联系强度，即出度中心性，C_a 越大联系强度越强，城市的层级地位越高，城市的中心性越明显。

（3）入度中心性

入度中心性则反映城市的吸引力，通过该城市具有其他节点城市名的 POI 多少来反映城市在联系网络中的入度大小，有联系的 POI 数越多入度越大，网络等级越高，中心性越强。

$$C_{a0}=\sum_{i=1}^{n} C_{ia}(a\neq i) \tag{8-10}$$

其中 C_{ia} 为城市 i 与城市 a 之间的关联度，即其他城市在 a 城市设立网络的个数；C_{a0} 表示 a 节点城市的总联系强度，即入度中心性，反映了 a 城市作为网络节点在中国城市网络区位布局中的层级和地位，C_a 越大表明城市的层级地位越高，城市的入度中心性越明显。

（4）总的网络中心性

总的节点城市的中心计算为节点城市的出度得分与入度得分加和，反映了城市的影响力和开放程度，得分越高城市的层级、总的中心性越高，影响力越大。

（5）变异系数

变异系数是衡量一系列数值中各观测值变异程度的一个统计参考系数。当对两个或多个地区资料变异程度进行比较时，如果测度单位与平均数测度单位相同，可以直接利用平均数和标准差进行比较。统计学上把标准差 S 与平均数 V 的比值称为变异系数 T，记为 $T=S/V$。本书变异系数用来衡量样本数据的差异性，主要比较两年城市网络等级的差异性变化情况。系数是由所有节点城市的中心性得分的标准差和均值的比计算得出，系数越大差异性就越大。

8.4.2 应用结论

1. 中国城市网络等级特征分析

根据 ArcGIS 分类标准将中国城市网络等级分为五等级，第一等级为排名前 1% 城市对，第二等级为排名前 1%—5%，第三等级为排名前 5%—10%，第四、五等级分别为排名前 10%—25%、25%—50%。

总体上，中国城市网络空间格局差异较大，发展不平衡。从空间格局上看，沿海发达的城市及西部重庆、成都、兰州等地网络联系程度明显较高，京津冀、长珠三角和成渝城市群城市间的联系强度最强，且边联系不断增强，呈现以多边形为核心的空间网络格局特征。而在胡焕庸线以西，除兰州和乌鲁木齐外的城市联系较少且弱，而这些城市多以外向联系为主，表明胡线以西的地区经济发展较落后，人口相对较少，居民经济活动多以迁出为主。

从时间演变上可知，城市间的联系强度明显增强，2011年有联系的城市有11975对，2014年有18645对，最高联系的城市对有的网点个数由761增加为1813，增加两倍多，2014年的网络密度和强度增强显著，城市间的相互联系、相互作用及经济来往强度明显提升。

2. 核心节点城市的网络格局分析

为进一步分析城市网络中主要核心发达城市在网络体系中的特征，选出经济发展水平及网络层级高的城市进行分析，即以北京、上海、广州、深圳四个节点城市作为研究对象。基于ArcGIS将城市网络分为四等级：第一等级为排名前10%的城市对，第二等级为排名前10%—20%，第三等级为排名前20%—50%，第四等级为后50%的城市对。并分别得出城市出度和入度网络图。

核心城市主导的网络密度大的为京沪、其次是广深，有联系的城市和网点在不断增多，联系强度增强。其中京沪开放走出去与外界城市联系的程度最强，形成的联系网络遍布全中国。基于入度的网络与出度的相比，有联系的城市数量多、网络密度大，表明这些城市在外面的影响力大、吸引力和包容性强，使外地居民在其城市能较好的进行经济活动往来。基于出度的衰减系数都较小，即距离对城市间的外向联系影响不大，基于入度的城市网络衰减系数整体较大，城市间的相互关联受距离影响较大且在增大。由此也可以看出发达核心城市在选择城市（基于出度）进行经济往来时具有一定的针对性和选择性。

3. 城市网络层级演变分析

在城市网络层级上，研究主要基于有联系的POI的个数和有联系的城市个数两方法进行分级，进而进行特征比较：

（1）基于有联系的POI个数的城市网络层级特征

这部分主要基于有联系的POI数量进行层级划分，即与每个节点城市有联系的POI个数进行分析。分别从城市网络的入度、出度及二者总和，对节点城市的网络中心性进行研究，三者分别代表了城市的吸引力、包容性和总的影响力。

经过分析后表明，基于入度的中国城市网络层级空间差异较大，高等级的城市主要集中在胡线以东。两年的变异系数都在1.7以上，2014年的变异较2011年小，表明中国城市网络层级的空间差异有所减小。城市出度网络层级空间差异较入度的大，西部地区迁出程度明显大于迁入程度。两年的变异系数在3.5以上，且2014年变异系数增大，网络层级的空间差异性增大，反映了城市网络联系的两极分化程度较大，网络层级较不均衡等现象。而从总中心性来看，节点城市的网络中心性差异显著，高等级的城市较少其中心性增强，两级分化程度明显，也能观察到如上海、广州、兰州等城市的网络等级强度有较大的提升。

（2）基于有联系的城市个数的城市网络层级特征

此部分基于有联系的城市个数进行层级划分和分析，也分别从城市网络的入度、出度及二者的总和对节点城市的网络中心性进行研究。

从研究中得出基于入度的网络联系强度增加显著，且随着时间发展，有联系的城市明显增多，表明这些城市中有较多城市在其设有网点，进行一些经济活动往来。而基于出度的外向联系强的地区主要为京津、成渝、长珠三角等地的省会城市和发达城市，且兰州、成都等城市的等级在 2011—2014 年间提升明显。最后从空间上比较可知，我国城市网络中心性差异较大，京津、成渝、长三角、珠三角地区网络中心性较高，西部地区城市网络的中心性普遍较低。

综合上述两类城市网络层级的变化比较可得知：发达城市在两年中保持着高等级地位和高强度联系，中心性增强都较为明显，如上海、北京、广州、重庆等，表明与这些城市有联系的节点城市较多且联系强度较大。而边缘地区大部分城市在两种类型下的网络层级都较低，表明这些城市与外界联系强度较低，城市间进行经济活动往来较少。

参考文献

[1] Beaverstock J V, Smith R, Taylor P. A roster of world cities[J]. Cities, 1999, 16（6）: 445–458.

[2] Bagchi M, White P. What role for smart–card data from bus system [J]. Municipal Engineer, 2004.

[3] Batty M. The new science of cities[M]. Massachusetts: MIT Press, 2013.

[4] Castells M. The rise of network society[M]. Oxford: Blaekwel1, 1996.

[5] Liu X, Song Y, Wu K, et al. Understanding urban china with open data[J]. Cities, 2015, 47（9）.

[6] Matthiessen C W, Schwarz A W. Scientific centres in europe: an analysis of research strength and patterns of specialisation based on bibliometric indicators[J]. Urban Studies, 1999（3）: 453–477.

[7] Matthiessen C W, Schwarz A W, Find S. The ups and downs of global research centers[J]. Science Magazine, 2002（5–586）: 1476–1477.

[8] Matthiessen C W, Schwarz A W, Find S. world cities of knowledge: research strength, networks and nodality[J]. Journal of Knowledge Management, 2006（5）: 14–25.

[9] Pritchard A. Statistical bibliography or bibliometrics?[J]. Journal of Documentation，1969（25）：348–349.

[10] Taylor P. Specification of the world city network[J]. Geographical Analysis，2001，33：181–194.

[11] Sassen S. Global city：New York，London，Tokyo[M]. New Jersey：Princeton University Press. 2001.

[12] Sun L，J. G. Jin，K. W. Axhausen，et al.，Quantifying long–term evolution of intra–urban spatial interactions[J]. Journal of the Royal Society Interface，2014，12（102）：20141089.

[13] 陈伟劲，马学广，蔡莉丽，等. 珠三角城市联系的空间格局特征研究——基于城际客运交通流的分析 [J]. 经济地理，2013（04）：48–55.

[14] 邓君，马晓君，毕强. 社会网络分析工具 Ucinet 和 Gephi 的比较研究 [J]. 情报理论与实践，2014，37（8）：133–138.

[15] 王圣云，秦尊文，戴璐，等. 长江中游城市集群空间经济联系与网络结构——基于运输成本和网络分析方法 [J]. 经济地理，2013（04）：64–69.

[16] 吴康，方创琳，赵渺希. 中国城市网络的空间组织及其复杂性结构特征 [J]. 地理研究，2015（04）：711–728.

[17] 赵蓉英，许丽敏. 文献计量学发展演进与研究前沿的知识图谱探析 [J]. 中国图书馆学报，2010（5）：60–68.

[18] 钟赛香，袁甜，苏香燕，等. 百年 SSCI 看国际人文地理学的发展特点与规律——基于 73 种人文地理类期刊的文献计量分析 [J]. 地理学报，2015（4）：678–688.

[19] 朱查松，王德，罗震东. 中心性与控制力：长三角城市网络结构的组织特征及演化——企业联系的视角 [J]. 城市规划学刊，2014（4）：24–30.

第9章

大模型：跨越城市内与城市间尺度的大数据应用

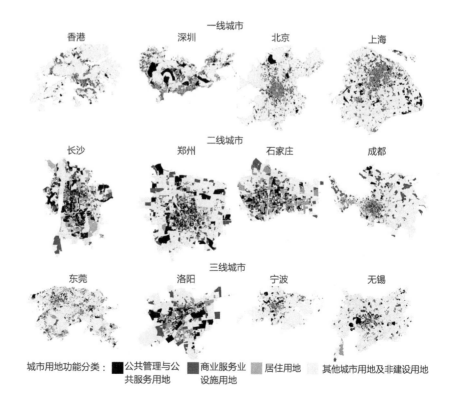

一线城市

香港　　　　　　深圳　　　　　　北京　　　　　　上海

二线城市

长沙　　　　　　郑州　　　　　　石家庄　　　　　成都

三线城市

东莞　　　　　　洛阳　　　　　　宁波　　　　　　无锡

城市用地功能分类：　■公共管理与公　■商业服务业　■居住用地　　其他城市用地及非建设用地
　　　　　　　　　　　共服务用地　　　设施用地

我们将兼顾大尺度范围和精细化研究单元的城市或区域模型定义为"大模型"。大模型是由大规模数据驱动的定量城市与区域研究工具。它一般采用简单直接的建模路径，同时兼顾大范围的研究尺度和较为精细化的模拟单元，代表了一种新的城市与区域研究范式。在本章中我们将详细地介绍大模型提出的背景、大模型的特征以及大模型在城市研究中的应用。

9.1 大模型的提出背景

9.1.1 城市模型与区域模型

模型是客观存在的事物或系统的模仿品或替代物。它的作用是描述客观事物或系统的内部结构、关系和法则。基于模型的定量研究一直是城市与区域研究中的重要方法，城市—区域模型的提出和应用也一直得到学术界的广泛关注。由于研究对象空间尺度的差异，区域模型一般更侧重宏观地理尺度的研究命题，如国家、省域和城市群层面。主流的区域模型涉及多种空间分析和计量统计方法，并多由数据驱动下的处理和分析主导。

与区域模型相比，城市模型的应用更趋向于城市尺度的建模和模拟。城市模型的研究空间单元经历了从大尺度单元（如大网格、分区）到精细化单元（街区、地块、单体建筑）的转变。总的来看，由于研究目的和研究关注尺度的差异，区域模型与城市模型的使用领域通常有所区别，而同时交互应用或整合利用两种模型的情况并不多见。

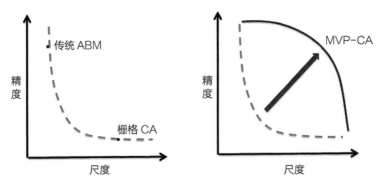

图 9-1　传统城市区域研究模型与大模型对比（ABM：Agent-based Modeling，CA= Cellular Automata，MVP-CA：Mega-Vector-Parcels Cellular Automata）

　　根据研究尺度和模拟单元的大小，城市与区域模型通常可以分为两类：第一类为小尺度精细化单元模型，小尺度通常不超过单个城市的范围，模拟单元通常可以精细到地块、街区，或者更细小的空间或社会单元；第二类为大尺度模型，研究范围可以扩展至区域或整个国家，模拟单元为区县或者超级单元体。由于数据和计算能力有限，模型在研究尺度和精细度上往往不能两者兼顾。更大尺度的研究范围通常以牺牲精细度为代价，因而同时兼顾大尺度、精细单元的研究模型一般较难实现（图 9-1）。

　　总的来看，大尺度的精细模型在城市和区域研究界还较为少见。在中国，数据缺乏和受限的情况更为普遍和严重。此外，由于中小城市在信息系统基础设施方面的投入相对不足，数据的有效获取往往变得更加困难。因此如何克服和减少由于数据缺乏或精度不足导致的研究偏差已成为实现精细化城市和区域研究要解决的主要问题之一。

9.1.2　大模型出现的新背景

　　大模型的提出基于以下的时代和技术背景：①当今是一个大数据时代，丰富的数据获取渠道和大规模的数据量为城市研究和城市管理带来了新的机遇。目前也有讨论称"数据就是模型"。②当今是开放数据的时代——随着政府工作的透明化趋势和公众参与监督的需求，各级政府信息逐渐公开化，例如规划许可审批、土地交易记录、住房信息、公共服务设施等信息如今都可以通过互联网等公开途径获取。这对传统城市与区域研究中的数据是一种重要的补充、支撑和拓展。③个人计算机和工作站的计算能力都大幅提升，并行计算和 Hadoop 技术也日趋完善。这为海量数据或基于居民个人活动的大数据快速处理提供了平台支持。④大模型所涉及的自下而上的模拟工具，例如元胞自动机模型、基于个体建模、网络分析、空间分析等技术工具日臻完善。基于此，我们认为大模型的出现为城市与区域研究翻开了新的篇章。

9.2 大模型：城市与区域研究的新范式

与传统城市与区域模型相比，大模型具有几个重要特点，将在下面的段落做详细描述。

9.2.1 兼顾研究范围和模拟粒度

大模型兼顾研究范围和模拟单元的粒度，具体体现在两个方面。①超过常规模拟单元对应的空间尺度，即兼顾更大尺度的研究范围却不牺牲精细度。例如研究城市生活质量（QOL：Quality of Life）通常可以精细到街区和地块细度，但以往的研究范围大多只局限在个体城市。运用大模型，研究尺度可以扩展至更大地域甚至全国范围，并兼顾相同的精细度。②比常规模拟空间范围对应更精细的空间和社会模拟单元（地块或个人）。例如全国人口密度研究多为区县尺度，而大模型的使用则可以将精细度提升至街道乡镇。因此，大模型的研究尺度更适用于《国家新型城镇化规划（2014—2020 年）》中所提出的 "以人为本的城镇化" 的度量与建模。

9.2.2 大规模数据驱动

大模型兼顾了较大的研究范围和较细的研究单元，因此需要大量的数据驱动模型。相对于以统计小区、交通分析小区、行政区、行业、共同特征的人群等作为基本研究对象的区域分析模型，在物理空间上，大模型多以地块／街区或乡镇为基本空间单元。而在社会空间上，多以城市活动主体：如居民、家庭和企业等个体作为基本单元，进行分析和模拟。达到这样的数据精度，一般对于个体城市的数据量就已较大，而对于致力于研究大量城市的大模型，则需要更大规模的数据驱动，大数据和大的开放数据为此提供了条件。

9.2.3 整合点和面，兼顾城市内和城市间

大模型的研究对象多为包含了大量城市的 "城市体系"。传统的区域研究中，大多城市体系中的城市抽象为点，侧重考查城市间的相互作用和联系。城市研究中则往往将案例城市当做 "面" 来研究其内部诸要素的作用关系。精细尺度上的大样本量城市分析模拟，除了考虑城市内部的发展动态，还需要关注城市间的 "网络"，而不是孤立地研究各个城市。大模型通过整合区域和城市的点、面相互作用，较好地兼顾了城市内和城市间的综合分析（图 9-2）。

9.2.4 大模型的核心公式（计算方法）

大数据时代和越来越多的开放数据为大模型研究提供了充足的数据支持，通过

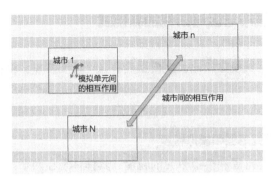

图 9-2　城市内部和城市间分析方法在大模型中的整合

一系列的空间统计算法，可以从一些基础数据生成新数据，再经过聚合得到新的城市指标数据。

大模型核心公式如下：

$$N_i = \underset{i \in J_i}{g} (a_{ij})\qquad\qquad(9\text{--}1)$$

其中，i 为城市 ID；j 为空间单元 ID；a_{ij} 为变量（各空间单元的基础数据）；J_i 为城市 i 内的所有空间单元；N_i 为从 J_i 中聚合得到的新生成的城市指标数据；g 为空间统计算法。

以公交站点的研究为例，其最小研究空间单位为单个城市。作者通过 GIS 分析功能得到了中国 313 个主要城市的一系列数据指标（即变量 a_{ij}），如公交站点 500m 范围面积、空心岛面积、斑块数量等。将这些变量进行简单运算（g）后，便可以得到新的城市指标数据 N_i，如公交站点 500m 覆盖率、紧凑度、优势度、空心岛率等。这些新的指标数据即为下一步研究的基础。大模型与以往的城市研究和区域研究均有所不同。城市研究多将城市看作是"面"，以研究其内部结构。而区域研究多将城市看作是"点"，以便进行城市之间的比较。大模型则是将城市内部研究与城市之间的研究相结合，是兼顾了城市和区域层面的综合研究，其研究重点是大数据的应用。

1. 城市间比较的应用

（1）新城市指标数据 N_i 的通用准则，通过这一数据预测其发展的可能性（概率）：如通过案例中各城市公交数量的长尾曲线图，来看城市间不同公交数量的分布趋势。

（2）N_i 的影响因素

$$N_i = f (X_i)\qquad\qquad(9\text{--}2)$$

其中，X_i 是城市 i 的传统城市指标统计数据，如 GDP（gross domestic product）或人口等。

（3）关联性分析，对新城市指标数据与传统数据进行关联，找到其中的相关性：

案例中通过回归分析，得出传统数据中的市区人口密度、人均 GDP 等与公交覆盖率的值呈现正相关。可以看出，传统数据与新数据之间的这些联系可以通过分析应用到新的城市研究中来。

（4）嵌入已有城市理论中，生成新的解释变量：

$$X_i = f(X_i, N_i) \qquad (9-3)$$

2. 城市内部研究、模拟和建模的应用

$$a_{ij} = f(Y_i, X_i, N_i, X_{other\_city}) \qquad (9-4)$$

其中，Y_i 指城市 i 内的其他单元；X_i 指城市增长模拟的考虑因素；N_i 指城市 i 的周边单元；X_{other_city} 指其他城市的状态（如城市网络）。

"大模型"研究范式提出以来，大量的针对中国人居环境，特别是城市系统的量化研究已经开展，涵盖城市空间开发、城市空间结构、生态环境系统分析等多方面。总体框架如图 9-3 所示。这些方面分别对应中国城市发展的不同方面的重大问题。这些研究以"新城镇化规划"中的人居环境质量为核心。其中细粒度为研究中国人居环境提供了新视角，以期对中国快速城镇化时期的人居环境质量进行全面的度量与监测，为国家决策提供依据和保障。这些研究大多基于全国尺度开展，并关注精细尺度（如地块、街区、乡镇街道办事处等）。在大数据时代，大模型作为一种新的研究方式，能为区域和城市研究提供新的视角和思考。

9.3 大模型为城市研究提供新的视角和思考

9.3.1 城市空间开发

1. 城镇化空间格局

针对我国城镇化空间格局的界定问题，部分学者率先提出了建立中国城市实体

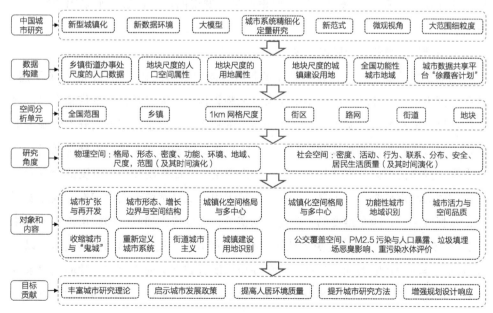

图9-3 大模型运用研究框架一览

地域的概念，包括城市统计区、城镇统计区和城镇型居民区。为了进一步确定我国的城镇化空间格局，笔者及其合作者首先将城镇化地区的门槛密度定为 1000 人 /km^2（2010 年全国人口密度为 977 人 /km^2）。其次采用周一星等提出的 2000 人 /km^2 的平均密度标准划定城市统计区。最后参考日本的人口集中地区（DID：Densely Inhabited District）概念，作为我国高密度城镇化地区（4000 人 /km^2）的识别依据（周一星和史育龙，1995）。通过如上的人口密度界定，识别了三种不同密度下的中国微观尺度上的城镇化空间格局。

2. 城市扩张与再开发

在中国过去 30 余年的快速城市化过程中，空间扩张是城市开发的主要表现形式。笔者根据 1980 年代末和 2010 年中国的城镇建设用地遥感影像解译数据，分析了城镇建设用地扩张的结果，发现 1980—2010 年间，中国 280 余个地级以上城市的城镇建设用地面积发生了扩张。此外，利用中国 2000—2013 年间的土地出让数据（共34169km^2），发现在过去十余年间，存量开发在我国不同规模的城市开发比例中仅占18%—35% 左右（总计平均为 24%），而且多分布于主要城市的中心城区。长时间（2000—2013 年）和大规模（全国）的历史数据表明，存量开发短时间内难以成为中国城市开发的主体形式。

由于中国不同城市所处的发展阶段差异较大，中西部大量城市和东部欠发达的中小城市依然处于工业化和城市化快速扩张的中期阶段，存量和增量开发成本差距很大。因此，存量开发不应当一刀切地成为所有城市开发的主体形式。当前，存量规划、用地零增长似乎更适用于超大型城市，对于广大仍处于快速城市化阶段的中小城市，存量和增量开发需要根据具体城市的社会经济水平采用均衡发展策略。

3. 自然城市视角下的城市扩张

已有的城市扩张研究的主要数据源是统计局数据与遥感影像解译。如前所述，这些数据不适于大地域范围的精细化尺度的频繁检测。笔者及合作者借鉴瑞典地理学家江斌所提出的自然城市（natural cities）的概念，对侧重物理空间开发的城市扩张概念进行了扩展，利用 2009 年和 2014 年覆盖全国的夜光遥感、道路交叉口、兴趣点和位置微博数据分别从物理维度、形态维度、功能维度和社会维度四个方面分析了中国的城市扩张。结果显示，在全国范围内，从自然城市面积和发育成熟度两个衡量标准来看，四个维度的扩张是不均衡的，程度依次递减。即城市扩张区域相比 2009 年城市地域，对应着更大地块的物理空间开发，偏低的城市功能发展，以及极低的人类活动强度增加。且这一现象在全国所有城市群内均存在。片面地追求城市发展规模而忽视当前城市客观发展规律已经造成了大量城市功能和活动严重落后于城市物理空间的开发。

4. 地块尺度的城市扩张模拟

由于数据和技术的约束，传统的大尺度城市增长模拟多对应公里尺度的网格单元，大尺度精细化的城市增长模拟还较为少见。为此，笔者及合作者建立了针对覆盖全国所有城市的地块尺度的城市增长模型（MVP-CA），对全国654个城市的2012年至2017年间的城市空间增长过程进行了地块尺度的模拟。该模型包括宏观模块、地块生成模块和矢量CA模块。其中宏观模块基于各个城市的历史阶段城市增长信息，以及国家空间发展战略，对未来5年内城市增长的速度进行情景分析；地块生成模块则直接利用全国的真实路网进行划定，后续具有拓展地块细分（parcel/block subdivision）的功能；矢量CA模块是MVP-CA模型的核心模块，它在上两个模块的基础上，针对每个划定的地块单元，结合全国兴趣点数据，考虑每个地块的大小、紧凑度、区位特征、功能密度等属性，使用约束性矢量CA方法对未来地块尺度的城镇开发进行模拟。

5. "鬼城" 识别

中国 "鬼城" 不乏媒体报道，但系统梳理中国 "鬼城" 情况的研究则仍然比较有限。研究利用某大型互联网公司的匿名的反映用户活动的大数据，对每个城市的2000年以前和以后的城镇建设用地分别进行人类活动强度评价。当城市新开发地区的人类活动强度偏低且与老城区差异显著的时候，既可以视之为 "鬼城"。研究发现，在485个数据较为全面的城市中，有389个城市的新区人类活动强度显著低于老区。在地级及以上城市中，中国排名前20名的 "鬼城" 主要分布在东北和山东。而新区人类活动强度高于老区的96个城市，多为县级市或较小规模或新设立的地级市，这些城市的新区相比老区具有较高的人类活动强度，一方面源于新区完善的开发和功能完善，另一方面也源于老区人类活动强度不高。总体来看，城市的行政级别越高，新旧区的人类活动差别越大。越是低等级的中小城市（尤其是年轻的小城市），越不存在明显的城市集聚中心，新旧中心人类活动强度差异越小。

9.3.2 城市空间结构

1. 多中心城市空间结构

城市空间结构从根本上决定了一个城市的特性，中国大量的城市在城市规划中都明确指出要打造多中心的城市空间结构。在快速城市化的背景下，以往关于城市空间结构的研究都是基于传统静态数据。例如人口普查、家庭出行调查等，都是5—10年才进行一次更新的数据，落后于中国的快速城市化过程。此外，已有研究也多针对一个城市开展，还没有针对所有城市进行全面分析的研究。为此，笔者及合作者利用传统数据和新数据，在乡镇街道办事处尺度从多中心角度系统考察了中国所有城市的城市空间结构。针对多中心城市，识别出城市副中心的具体位置，以及副中心之间和主中心与次中心之间的联系。此研究主要是通过人类活动密度来确定城市的多中心分布，并评价现实多中心与规划多中心的偏差。研究结果显示，在选取的 284 个城市中，70 个城市具有明显的副中心，其中一半城市仅具有一个副中心。

2. 城市形态评价

中国的快速城镇化伴随着显著的土地利用变化，在其过程中驱动和影响城市空间分散与集聚的因素，在最近几年得到了广泛的关注。由于其自上而下和自下而上的双重性质，中国城市呈现出更加复杂和多样的城市土地利用格局。有研究利用 2011 年全国道路网和兴趣点数据，基于城市地块及其城镇土地使用性质数据，结合 ArcGIS、Python、MatLab 和 SPSS 等分析工具对中国 60 个具有代表性的内地城市及香港进行了城市用地结构的评价。此研究提供了一种有效的新型综合城市空间分析和评价方法，即通过采用多种测度以城市用地结构（urban land use pattern）为系统分析的核心考察对象。此方法更好地揭示了中国在城市化进程中复杂的城市空间特性，提高了我们对城市用地结构的理解，并且有助于城乡规划与治理的变革。研究者在空间熵和相异性两个基本指标基础之上，将城镇土地使用模式分成三综合类（住宅，商业和公共），结合元胞自动机（CA）建模，系统地评估了样本城市的城市扩张情况和用地混合程度（图 9-4）。结果表明，城市不仅呈现出独特的空间碎片差异，并且在迅速扩张的同时，变得较为分散不紧凑。大中小城市各自的扩张动力来源于不同的主导土地开发类别和地方优先政策，并且城市形态的形成机制跟城市的人口规模和城市面积大小有密切关系。政府仍然对城市形态的形成有着重要的影响。

3. 公交站点服务范围及空间特征评价

为了找到中国城市公交服务的一般模式和规律，最终揭示中国城市系统的空间发展活动规律，笔者及合作者基于全国 313 个主要城市的 867263 个公交站点数据，以 300、500 和 800m 服务半径计算出了每个城市的城镇建设用地范围内的公交站点服务的覆盖率（城市的公交站点覆盖范围和城镇建设用地面积之比），探讨了其空间特征，并进行了城市间的横向比较。其中，全国 281 个地级及以上城市的 500m 范围公交站点覆盖率的平均值为 64.4%。进一步，基于公交站点覆盖的空间特征，该研究将 313 个城市聚合为五类，同时利用 Flickr 照片、位置微博和兴趣点数据，对公交站点 500m 服务范围内的人的活动及设施情况进行分析。结果显示，尽管仅有 75.6% 的城镇建设用地范围有公交站点服务覆盖，但该范围内包括了 94.4% 的设施和超过 92% 的人类活动，部分没有公交站点服务的地区（24.4%），其设施配套和人类活动水平都较低（10% 以下）。可以看出，我国城市公交站点布局，基本满足了大多数人的活动需要和设施需求。

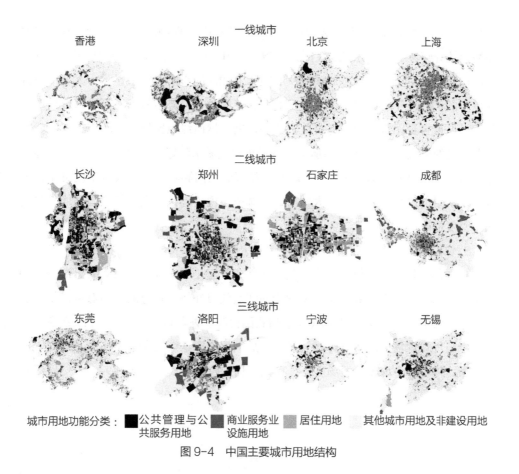

图9-4　中国主要城市用地结构

9.3.3　生态环境系统分析

1. PM2.5 污染与人口暴露评价

PM2.5 污染已成为我国亟需解决的任务，对其进行系统地分析是解决问题的关键一步。为此，笔者及合作者收集了 2013 年 4 月 8 日—2014 年 4 月 7 日每日的 PM2.5 浓度值，采集范围覆盖了全国 190 个城市共计 945 个空气质量监测点。除了地面监测站数据外，还利用了中分辨率成像光谱仪大气气溶胶厚度（MODIS AOD）数据对 PM2.5 进行插值补充以弥补部分地区监测站稀疏的问题。另一方面，结合 2010 年乡镇街道办事处尺度的人口数据，评价了 PM2.5 污染的人口暴露风险。总的来看，人口密度越大，全年暴露天数越多，暴露强度越大。研究还发现，654 个城市中，25 个城市空气质量达标，仅占 3.8%。654 个城市的平均达标天数比例为 70.96%。全国 8.27 亿人口所生活的地区，一年内 PM2.5 超过国家标准（ $75\mu g/m^3$ ）的时间为 3 个月，其中 2.23 亿人口所居住区域 PM2.5 超标半年，对应的国土面积为 34.8 万平方公里。

2. 城市形态对 PM2.5 的影响识别

继 PM2.5 污染与人口暴露评价，笔者及合作者从人口、经济、用地、交通、气候、其他污染物等方面分别针对全部城市选择了 11 个变量、地级市选择了 18 个变量，分析和揭示了城市形态对 PM2.5 的影响。该研究获得的 PM2.5 数据以及 2013 年中国城市统计年鉴，采用分层线性回归模型（HLM：Hierarchical Linear Models），分两个层次逐步讨论了城市形态对中国所有城市 PM2.5 的影响。结果显示，大城市和特大城市的 PM2.5 年均值更高，全局上 PM2.5 集聚分布趋势不显著，而局部聚集现象显著。城市自身因素可能发挥着更重要的影响，然而绿地比例高的城市不一定就意味着较高的空气质量,公共交通服务好的城市空气质量较好。但与西方研究结论不同，建成区人口密度对 PM10 和 PM2.5 却有着显著的正向影响，即高人口密度可能会导致空气质量的恶化。因此对特大城市、大城市来说，应该适当疏解城市功能，避免城市密度过高。

3. 垃圾填埋场的恶臭影响评价

在中国，垃圾填埋场恶臭影响是形成邻避效应（NIMBY：Not In My Back Yard）的重要原因之一。为了揭示垃圾填埋场的邻避效应并提出相应的规划对策，相关学者基于全国 1955 个垃圾填埋场（不包括我国台湾、香港和澳门），利用 FOD 模型计算每个垃圾填埋场的恶臭气体排放量，之后利用点源连续高斯模型作为恶臭气体扩散模型，针对每个垃圾填埋场逐一计算其恶臭排放和扩散范围（图 9-5）。然后根据

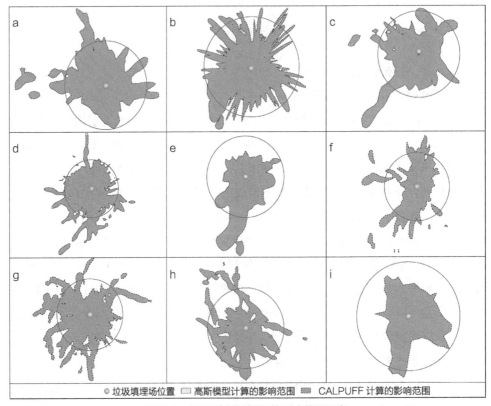

◎ 垃圾填埋场位置　□ 高斯模型计算的影响范围　▦ CALPUFF 计算的影响范围

图 9-5　主要垃圾填埋场的影响范围示意

垃圾填埋场的影响范围，利用高空间分辨率人口密度、兴趣点和位置微博等数据，评估垃圾填埋场恶臭影响的人口、敏感单位和人群活动。研究发现，全国垃圾填埋场恶臭影响的人口达到 1228 万人，其中受影响的敏感人群（儿童 + 老人）达到 264 万人，受影响的敏感单位（学校和医院）达到 7818 个，受影响的人群活动占全国总人群活动的 1.82%。

4. 重污染水体识别

在我国的实际工作中，由于对重污染水体和黑臭水体的判别缺乏明确标准和识别手段，相关规定难以操作和有效落实，这些都给计划实施和监督考核造成了严重障碍。为此，笔者及合作者以问题为导向，首次尝试采用互联网开放信息大数据，即对互联网媒体曝光最多、群众投诉议论最多的污染水体进行数据搜索和统计分析，找出最受关注的污染水体，得到全国重污染水体和黑臭水体的总体分布情况，直接反映民意诉求。首先，研究选取了全国 1461 条河流进行自动检索，在统计与分析后，得出河流污染和黑臭问题的民众和媒体关注度数据。然后，利用全国三、四级河流分布数据和电子地图信息，选取河流名称、河流位置和"污染、水污染、重污染、黑臭、水质恶化"等关键字段。最后，通过基于百度搜索引擎的大数据分析，锁定了如河北漕河等具有一定代表性的重污染河流，并对全国 1400 余条河流按照网上受关注程度进行了分级。此方法可以不受监测条件、布点方案的限制，作为现行监测系统的有益补充。

9.4 小结

大模型是由大规模数据驱动的定量城市与区域研究工具。它利用了简单直接的建模方式，兼顾了大尺度和精细化模拟单元，代表了一种新的研究范式。本章阐述了大模型的基本概念和内涵，并介绍了一系列大模型应用案例。在当今大数据和开放数据的时代背景下，大模型自下而上的研究视角，以及精细化、定量化、全面化的研究方法，为区域与城市研究带来了开创性的进展。

大模型的潜在应用范围广泛，优势体现在：①帮助各个层次城市开展城市研究。过去的城市研究模型大多只能在数据资源丰富和技术水平先进的大城市实施，而在中小城市难以开展。大模型方法的引入可以缩小中小城市的技术和数字鸿沟，建立兼顾不同规模等级城市的一体化研究方法和手段。②精细化分析和模拟。大模型从微观的角度研究区域问题，注重和推崇"以人为本"的研究视角和规划理念。精细化的分析与模拟使空间规划和经济社会发展政策的制定、实施、评价更好地因地制宜。③城市形态与网络关系的定量化。大模型使一系列城市形态和网络评价指标得以量化。这些指标进一步与其他社会经济指标结合，共同表征城市发展。国际上也正涌现出越来越多的覆盖多个城市的精细化定量城市研究工作，考虑到中国未来信息通信技术的大力发展和对城市开发建设品质追求的日益提升，大模型研究范式将在中国城市系统量化研究中起到更大的作用，它将对中国城乡规划科学化起到积极提升的作用，也有望推动我国人居环境科学的大力发展。

参考文献

[1]　周一星，史育龙. 建立中国城市的实体地域概念 [J]. 地理学，1995（4）：289–301.

第 10 章

数据增强设计

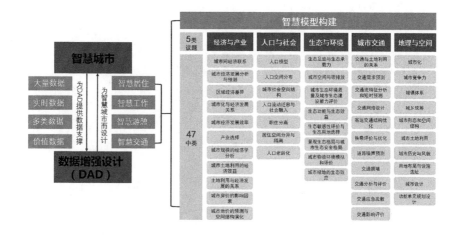

由大数据和开放数据构成的新数据环境，对城市的物质空间和社会空间进行了更为精细和深入的刻画。新数据环境下所开展的定量研究较多，但多为针对城市系统的现状评价和问题识别，少有面向未来的规划和设计的研究与应用。为此，笔者及合作者共同提出数据增强设计（Data Augmented Design，DAD）这一规划设计新方法论。本章将以城市秩序引出 DAD，并从概念、体系结构及应用三个方面对 DAD 进行详细的介绍。

10.1　在新数据环境下探索城市秩序的可持续内涵

10.1.1　城市秩序的可持续性：规划设计的内涵

城市规划最终总是不可避免地呈现为空间干预。城市资源的稀缺性导致了空间配置的不均衡，并会影响人们的活动以及随之出现的社会及经济现象。城市规划学者彼得·霍尔（Peter Hall）将城市规划定义为"一种广义的行为，用创造秩序的活动为手段以实现特定的目标"（Hall et al.，2010）。而城市的广义可持续性就蕴含在其所依赖的城市空间秩序中，城市规划设计的理论便是因地制宜地理解城市空间秩序与其对应的可持续含义之间的自然关联（Wilson，2012）。在当代城市中，城市的可持续性可以从多个维度理解，大致可以概括为空间、社会文化、经济、生态以及管治五个维度（表10-1）。在这里，城市秩序的可持续性仅存于"未规划的秩序"中——一种自然的互动联系，而非规划或设计过的物理空间秩序中。

城市秩序的可持续维度　　　　　　　　　　　　　　表 10-1

维度	内容
空间	基础设施、交通、景观、美学等
社会文化	生活质量、公共健康、教育、犯罪、住房、公共服务等
经济	就业、就业能力、税收、房价等
生态	噪声、空气质量、生物多样性等
管治	参与度、管理体系、公私企业比例等

10.1.2　新数据环境下对城市秩序的理解

新的数据环境下对城市秩序的理解是一种定量认识论，并体现为 4 个方面的变革（空间尺度、时间维度、研究粒度以及研究方法）（详见第 1 章）。这些变革促进了规划设计的科学性，并提供了一种无差别的沟通媒介，联系了不同专业领域的知识，同时回应了城市秩序及可持续内涵理解上的困境。图 10-1 描述了如何在新的数据环境下认识城市秩序，及其与可持续之间的关系。

第一步是将各种不同的数据收集并数字化。这些数据包含了传统的静态数据（部分被称为调查数据），大覆盖、高精度的即时数据（或者被称为感知数据）以及与规划秩序因素有关的数据。这些数据进而在一个高效的空间信息系统中被有效地关联起来，并依据要求选择各种分析方法和建模软件。基于输入及数字化的数据，以及规划情境设定，空间信息系统将提供最合适的数据分析技术来对不同城市子系统的相互依存关系进行建模。最后输出定性报告以及可视化成果。通过理解分析成果，情境设定又将有所调整，各项输出成果将在比对中得到最终检验（也可以理解为对于数据分析结果的反馈与检验）。这样的流程能够将规划与设计（不仅仅是空间设计）所调控的空间要素与其功能特点联系起来，并最终确定精准的相互关系。

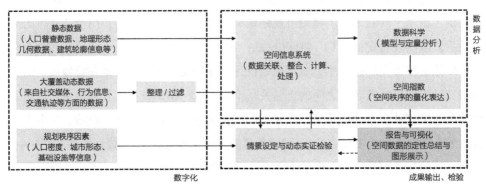

图 10-1　新数据环境下对城市秩序理解的一般流程

10.2　数据增强设计（DAD）概念

数据增强设计（DAD）是新数据环境下对城市秩序的定量认识论中的一种重要体现形式，是以定量城市分析为驱动的规划设计方法，通过精确的数据分析、建模、预测等手段，为规划设计的全过程提供调研、分析、方案设计、评价、追踪等支持工具，以数据实证提高设计的科学性，并激发规划设计人员的创造力。DAD 利用简单直接的方法，充分整合新旧数据源，强化规划设计中方案的概念生成或评估的某个环节，易于推广到大量场地，同时兼顾场地的独特性。

DAD 的定位是现有规划设计体系（标准、法律、法规和规范等）下的一种新的规划设计方法论：强调定量分析的启发式作用的一种设计方法，致力于减轻设计师的负担而使其专注于创造本身，同时增强设计结果的可预测性，DAD 属于继计算机辅助设计（Computer Aided Design，CAD）、地理信息系统（Geographical Information System，GIS）和规划支持系统（Planning Support System，PSS）之后的一种新的规划设计支持形式。

10.3　DAD 体系结构

10.3.1　DAD 的理论和实践维度

DAD 是一种在新的数据环境下，基于模型工具集，结合不同异构数据源的提取、分析以及预测，进行针对城市规划设计各环节的数据支持，最终提高规划方案的合理性、创新性以及弹性。

在理论维度，当前的规划设计仍旧遵循经典的规划设计原则，而在新的数据环境下，数据增强的设计意义深远，其内涵不仅在于新的设计手段的运用和生动的数据可视化，而是在于从更深的层面对规划设计方法进行改进和增强。增强首先体现在认识论的迁移（ontological shift），这是设计哲学中很重要的步骤，它启发人们对所操作的实体及其组织模式的想象，最终达到创造性的目的。比如凯文·林奇的五元素（凯文·林奇，2001），已经成为了最广泛的设计认知论。在传统的蓝图式的规划设计中，虽然有对应的对于规划实体的大致认知方法（比如几何化的，抑或是分类的），但这些方法不断受到批判，人性尺度等不断得到呼吁，然而并不具备真正有效地达到理想规划目标的手段。因此，笔者认为 DAD 会首先增强人们对城市实体的认识的迁移。具体而言，数据将增强对城市实体的另一种理解，即实体的关系被理解为真实的人的活动的发生器，城市实体的认识将被转移到全新的数据语言中来理解和表现。形式和功能不再受到一种广义哲学式的母题解读而回归到一种特定文脉的理解上，最终通过数据构建一种精确的关系。通俗地讲，我们将看见更多"复杂得多但可解释的空间实体的意义"。所以说，DAD 实际上增强了我们观察和理解城市的角度。

在实践维度，DAD 的核心观点可以被理解成：城市中的各种实体被抽象成为空间数据体系，通过定量模型，结合大量异构城市数据和模型，运用日益增强的计算机运算能力，建立基于城市实体认知和其复杂效应之间的数据关系，并运用这种数据关系来设计、调整以及评价城市设计方案。DAD 强调的是数据对设计的驱动性，与城市数据化或数字化有很大差别。在大数据时代，很多数据被公开并可视化，将很快改变传统的调研方法与模式，然而数字化或者可视化并不是 DAD 的手段，因为 DAD 的目的并非数据制图。DAD 需要从未来更多的实践中总结出更多的具体设计方法，这些方法将与如何用数据理解城市实体密不可分。与建筑领域的参数化、数字化、可视化不同（这些不需要发生在新的数据环境下），DAD 并不直接追求某种视觉的"数字化前卫"，而是通过探究更精确的真实现状来指导未来的再创造。在 DAD 的框架内，数据会增强人们关于城市实体及其内涵的精确认知，进而把握不同空间塑造后所能达到的不同社会效应。在操作上，规划设计师不再只关注几何形态的布局和安排，而是直接关注空间方案对所拟问题的呼应程度以及有效性。在这样的形态 – 效应的框架内，城市实体的关系慢慢得以完善。因此，DAD 实际增强的是对城市实体的精确理解、对实体组织和其效应间复杂关系的准确把握以及对空间创造积极影响的落实。换句话说，DAD 的目的是精准设计城市实体所形成的"场所"。

10.3.2　DAD 的内涵

本节简要从内涵、目标取向、客体要素、基本方法和设计过程等角度简要阐述 DAD 这种设计方法。DAD 的内涵是：①拥有大覆盖区、细粒度且复杂的外延，通过一个开放的研究框架可以涵盖尽可能多的相关现象；②概念阐释结构的自完整性，通过实证的数据支持结合自身的语义构建体系，增加方案的科学性和实证说服力；③逻辑连接和支持，通过异构数据的连接以及美观的可视化成果，重视概念营造、推导与概念支持；④推进同尺度的规划认识观，使得规划设计可在同一尺度考虑不同尺度的城市问题。

DAD 的目标取向是：①理想目标表明深层的普适的价值取向，而现实规划注重最合理的现实建设并建设稳定的城市结构；②提供所需的功能，适应城市发展变化的趋势，为代理人规划设计，兼顾利益相关者，满足审美需要；③评价标准更加客观、定性。DAD 的客体要素是所有规划设计涉及的各种要素和各种社会、经济以及环境的空间效应。DAD 的基本方法是空间分析，抽象要素、异构数据整合、大模型、数据处理等。DAD 的设计过程是，"理性——个性——理性"，从定量分析指向具有实

传统的规划设计与 DAD 的关系　　　　　　表 10-2

传统的规划设计	数据增强设计（DAD）
个人知识以及经验	个人知识经验结合实证定量分析
对预期实施效果不明确	预测实施效果成为可能
偏主观	主客观结合、相互支撑
数据使用少	大量依赖数据
单个案例	适合推广到大场景
人群更均质化	异质需求和行为
操作实体较为单一（空间）	操作实体多样，注重协同作用
项目动机一般为空间开发	项目动机为改良城市质量
不利于沟通与公众参与	利于公众理解和参与
追求概括性（参照规范）	兼具通用性以及特殊性
自上而下	自上而下与自下而上结合
弹性不足	弹性规划
图纸＋文本	图纸＋文本＋数据报告＋效应评估
尺度差异	尺度整合

证基础的个性的具体的方案，辅之以定量论证以及公众参与等决策机制，最终形成规划设计干预的成果。为了便于读者了解 DAD，表 10-2 从多个维度简要对比了传统的规划设计方法与 DAD 的关系。

10.3.3　DAD 的流程

DAD 作为基于定量城市分析的实证性空间干预，将不仅影响到规划设计师这一群体，而是规划设计实践的所有相关利益主体，包括规划设计师、规划管理部门以及公众。DAD 的数据增强各个环节包括前期分析、评价、成果要求以及参与性决策过程（图 10-2）。A. 前期分析增强：在现代城市设计前期分析的专业工作领域加入了数据分析内容，规避了尺度分类分析的缺陷和个人知识经验的局限，并直接启发设计要素的提取以及概念生成。B. 方案评价增强：个人经验和知识驾驭仍旧会影响方案的创造性，但数据的引入在分析阶段增强了方案的优化步骤。通过情景分析，评价指数测算比对，方案将最终得以优化。C. 规划成果增强：现代城市设计的结果并不包含定量报告等内容因而空间效应模糊，而 DAD 的定量成果能够支持规划设计概念营造以及精准效应评估。D. 决策过程增强：空间数据报告以及其可视化将帮助降低沟通成本，同时保证沟通有效性以及参与性决策的落实情况。E. 城市管理增强：日趋多样和精细的城市数据正在涌现并且通过互联网吸引了诸多人的关注，这一趋势将催生一种更加透明的城市管理氛围，方便在多种媒体环境下进行透明的公众参与、规划管理。

城市规划大数据理论与方法

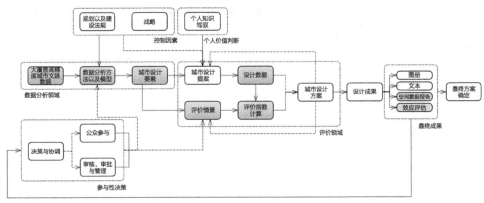

图 10-2 DAD 的一般流程

在 DAD 框架内，大覆盖且高精度的城市数据克服了传统规划设计在不同尺度上的匹配衔接困难的问题，将空间效应置于同一分析尺度；同时通过城市数据分析方法和模型，提炼最适当的城市设计要素，并考虑规划法规和上位规划作为控制因素的要求；最终在方案设计中结合个人知识和判断生成设计方案。设计方案进一步被数据化并根据评价情景计算不同的评价结果。经过这一过程，设计方案被不断优化并最终达到科学性、可行性、时效性以及美学性的复合要求。

DAD 将促进公众参与决策协调，以达到各个规划主体的利益平衡和长期开发中社会、经济以及环境的永续性。DAD 的设计成果包含了空间数据报告和效应评估，其中的空间数据可视化将有效地提高规划成果的可读性和互动性。公众参与以及主管部门的意见将重新进入分析模型，最终得到最合适的论证和回应。通过这样的流程，数据全面增强了现代城市设计的各个方面并支持了更有实证性效应的规划设计方案的最终确定。

10.3.4　DAD 的特点

DAD 的特点主要体现在：①可应用性：直接面向规划设计实践。②多维度：一种将空间属性与社会经济数据结合的模型。③从物质空间回归社会空间：通过社交网络、兴趣点、人类活动和移动等数据以及定量评价方法作为连接。④感知维度：对应于设计中讲的"场所精神"，"借助新的数据和方法实现望山见水记乡愁"。⑤精细化：强调对背景（文脉、环境和人群）的精准理解，充分考虑人群和环境的细分，分析现有规律，并建立不同的组合模式，为专项规划设计提供支持。⑥因地制宜：通过致力于了解环境与人们活动的定量关系来创造更好的人和环境的关系。⑦虚拟世界与现实世界结合：多角度了解场地的核心问题。⑧集智：众包众规，网络化的公众参与。⑨设计方法工具化：设计的方法将会在模型工具中得以体现，定量关系成为设计原点。⑩设计任务量化：基准效应将成为设计任务和目标。⑪可追溯和可评估：后续的效应将不断地强化或者纠正定量设计的模型以及评价方法。

10.3.5 DAD 的常用方法与工具

DAD 的常用方法主要包括：①空间抽象模型：如空间句法（认知和环境心理）、格网划分法、节点法等，用以明确和适当地抽象空间设计。②空间分析与统计，用以明确空间的统计学效应，比如常用的空间统计方法和密度法、插值法等。③数据挖掘与可视化，如机器学习、社区发现、海量数据可视化。④自然语言处理（针对社交网络数据），如针对文本、关键词的趋势分析，对于事件、城市实体的即时评价等。⑤城市模型，如元胞自动机、多主体模型等用以预测城市发展以及规划设计的近远期效应，以及城市的过程建模（urban procedural modeling）。⑥参数化设计工具，如 Grasshopper, City Engine 等。DAD 的常用工具包括（但不限于）表 10-3 所列出的工具。

10.3.6 DAD 的应用场景

DAD 的愿景主要体现在如下几方面：①为规划设计提供进一步的理论基础和科学指导（规划设计理念的重新奠基）；②结合传统规划设计手法，深化、巩固并发展出一套新数据环境下的规划设计模式；③数据分析成为场地基底分析的内容，设计师都是数据分析师：基于数据分析进行创造性设计，运用兼顾城市空间营造与其科学性的分析式设计方法；④数据驱动的规划设计方法将不仅影响规划设计，也影响规划项目的制定、评估与审核（通知设计师各种设计方案的效应）；⑤致力于搭建"大"数据与城市规划设计的桥梁，推动规划支持系统的升级；⑥大模型的城市研究成果反哺城市规划设计（规划设计是城市研究的出口之一）；⑦数据分析降低了规划"阅

DAD 常用工具 　　　　　　　　　　　　　　表 10-3

常用工具	网站
ESRI CityEngine	http : //www.esri.com/software/cityengine
UrbanSim	www.urbansim.org
UrbanCanvas	http : //www.synthicity.com/urbancanvas/
GeoCanvas	http : //www.synthicity.com/geocanvas/
NetLogo	http : //ccl.northwestern.edu/netlogo/
Python	http : //www.python.org
Rhino	http : //www.rhino3d.com
Space Syntax	http : //www.spacesyntax.net
Urban Network Analysis Toolbox	http : //cityform.mit.edu/projects/urban-network-analysis.html
ENERGY PERFORMA	http : //energyproforma.mit.edu/
BUDEM	http : //www.beijingcitylab.com/projects-1/1-budem/
Big Models	http : //www.beijingcitylab.com/projects-1/9-big-model/
Grasshopper	http : //www.grasshopper3d.com

读"的门槛，通过多种媒介，使公众参与得到保证；⑧ DAD 不再以空间设计为主要对象，而是以空间和政策干预为手段，实际的目的是关注人，以及人与空间互动的关系；⑨ DAD 将特别适应在城市管理日趋透明的环境下开展精准规划设计的相关工作。

DAD 的应用场景涵盖了规划设计的诸多方面，例如，①公共整合：从社区营造（community making），场所营造（place making）到更加细节的街道营造（street making）、节点营造（plot making）。②生活方式：营造针对不同类型人的社区，例如老年人社区、儿童社区。③虚拟参与：多尺度不同主体的方案讨论，如城市 DAD 实验室，虚拟现实规划圆桌。④情景比较：评估不同方案的优劣，了解不同设计方案的各种社会经济效应。⑤城市微创：小区域回应区域问题，我们是否需要大规模的空间干预？抑或可通过小尺度、小影响的微观政策以实现？⑥尺度归一：城市尺度和地理尺度被打破，设计和规划尺度对接。⑦利益分配：细尺度的空间经济研究，如空间与房价、租金、次级市场。⑧感知城市：网络社交的空间实体锚点设计，如何设计增加网络互动的城市公共空间。⑨社会整合：如何规划设计公共空间以促进不同阶层融合。

DAD 可运用于规划智慧模型的构建中，为智慧城市建设提供量化分析的基础。一方面智慧城市的各类智慧设施为 DAD 的研究及设计提供各类数据，同时 DAD 的设计又将反哺智慧城市的建设，为其智慧居住、智慧工作、智慧交通、智慧游憩的各类要素的空间布置提供新的思路，武汉大学的牛强曾提出智慧城市规划模型（牛强等，2017），根据其制定 DAD 与智慧城市关系框架（图 10-3）。

10.3.7 数据增强设计型城市设计：面向未来可持续性的城市考古学

任何当下发生的事情都将是未来的历史存证，因此对当下的认识即是对未来的认知（Uzawa，1996）。数据增强设计是现有规划体系下的新的规划设计方法论，在这一规划方法下，对城市秩序及其可持续内涵的探索影响了规划设计的整个流程，具体体现在：持续动态地帮助理解可持续性所嵌入的文脉；持续地帮助建立替代认识方法并比较择优；即时地调整对要素的提取和数据化；整个流程可以以较低成本不断迭代，以促进具体的规划设计方案制定。因此，笔者认为 DAD 是一种对当下城市数据的考古学，一种城市定量认识观和一种面向未来的规划设计方法。在数据环境日趋成熟以及技术发展快速的今天，不断地落实 DAD 的研究框架将有助于我们动态地理解未来城镇化发展的可能方向。

在 DAD 的框架内，对城市内复杂秩序及其可持续性的理解可以被看成是一种决策过程，其中包含多个阶段进而最终提炼最合适且有效的空间干预决策。城市可持续性的最终实现绝不可能一蹴而就，而是需要在一个规划设计的决策循环中对城市秩序与可持续性的相互关系进行优化，图 10-4 展示了 DAD 框架中，如何在一个规划设计决策循环中联系、落实不同空间设计及其可持续内涵，并构建一个动态的城市可持续性定量框架。

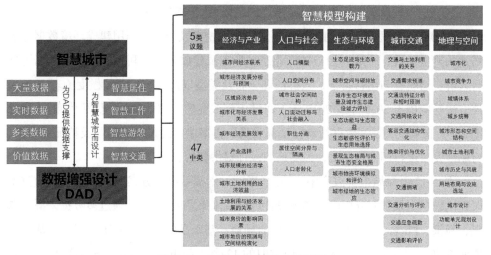

图 10-3　DAD 与智慧城市关系框架

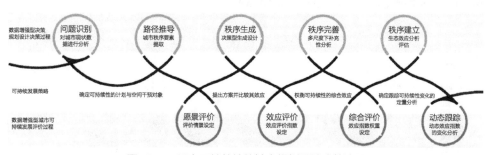

图 10-4　面向可持续性的城市规划设计决策流程

在框架中，数据提升了城市秩序的规划设计流程以及可持续性发展评价过程，而最终通过将这两者相结合，展示了一种定量的可持续发展战略制定流程。首先，数据将帮助可持续发展相关问题的识别与主要干预路径的推导，以此确定以何种方式干预何种城市秩序。其次，通过总体设想与对规划秩序的具体效应评价来确定最终的发展设想。而后，不同空间干预与可持续性的关系被着重分析以确定亟待解决的问题等级。最后，根据评价建议完善具体城市秩序规划或者设计方案的灵活性，以确保既定可持续发展目标的实现。通过将城市规划设计影响的城市秩序数据化，并将其与评价过程对接，有力地对可持续发展战略的制定提供了支持，并有效地建立了基于数据的透明协商机制。

10.4　DAD 应用案例

DAD 应用案例总体上分为三方面：①理解现实场地内的城市，创造场地的未来；②借鉴其他优秀的城市，创造场地的未来；③超越目前建成环境，拥抱当下最先进的技术和未来短期内实现的技术，创造场地的未来。（本节主要描述设计应用思路及方法，具体设计详见第 16 章）。

10.4.1 理解现实场地内的城市，创造场地的未来

DAD 的方法思路可应用于场地要素的深入挖掘及分析。利用建成环境数据分析场地的开发情况、土地利用与功能业态、形态及建成环境，利用行为活动数据可进行人群交通轨迹与出行特征、人群活动分布及类型以及地块活力及程度（表 10-4）。该方法曾应用于 2016 年及 2017 年上海城市挑战赛的"数联衡复，优活代谢"（详见第 16 章 16.4 节）及"数联影动，幸福番禺"方案中。通过场地问题及特征的分析，对场地要素进行调整和优化，为场地的设计提供新的思路。

在 2017 上海城市挑战赛中，"数联影动，幸福番禺"方案通过宏观尺度的数据研究比较与上位规划分析确定场地设计定位及未来发展方向，并通过多数据来源（腾讯、新浪、Flicker、点评等），分析目前场地、基础设施、慢行系统、居民生活等多方面的潜力与问题，结合研究其他类似的 12 个 A 类电影节城市的相关数据，打造面向国际的上海电影节城市空间（图 10-5）。

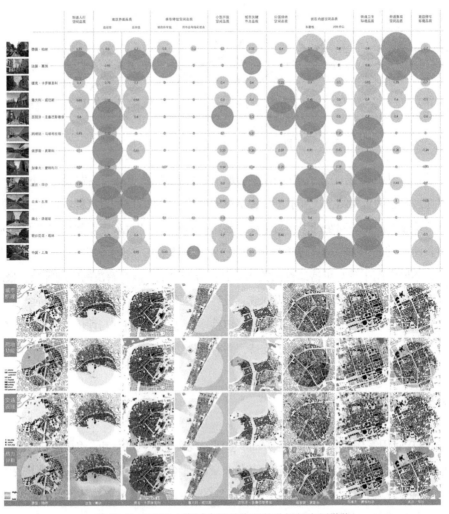

图 10-5　2017 上海城市挑战赛现状分析与案例借鉴

表10-4

DAD在场地分析方面的应用

数据类型	测度维度	数据	区域/城市/片区/乡镇街道办事处	街区/地块	道路/街道	建筑
建成环境数据	开发	遥感解译的土地利用、用地现状图(规划图)、土地利用图(国土)、房地产数据等	城镇用地面积、建设强度、适宜建设用地开发、城市增长边界、城市功能结构片区划分(城市扩张速度、城市扩张规模)	边界、开发年代、是否适宜开发	边界、开发年代、地价	年代、房价
	土地利用与功能业态分布	用地性质、遥感影像、用地现状图(规划)、土地利用许可(国土)、街景	城市功能结构片区划分、各类功能总量及比例、(城镇建设用地内)各种公共服务覆盖率/服务水平、产业结构/优势/潜力	用地性质、主导(各类)用地功能、(各种)功能密度、功能多样性、主导功能、第二功能、各种公共服务设施可达性、市井生活相关的功能密度、内部功能相比总功能(内部+临街)占比	底商密度、底商混合度、沿街地块主要功能、第二功能、界面连续度、各类功能能分布特征、各种公共服务设施密度、步行可达性、市井生活相关的功能密度、步行指数(walk score)、绿化、等级	综合体内业态
	形态	分等级路网、道路交叉口、人口、建筑物、土地出让/规划许可、街景	路网密度、基于空间句法的道路选择度和选择度、城市开放空间格局、城市天际线、城市肌理、景观库	建筑三维形态、地块容积率、建筑群体空间组织关系、地块交通组织、地块肌理	沿街界面空间组织、沿街建筑风貌、街道系统设计、街道步行指数、街道相关指数(宽高比、天空开阔度、界面密度)等	建筑风貌、建筑场地设计
	建筑环境	能耗、水光、声光热、风测度、PM2.5	环境优劣片区划分、城市通风廊道识别	建筑日照通风、小型景观气候	街道舒适性、绿视率、绿荫遮阳、声景观、建筑日照	建筑能耗、微观环境
行为活动数据	交通轨迹与出行(强调度型及流速与轨迹)	公交地铁刷卡、滴滴、出租车、车载GPS、手机信令、城市热力图	城市出行OD分析、城市主要人流聚集点、区域可达性	交通发生吸引强度、人流大小、可达性	人与车的交通流量	访问交通量和人流、可达性
	活动(强调类型及分布)	普查人口、企业、手机、微博、签到、公交卡、位置信令、百度热力图、高分辨率航拍图	总体分布特征(城镇建设用地内)各等级活动所占面积比例、人口/就业密度体现的多中心性、联系所反映的多中心性、平均通勤时间/距离、各种出行方式比例	(不同时段的)活动密度、微博密度、点评密度、签到密度、就业密度、热点地块、通勤时间/距离、活动分布特征、内部联系特征	(不同时段的)活动密度、与之产生联系的街道(各类型)、限速、交通流量	活动分布特征(交叉型/远又近中间)
	活力(强调度与质量)	街景评分、点评、手机、位置照片、微博、房价等	平均心情、整体意象、整体活力、幸福感	平均心情、平均消费、市井活力、意象、风貌特色、活力、平均房价、居住隔离程度	平均消费价格、好评率、貌特色、活力、平均房价	访问量评价

10.4.2 借鉴其他优秀的城市，创造场地的未来

对优秀城市的设计进行案例分析，提取优秀基因和场地要素，也是 DAD 的应用思路之一。方法论框架构建分为三个步骤：第一步，基于新数据环境，对所选案例城市进行城市建成环境的分析，提取空间维度的指标并进行量化后，作为城市基因添加到每一类基因库中；第二步，针对规划城市，将每一类基因库中适合的城市基因组合到规划城市中，并根据规划城市的现状和规划条件灵活调整；第三步，当规划方案完成后，对规划城市空间进行量化评估，并与规划城市的现状和案例城市相应的指标进行综合比较。此方法曾应用于北京副中心通州新城及雄安新区的设计研究中。

在北京副中心通州新城的设计中，研究选取世界大城市周边城市开发方案如日本横滨市区、荷兰新城阿尔梅勒、巴黎马恩拉瓦莱三个城市作为研究案例，通过对其交通组织、街阔尺度、开放空间、建筑密度与形态及城市功能分布等方面的特征总结及模式提取，以及相应指标的量化计算，提取抽象模式，对方案的路网形态生成、新城组团形态生成、总体功能布局等提供借鉴参考（详见第 16 章 16.3.2 节）。

在雄安新区的设计中，案例借鉴分为三个部分的内容：国内外大城市案例借鉴、国内外典型城市片区分析、中国城市形态分析。

1. 国内外大城市案例借鉴

在国内外大城市案例借鉴中，研究选择新加坡、伦敦、巴黎、东京、柏林、三藩六个国外城市及北京、上海、广州、深圳、成都、杭州六个国内城市作为分析对象，分析其平均地块面积、路网密度、平均建筑密度、平均层数及平均容积率等指标，归纳提取借鉴标准（图 10-6）。

2. 国内外典型城市片区分析

在国内外典型城市片区分析中，研究针对中心区、居住区、创新学镇、科技园区四种典型片区选取不同的国内外案例，比较其片区面积、用地面积、平均地块面积、路网密度、平均建筑密度、层数、容积率等指标，总结典型片区的一般规律与差异性，为雄安新区的设计提供借鉴（图 10-7）。

3. 中国城市形态分析

在中国城市形态分析中，研究将国内北京、上海、天津、广州、沈阳、深圳、成都、长春、郑州、武汉等城市作为研究对象，将其建筑层数、建筑布局形式等进行聚类分析，归纳出中国城市主要由多层和低层围合式的地块构成，中国城市形态呈"少数极端且独特性强、多数平均且差异性小"等特征。并对其功能混合、社会活力、经济活力、城市中心演变及其形态等进行城市画像，对雄安新区功能混合和用地布局提出相关建议（图 10-8）。

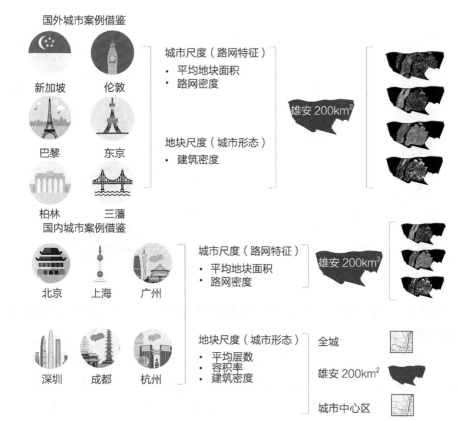

图 10-6 国内外大城市案例借鉴

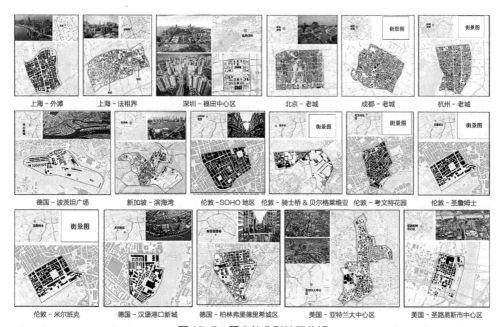

图 10-7 国内外典型片区分析

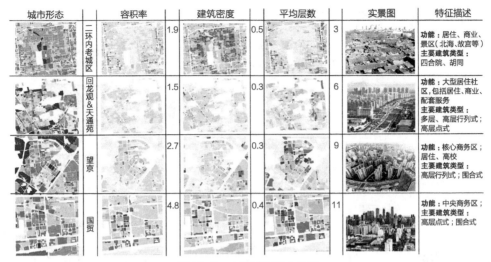

城市形态		容积率		建筑密度		平均层数		实景图	特征描述
	二环内老城区		1.9		0.5		3		**功能**：居住、商业、景区（北海、故宫等） **主要建筑类型**：四合院、胡同
	回龙观&天通苑		1.5		0.3		6		**功能**：大型居住社区，包括居住、商业、配套服务 **主要建筑类型**：多层、高层行列式；高层点式
	望京		2.7		0.3		9		**功能**：核心商务区；居住、高校 **主要建筑类型**：高层行列式；围合式
	国贸		4.8		0.4		11		**功能**：中央商务区； **主要建筑类型**：高层点式；围合式

图 10-8　中国城市形态分析

10.4.3　超越目前建成环境，拥抱当下最先进的技术和未来短期内实现的技术，创造场地的未来

当代信息及技术的发展不断地影响人们居住、工作、交通、游憩的方式及载体，DAD 设计是面向未来的设计，拥抱当下最先进技术和未来短期内可以实现的技术，如无人机、无人驾驶、智能物流、VR 技术、人工智能、共享技术、各类传感器等，创造场地的未来。此概念体现在 2017 年义龙未来城市国际设计竞赛的 "The Next Form of Human Settlement" 方案中，该方案通过梳理城市思潮的更新历程，整理三百年来影响人居环境及形态的技术发明，预见人类未来发展趋势及特征，并通过模块化设计对区域、系统、建筑等进行概念设计。

1. 技术史之眼

首先，该方案整理出所有 1700 年以后对人居形态影响显著的技术发明，并观察了三百年来的人居形态的演变过程，得出结论：人类迄今经历了两种典型的人居形态，分别为农业人居和城市人居，两种形态的典型区别是建造技术的成熟、混凝土的使用、电梯的出现、汽车的普及等使得路网、高度的建筑成为主要城市骨架和城市元素。因此可以预见无人驾驶、智能物流、VR、无人机、人工智能、共享技术等一系列对城市形态产生巨大影响的新技术正在迅速成熟起来，加速人类迈进下一人居形态的历史进程（图 10-9）。

2. 新规则

然后，该方案根据对当代技术演变趋势、人类思想的转变以及人居形态的演变过程的研究与分析，提出未来人居的新编码是智能和网络。随着人口和新科技的发展，未来人居体现为四个方面：①无人驾驶汽车将变为未来人居的基础功能单元；②人类可以在 20m 范围内做大多数的生活起居及工作活动；③城市作为一个整体成为未

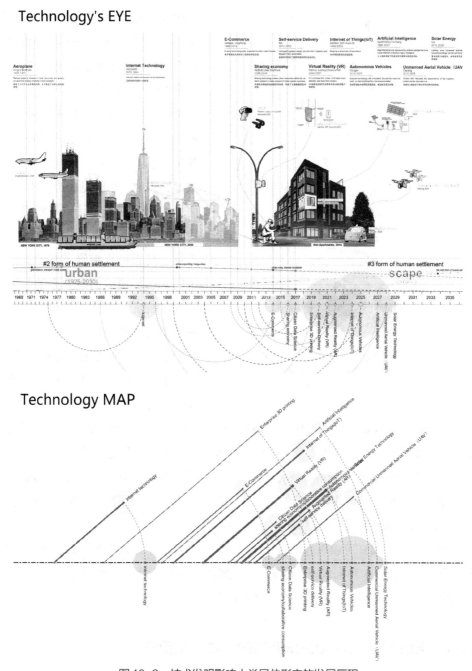

图10-9　技术发明影响人类居住形态的发展历程

来人居的基础设施；④人们将意识到生态系统不再重要，而生态体验将成为人类生活的重要方式（图10-10）。

　　3. 议题

　　最后，该方案根据未来人居的四个特征生成设计方案。背景——基于新的城市编码，该方案保留了更多优先权给当地的生态景观、人文景观、历史风貌，能有更

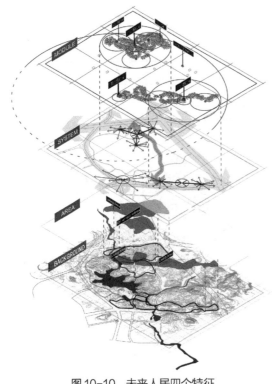

图 10-10　未来人居四个特征

多的空间来涵养、保存场域特有的风貌与气质。区域——基于背景，该方案将地区依据其功能与特性划分为不同个性的区域，例如居住区、娱乐区、生态区。再依据区域设定模块中居住形态与自然形态的比例及各项系统的编排。系统——新的城市编码中，系统是作为编排模块的公式，包括了云计算基础设施、功能流系统，以及人居系统云计算系统，是新城市编码最基础支撑，帮助人居环境空间有效率的利用，以有效缩减人居范围，功能流系统则是负责安排、运送所有功能块。人居系统则是首先定义并规范了人居范围，依照其范围大小分类别，其尺度由小到大依次为：Neighbor、Community、Township、City、Metropolitan。模块——未来人居环境因应技术，所有功能都可以借助无人机、无人驾驶而流动，人不再需要大量长途跋涉或借助交通工具来移动至目的地，而是借由模块将功能直接传达至人的居住地。因此设计了标准化、模块化的功能块，以承载各种功能，以及固定的模块，其中分为以作为移动模块集中中心的 Hub 和人类居住单位 Home（图 10-11）。

整体来讲，DAD 可以通过增强设计者对场地的理解、提供案例借鉴新思路、拥抱当下最先进的技术和未来短期内实现的技术等方式推动对场地未来的创造性设计，由此可见，DAD 是面向未来的规划设计新方法论。

10.5　国内外 DAD 相关研究机构、中心及团队

近年来，不断涌现的可以运用于城市规划及设计的一系列新技术和新数据，给城市规划研究及设计人员提供了更多思路及视角。虽然这些新的技术和数据起源各异，关注点各有不同，但其技术方法的原型早在 20 世纪下半叶就已出现。国内外与 DAD 相关的研究机构、中心及团队层出不穷，为数据在城市规划及设计中的应用方向带来多样的新可能（Townsend，2015）（表 10-5）。

Background
along with different forms of human settlement

基于新的城市 Code，我们保留了更多优先权给当地的生态景观、人文景观、历史风貌，能有更多的空间来涵养、保存场域特有的风貌与气质。

Area
along with different forms of human settlement

基于 Background，我们将地区依据其功能与特性划分为不同个性的 Area，例如居住区、娱乐区、生态区。再依据 Area 设定 Module 中居住形态与自然形态的比例，以及各项系统的编排。

System
along with different forms of human settlement

新的城市 Code 中，System 就是作为编排 Module 的公式，包括了云计算基础设施，功能流系统，以及人居系统。
云计算系统是 New City Code 的最基础支撑，它帮助了人居环境空间更有效率的利用，以有效缩减人居范围。
功能流系统是负责安排、运送所有 Functional Cubes。
人居系统则是首先定义了并规范了人居范围，再加以依照其范围大小分类，其尺度由小到大依序为：Neighbor、Community、Township、City、Metropolitan。

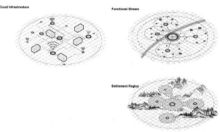

Module
along with different forms of human settlement

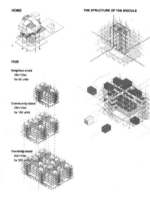
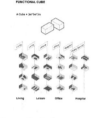

我们设想未来的人居环境因应技术，所有功能都可以借助无人机、无人驾驶而作流动，人不再需要大量长途跋涉或借助交通工具来移动至目的地，而是藉由模块将功能直接传达至人的居住地。因此设计了标准化、模块化的 Functional Cubes，以承载各种功能，以及固定的模块，其中又分以作为移动模块集合中心的 Hub 和人类的居住单元 Home。

图 10-11 议题四要素

国内外 DAD 相关研究机构　　　　　　表 10-5

国外/国内	典型研究机构	代表性的研究项目
国外研究机构	新加坡未来城市实验室（Future City Laboratory）（http://www.fcl.ethz.ch/research/responsive-cities/big-data-informed-urban-design.html）	大数据城市设计项目（Big Data Informed Urban Design）：通过建立城市大数据分析框架形成交互性的规划设计支持系统，包括城市现状精细化分析、空间环境和行为关系研究、不同设计方案的评价等
	美国麻省理工学院市民数据设计实验室（MIT Civic Data Design Lab）（http://civicdatadesignlab.mit.edu/）	①"实时新加坡"项目：反映城市活动的实时数据开放平台，具有采集、分类、细化数据功能，方便公众掌握城市及环境的全方位实时数据。②"Cityways"项目：通过运动定位功能程序收集了旧金山和波士顿数千居民一年内的运动轨迹，包括数十亿个坐标点。根据这些轨迹数据，可以发现居民的活动类型、热量消耗、睡眠时间。通过分析这些数据，可以了解影响居民休闲活动的因素，如天气、城市形态、地形、交通、绿地等

城市规划大数据理论与方法

国外/国内	典型研究机构	代表性的研究项目
国外研究机构	美国麻省理工学院城市感知实验室（MIT Senseable City Lab）（http://senseable.mit.edu/）	①地下城市项目（Underworld）：通过城市地下水系统环境数据分析城市公共卫生状况，支撑健康城市规划措施；②出租车数据分析项目（Hubcab）：通过分析纽约出租车数据，提出道路共享设计方案；③城市感知项目（Sense and the City）：通过获取多源数据记录柏林市公共空间一日24小时建成环境和人群活动数据，分析空间使用状况
	美国麻省理工学院媒体实验室（The MIT Media Lab）（https://www.media.mit.edu/）	在线大数据可视化工具"数据美国"，实时分析展示美国政府公开数据库（Open Data）
	美国哥伦比亚大学城市规划空间信息实验室（Columbia University Urban Planning Spatial Information Lab）（http://c4sr.columbia.edu/projects）	①利用大数据构建纽约健康城市分析网格；②分析纽约公共自行车的轨迹数据，优化投放站点设计
	美国哈佛大学大数据与智慧城市中心（Harvard Data-Smart City Solutions）（http://datasmart.ash.harvard.edu/）	分析城市基础设施和交通、健康、公共安全数据，提供多样城市规划优化措施
	日本东京大学空间信息科学中心（Center for Spatial Information Science）（http://www.csis.utokyo.ac.jp/english/index.html）	基于大数据研发各类城市模型，分析城市空间信息并优化规划设计决策
	英国剑桥大学马丁中心（Martin Centre,U Cambridge）（https://www.martincentre.arct.cam.ac.uk/）	①基于大数据建立土地利用和交通一体化模型，进行规划设计方案选择和评价；②基于大数据建立建筑和基础设施供需分析模型，应用于英国南部城市的案例分析
	美国加州大学伯克利分校城市模拟实验室（Urban Sim）（http://www.urbansim.com/）	城市与交通一体化模拟项目（Urbansim）：利用多源数据通过建立土地利用和交通一体化模型支持规划与设计决策
	英国牛津互联网中心（OII Oxford Internet Institute）（https://www.oii.ox.ac.uk/）	基于城市社交网络信息大数据，提供规划设计决策基础
	澳洲昆士兰科技大学城市信息中心（QUT Urban Informatics Centre）（https://www.urbaninformatics.net/）	增强城市模型项目（Augmented City Model）：运用增强现实（Augmented Reality）技术对城市建成环境和人流数据进行可视化和分析，或对规划设计方案进行模拟
	伦敦大学学院高级空间分析中心（Centre for Advanced Spatial Analysis）（https://www.ucl.ac.uk/bartlett/casa/）	智能城市与城市分析（MSc Smart Cities and Urban Analytics）：利用数据和科技创新解决城市基础问题，空间科学和可视化 MRes Spatial Data Science and Visualisation：研究关于地形、空间、地址、和建筑环境的电脑技术

续表

国外/国内	典型研究机构	代表性的研究项目
国外研究机构	圣塔菲研究所（Santa Fe Institute Cities）（https://www.santafe.edu/newcenter/）	城市规模和可持续性项目
	伦敦大学帝国理工学院英特尔可持续互联城市协作研究所（Inter Collaborative Research Institute for Sustainable Connected Cities）（http://2012.cities.io/）	利用不可视的城市（Harnessing the Invisible City）：发展可以可视化城市中不可视信息流的服务、设备去帮助人们做日常生活中的决定；城市平台（City as a Platform）：利用传感器去建立成功的城市网络管理系统
	纽约大学城市科学与进步中心（Center for Urban Science and Progress）（http://cusp.nyu.edu/）	城市信息学：获取、集成和分析数据以了解和改善城市系统和生活质量
	芝加哥大学城市计算和数据中心（Center for Urban Computation and Data）（https://www.urbanccd.org/#urbanccd）	物质排列（The Array of Things）：是一个网络的互动性，模块化的传感器盒，收集关于城市的环境、基础设施和活动的实时数据；PLENARIO：一个城市的数据网络基础设施平台，里面包含了对于政府提供的数据的访问、下载和可视化
	国立梅努斯大学可编程城市项目（Programmable City Project）（http://progcity.maynoothuniversity.ie/about）	可编程城市（The Programmable City）：研究网络数字技术与基础设施、城市管理和治理以及城市生活之间的关系
	代尔夫特理工大学瓦格宁根大学阿姆斯特丹都市高级解决方案研究所（Amsterdam Institute for Advanced Metropolitan Solutions）（http://www.ams-institute.org/）	设计未来的城市（Engineering the future city）：核心是城市、能源、废物、食品、数据和流动等城市主题的应用技术，以及这些主题的集成
	华威大学跨学科方法中心（Centre for Interdisciplinary Methodologies）（https://warwick.ac.uk/fac/cross_fac/cim/about/）	数据和数字的应用
	格拉斯哥大学城市大数据中心（Urban Big Data Centre）（http://ubdc.ac.uk/）	共享和多式联运规划运作的综合城市信息学（Integrated Urban Informatics for Shared and Intermodal Transport Planning and Operations）：测试城市关于规划和运作的大数据潜力
	马德里理工大学城市科学（City Sciences）（http://www.citysciences.com/）	城市模拟与参数城市化三维框架
	卡内基梅隆大学智慧城市机构（Metro21:Smart Cities Initiative）（https://www.cmu.edu/metro21/）	研究、开发和部署（Research, Develop and Deploy）：找到解决城市问题的方案并测试他们在"真实世界"实验室中的可行性和可扩展性

续表

国外/国内	典型研究机构	代表性的研究项目
国外研究机构	伊利诺伊大学数字化空间分析研究实验室（包括 CyberGIS Center、CIGI 以及 STARLab）（http://cybergis.illinois.edu/）	①大数据算法的非确定性研究：研究提出"算法驱动的城市研究"，以突显必须关注算法对于研究内容、可靠性、社会意涵的影响；②芝加哥—北京城市近郊空间形态与活动空间比较研究：与北京大学合作开展了基于时空数据分析的城市结构比较研究，研究中普遍采用了个人定位服务、时空棱柱等数字化方法；③时空活动与空间污染的关联研究：关注城市空气污染浓度与个人时空运动模式之间的关联性
	俄勒冈大学城市设计实验室（UDL:Urban Design Lab）（https://blogs.uoregon.edu/urbandesignlab/）	①"参数化场所"（远程分析课程）；②"生活城市的适应：巴塞罗那城市设计"（现场分析课程）；③"基于大数据的城市设计"（现场分析与设计课程）
	美国东北大学城市信息程序（Urban Informatics Program）（https://www.northeastern.edu/cssh/policyschool/urban-informatics/）	使用数据了解城市的运作，它提供了包括数据分析、数据挖掘、机器学习和数据可视化在内的数据分析核心技能的综合性最先进的培训
国内研究机构	北京清华同衡规划设计研究院数字城市研究所（Tsinghua Urban Planning & Design of Digital City Institute）（http://dcrc.thupdi.com/）	数字城市、三维地理信息以及相关技术的专业研究
	中国城市规划设计研究院（China Academy of Urban Planning & Design）（http://www.caupd.com/）	建立百度地图慧眼中规院联合创新实验室，建设国家智库
	北京市城市规划设计研究院（Beijing Municipal Institute of City Planning & Design）（http://www.bjghy.com.cn/）	数字规划：城乡规划现状综合分析模型建设
	江苏省城市规划设计研究院（Jiangsu Institute of Urban Planning and Design）（http://www.jupchina.com/）	区域格局分析性、市域城镇关系、城市空间结构、城市活力宜居
	中国科学院深圳先进技术研究院（Shenzhen Institute of Advanced Technology,Chinese Academy of Science）（http://www.siat.ac.cn/）	开放实验室：数据处理、数字城市、人脸识别等
	北京城市实验室（Beijing City Lab）网站及公众号（https://www.beijing citylad.com/）	定量方法进行城市研究包括数据增强设计、收缩城市、城市形态、城市社会网络、规划支持系统等

续表

国外/国内	典型研究机构	代表性的研究项目
国内研究机构	城市数据派（Urban Data Party）（www.udparty.com）	专业的城市大数据媒体和知识服务平台。关注点：大数据、新数据、新技术、智慧城市、城市与交通规划、信息化
	盛强团队数据化设计（微信号：数据化设计）	推广大数据时代以空间句法分析为基础的建筑与城市设计研究及教学
	北京城市象限科技有限公司（app.Urbanxyz./login.html）	人迹地图：时空间行为分析平台
	清华大学龙瀛团队	数据增强设计、收缩城市、城市空间品质
	东南大学杨俊宴团队	城市场景高颗粒度要素识别谱系建构与设计应用，大数据在城市设计中的应用模型
	同济大学王德团队	基于手机数据的空间行为模拟及分析
	南京大学甄峰团队	大数据在城市规划及智慧城市研究的应用

参考文献

[1] Hall P., Tewdwr-Jones M. Urban and regional planning[M]. London：Routledge，2010.

[2] Wilson，A. The science of cities and regions：lectures on mathematical model design[M]. New York City：Springer，2012.

[3] （美）凯文·林奇. 城市意象[M]. 方益萍，何晓军，译. 北京：华夏出版社，2001.

[4] 牛强，胡晓婧，周婕. 我国城市规划计量方法应用综述和总体框架构建[J]. 城市规划学刊，2017（01）：71-78.

[5] Townsend A M. Making sense of the new urban science [EB/OL]. http：//www.citiesofdata. org/wp-content/uploads/2015/04/Making-Sense-of-the-New-Science-of-Cities-FINAL-2015.7.7.pdf.

第 11 章

基于公交卡大数据的
城市空间研究

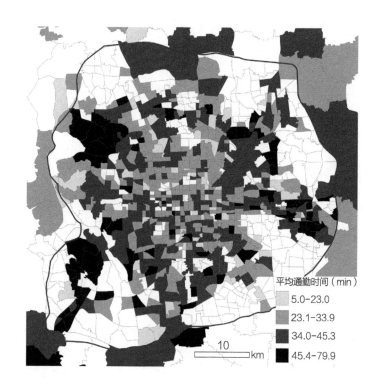

平均通勤时间（min）

5.0-23.0

23.1-33.9

34.0-45.3

45.4-79.9

10 km

公交卡大数据是乘客每日使用公交车和地铁产生的数据，一般记录了持卡人的识别号（ID）、卡类型、上下车详细时间和线路，车站编号等信息。本章完整地梳理了利用公交卡数据进行分析时所需要的数据处理、数据分析和数据可视化的方法，并且介绍了目前科研领域对公交卡大数据的广泛应用。

11.1 数据形式

11.1.1 Smart Card Data 数据

SCD（smart card data）数据指的是公交 IC 卡刷卡数据。这种数据的特点是数据量大，有丰富的地理位置和时间信息，但不包含个人隐私信息。表 11-1 展示了北京 2008 年公交卡大数据的数据样本结构。其中，最主要的数据区别在于，路线种类分为一票制和非一票制。

1. 一票制

其一为短距离的一票制线路，乘客仅在上车时刷卡，下车则不刷卡。这种方式仅能识别出上车时间，而非上下车具体地点信息。对于此种数据的空间识别，需要通过公交车车载 GPS 和其他相关数据推算来完成。

2. 非一票制

其二为分段计价线路，即乘客上下车均要刷卡。这类 SCD 数据则记录了持卡人的完整刷卡时空信息，是本章节的主要解析对象。虽然一票制线路只有部分出行信息，难以识别职住地，但一票制线路不会影响两次分段计价线路之间乘坐一票制线路这

SCD 数据结构 表 11-1

种类	变量	数值例子
公交卡信息	公交卡识别号 ID	"10007510038259911" "10007510150830716"
	公交卡类别	1, 4
路线信息	路线识别号 ID	602, 40, 102
	路线种类	0, 1
	驾驶员识别号 ID	11032, 332
	车辆识别号 ID	111223, 89763
行程信息	交易序号	25, 425, 9
	出发日期（年-月-日）	2008-04-08
	出发时间（时-分-秒）	"06-22-30", "11-12-09"
	出发站点	11, 5, 14
	到达时间（时-分-秒）	"09-52-05", "19-07-20"
	到达站点	3, 14, 9

注：路线种类中，0代表一票制路线，1代表非一票制。公交卡类别中，1-4分别表示普通、学生、职工、和月票。

交易序号中的数字体现了一张公交卡自发行以来的公交车和地铁累计出行次数总和。

种情况的识别结果。

本节的案例为 2008 年 4 月北京市完整一周（周一至周日）的 SCD 刷卡记录。其中不包括祥龙公司的运通线路和轨道交通数据。记录涵盖的基本信息包括：每个持卡人刷卡的时间和地点（其中地点以线路号和站点号表示）、卡类型（普通卡、学生卡或工作人员卡等）、交易序号（表示持卡人累计刷卡次数）、司机编号和车辆编号等。该一周数据共有 77976010 次刷卡记录，对应 8549072 张一卡通，因此可估算每卡日均使用约 1.30 次。

笔者将 SCD 从时间和空间两个维度进行展示。对于时间维度，一周内每天的总刷卡次数如图 11-1（a）所示。工作日（周二）和周末（周六）各时段刷卡次数如图 11-1（b）所示（以上车时间计）。二者差别较明显，平日早晚高峰突出，周末早晚高峰与中间时段的平峰刷卡量较为接近，且多数公交出行分布在 6：00-22：00。对于空间维度，公交出行密度被总结到交通分析小区（Traffic Analysis Zone, TAZ, 详情会在 11.2.2 节展开），如图 11-1（c）所示，中心城的公交出行密度显著高于周边地区。

11.1.2 辅助数据

除 SCD 数据外，公交卡的研究还有赖于几种辅助数据来帮助识别职住关系，出

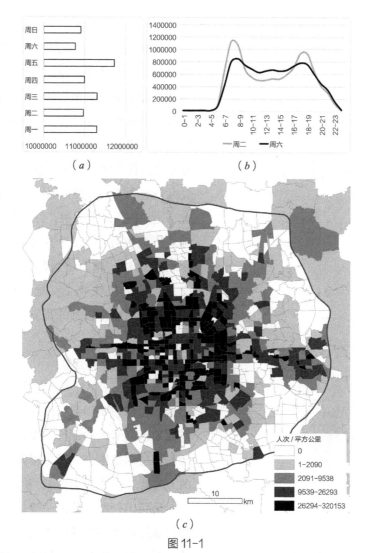

图 11-1

（a）一周内每天的总刷卡次数；（b）周二和周六各时段刷卡次数；（c）北京各 TAZ 公交出行密度

行人的特征等规律。这几种数据包括并不限于公交线路，站点和交通分析小区，土地使用现状，和居民出行调查数据。

1. 公交线路、公交站点和交通分析小区（TAZ）

公交线路在地理信息数据中属于线状数据，而公交站点属于点状数据。在 SCD 研究中，这两个数据的地理信息系统（GIS：Geographical Information System）图层用于将 SCD 进行空间化（geocoding），定位 SCD 数据产生的地点。北京市在 2008 年 4 月时共有 600 多条公交线路（按上下行计算共计 1287 条，其中一票制 566 条，分段计价线路 721 条，见图 11-2（a）），共有约 3.7 万个公交站点（见图 11-2（b））。为分析方便，北京市域被划分为 1118 个交通分析小区（TAZ：Traffic Analysis Zone），如图 11-2（c）所示。

图 11-2
（a）北京市公交线路；（b）公交站点；
（c）交通分析小区（TAZ）

2. 土地使用现状图

地块（parcel）级别的土地使用现状图也是必要的数据信息，是用于识别居住地和就业地的重要依据之一。该图层一般包含每个地块的土地使用功能和建筑面积属性。于是根据这些属性，可以假设居住地来自居住类地块，而就业地则来自商业、公共设施和工业等类型地块。在 2007 年的北京土地使用现状图中，总共有 133503 个地块，其中有 29112 个居住地块和 57285 个就业地块。该图层将用于计算每个公交站点作为居住或工作地的概率，以处理使用一周数据得到的重复性结果（详见11.2.3 节）。

3. 居民出行调查数据

由于公交卡信息是不包含个人信息的，而这项分析需要用到居民特征信息来估算不同地区刷卡人的特征，需要借助一些有居民信息的数据来完善数据库。一个主要的方式就是利用"居民出行调查数据"。

居民出行调查数据一般是由城市交通部门通过调查问卷的形式向市民抽查得到的。调查采用出行日志形式，对于每次出行，调查数据包括出发时间 / 地点，到达时间 / 地点，出行目的和方式，还有其他诸如出行距离、目的地类型和公交出行线路编号等信息。调查中也包含住户和个人信息。住户信息包括家庭规模、户籍情况、居住地和家庭收入等，个人信息包括性别、年龄、工作类型和地点、是否有驾照或者公交月卡等。本章利用 2005 年的居民出行调查数据（以下简称"2005 年调查"）来支持 SCD 的数据挖掘工作。该调查涵盖了北京市 18 个区（县）共 1118 个 TAZ 的基础地理数据（和图 11-2c 中的 TAZ 一致）。调查规模为 74839 户，被调查人数为 191835 人，抽样率为 1.36%。

11.2　数据处理

11.2.1　预处理和数据模型

SCD 存储了刷卡的原始数据，要基于该数据分析职住关系，需要进行必要的预处理。首先利用公交站点 GIS 图层，基于刷卡记录对应的线路和站点信息，对 SCD 进行空间化；然后将每个持卡人连续一周的刷卡记录进行合并，得到每个持卡人一周的公交出行日志，记录了所有公交出行的起始时间、起始地点和卡类型等信息。

根据分析的需要，接下来要指定数据模型。在此案例中的数据能够体现出发地点、出发时间、到达地点和时间等关键信息，于是构建了两种数据模型用于表达预处理后的 SCD：出行（TRIP）数据模型和"地点—时间—时长（PTD：Position-Time-Duration）"数据模型。

对于 TRIP 数据模型，SCD 中的一次出行，代表了持卡人一次上车和下车的乘车过程，一次出行可以表达为出发地点（OP）、出发时间（OT）、到达地点（DP）和到达时间（DT）的集合，TRIP = {OP，OT，DP，DT}。而 PTD 数据模型可由 TRIP 数据模型转换得到，PTD = {P，t，D}，其中 P 代表一个公交站点，t 代表在地点 P 的开始时间，D 代表地点 P 的持续时间。与 TRIP 相比，PTD 数据模型更容易与时间地理学结合。关于如何将 TRIP 转换为 PTD，这里以一个例子进行说明，假设一位持卡人离开居住地（公交站 ID 为 H0）时间为 7：00，到达就业地（公交站 ID 为 J0）时间为 8：00，一天工作结束后，持卡人乘公交车于 17：00 离开就业地 J0 并于 18：00 到达居住地 H0。TRIP 数据模型为 {H0，7：00，J0，8：00} 和 {J0，17：00，H0，18：00}，转换的 PTD 数据模型则为 {H0，18：00（-1），13h}（-1 表示前一天）和 {J0，8：00，9h}，分别表示为以家庭为基点的活动和以工作为基点的活动。以家庭为基点的活动从前一天的 18：00 开始，持续 13 个小时，到次日 7：00 结束，而就业活动从 8：00 开始持续 9 个小时，到 17：00 结束。

11.2.2　基于一日 SCD 初步识别职住地

在此使用 PTD 数据模型识别每位持卡人的职住地，首先利用一日 SCD 识别，最后结合每日识别结果进行综合，给出最终的职住地。居住地和就业地的识别过程是相互独立的。对于基于一日 SCD 的居住地识别，假定首次出行的出发站点为持卡者的居住地。在 2005 年调查中，99.5% 居民的首次出行的出发地点是居住地，这和设定居住地的规则是一致的。这里需要指出的是，对于首次出行乘坐一票制公交车的持卡人，是无法识别居住地的。

为了识别就业地，需要识别乘坐公交车的就业出行。假设全职工作是一天中时间最长的活动，如果满足下面的条件，第 k 个地点的 Pk 地可以视为持卡人的就业地。

条件一：卡片类型不是学生卡

条件二：$Dk \geq 360$，即在地点 k 停留的时间大于等于 360 分钟（6 小时）

条件三：$k \neq 1$，k 不等于 1。因为 PTD 模型中，$k=1$ 指的是居住地，而居住地默认不能同时是就业地。

如果持卡人在某地停留的时间超过 360 分钟（6 小时）（首个地点即居住地除外），可认为该地是持卡人的就业地。根据 2005 年调查，27550 个被调查者（其中 210 人次中午回家休息，不计入）的平均工作时间为 9 小时 19 分钟（标准差为 1 小时 41 分钟），96% 的被调查者每天工作时间超过 6 小时，因此，以 6 小时为基准识别就业地是可行的。

需要强调的是，鉴于轨道交通数据的缺失，为了将其对分析结果的影响降到最低，可以采取如下方法：在持卡人每次刷卡的纪录中，都记录了每次对应的交易序号（顺序增加），因此如果持卡人某两次出行之间乘坐了轨道交通，则从交易序号可以识别出来（如两次公交刷卡之间的序号相差不是 1，而是 2 或者 3 等）。利用该信息，在识别居住地和就业地的过程中，从技术上进行处理，可以保证目前的识别结果去掉了轨道交通的影响。但不足之处在于，轨道交通数据的缺失，会造成识别的有效结果数量下降。

11.2.3　基于一周 SCD 最终识别职住地

持卡人在一周 7 天的每日内的识别结果差别较大，为了利用一周数据确定最终的居住和就业地，可以使用基于规则的方法（rule-based approach）和决策树（decision tree）的方法对每日的结果进行综合（图 11-4），该过程同时考虑了每个识别地的频率（即一周内识别的次数）和空间分布。由于识别这两种目的地的方法类似，在此具体讲解最终居住地的识别。

具体而言，如果只有一日有识别的居住地，那么没有充分理由认为该站点为最终居住地。如果超过一个，且所有的居住地相同，则认为该站点为持卡人最终的居住地。如果日居住地不同，将这些站点根据之间的距离进行聚类，如果两地距离小于某个阈值，则可视这两个站点为一个，即属于同一个集群（cluster）。此处将该阈值设为 500m，大约等于两临近公交站的平均距离（231 × 2=462m）。需要指出的是，如果两个站点出现频率一样，为了确定最佳的最终居住地，引入了"居住潜力（residential potential）"和"就业潜力（job potential）"概念，分别表示一个站点属于居住或就业地的概率，二者是基于土地使用现状数据计算得到的，具体见公式（11-1）、（11-2），其中 p_n^k 是站点 k 的居住潜力，p_j^k 表示站点 k 的就业潜力，基于公交站点图层生成泰森（thiessen）多边形，站点 k 的邻近地块是质心在其泰森多边形内的地块，最后将潜力指标进行归一化。

$$p_n^k = \frac{\text{地块}k\text{邻近居住地块的建筑面积}}{\text{地块}k\text{邻近所有地块的建筑面积}} \qquad (11-1)$$

$$p_j^k = \frac{\text{地块}k\text{邻近就业地块的建筑面积}}{\text{地块}k\text{邻近所有地块的建筑面积}} \qquad (11-2)$$

如果存在多个集群且每个集群内只有一个站点，便无法确定最终的居住地。如果存在唯一的集群包含数量最多的站点（最大集群），可认为该集群的最高频率站点为最终的居住地。其他情形详见图 11-3。

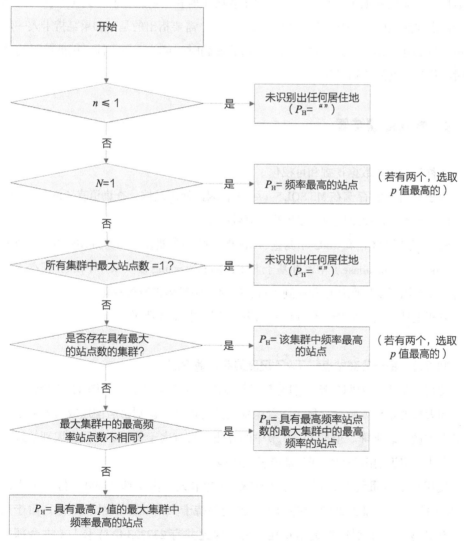

图 11-3 基于一周 SCD 识别最终居住地的决策树

注：n 代表一周内每位持卡人的识别居住地数量，N 是每个集群的数量，P_H 是居住地。
决策树中未考虑识别居住地的顺序。p 是一个居住地的居住潜力。

同理，识别最终就业地的方法与最终居住地的识别基本相同，只需将决策树中的"居住"变为"就业"即可。需要指出的是，在确定最终居住和就业地的过程中，使用的是完整一周的数据，而非仅仅考虑工作日。

11.2.4　基于职住地识别通勤出行

基于识别出的最终职住地，使用 TRIP 数据模型识别从居住地到就业地的通勤出行。通勤距离可以通过公交站点 GIS 图层生成的公交线路网络距离计算，同样也可以计算职住地之间的欧氏距离。通勤时间是指在居住地上车和在就业地下车之间的时长。对于一位持卡人，如果满足如下三个条件，①一天中首次出行的上车地点为居住地；②就业地出现在一日出行中；③居住地和就业地在同一天（在同一集群中的站点视为相同），则可以成功识别通勤出行。需要指出的是，如果某持卡人一周内可识别的通勤出行超过一次，则一周内的通勤时间可能有所不同，因此将平均通勤时间作为最终的通勤时间。

11.3　数据处理结果

两种工具进行数据挖掘和可视化：

由于原始 SCD 存储在 MS SQL Server 中，因此使用结构化查询语言（SQL）进行数据预处理和数据模型生成，以提高运算效率；

将处理过的 SCD 和 2005 年调查、GIS 图层统一存储在 ESRI ArcGIS 的空间数据库（personal geodatabase）中，并基于 ESRI Geoprocessing 模块采用 Python 脚本语言进行开发，用于识别职住地和通勤出行，并对通勤雏形进行可视化。

基于上述工具，分析过程和研究结果一览如图 11-4 所示。

11.3.1　基于公交站点和 TAZ 尺度的职住地识别

使用一周数据的职住地识别是基于每日的识别结果开展的。图 11-5 给出了具有不同天数的持卡人数量，显示随着识别天数的增加，识别出居住地或者就业地的持卡人数量显著下降。根据 11.2.3 节中的方法，只有大于等于 2 天具有识别结果的持卡人才有望识别出最终的居住地或者就业地。

使用周数据最终分别识别出 1045785 位持卡人（占全部 8549072 位持卡人的12.2%）的居住地和 362882 位持卡人（占全部持卡人的 4.2%）的就业地。由于居住地和就业地的识别过程是相互独立的，因此共有 237223 位持卡人（占全部持卡人的 2.8%）的居住地和就业地均被识别。最后将识别结果在 TAZ 尺度上汇总（图 11-6）。

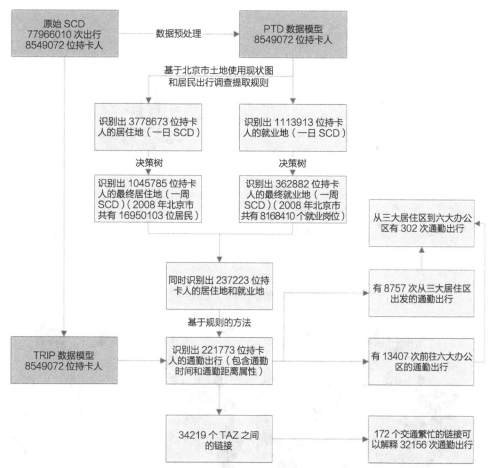

图 11-4　基于 SCD 识别居住地、就业地和通勤出行的过程和结果概览

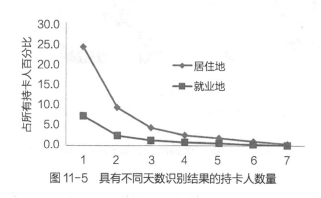

图 11-5　具有不同天数识别结果的持卡人数量

11.3.2　通勤出行识别

在 237223 位既有居住地和就业地的持卡人中，识别了 221773 位持卡人的通勤出行。平均通勤时间是 36 分钟，标准差是 24.2 分钟。平均通勤距离（欧氏距离）为 8.2km，标准差为 7.0km。将识别的通勤出行根据居住地在 TAZ 尺度进行汇总，得到不同 TAZ 的平均通勤时间和距离（图 11-7（a）和（b））。同外围地区相比，

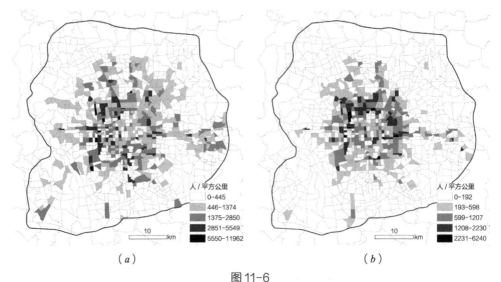

图 11-6

（a）北京市中心区识别的居住密度图；（b）北京市中心区识别的就业密度图

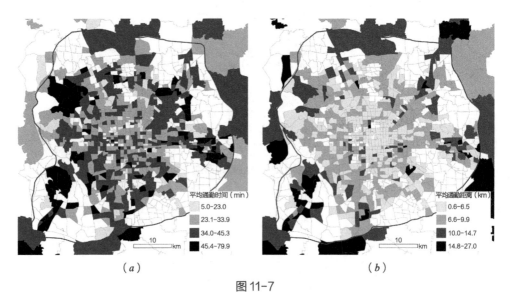

图 11-7

（a）北京市中心区各 TAZ 的平均通勤时间；（b）北京市中心区各 TAZ 的平均通勤距离

中心地区平均通勤时间和距离较短。通勤距离分布的圈层结构印证了北京市的单中心城市结构。

与 2005 年调查的对比情况见表 11-2。在 2005 年调查中，6651 名被调查者（占识别结果的 3%）乘坐公交车出行，笔者进行了如下三方面的对比分析：

（1）2005 年调查显示，平均通勤时间为 40.5 分钟（标准差为 23.1），平均通勤距离为 8.4km（标准差为 8.3km），与本文研究结果基本吻合；

（2）对比通勤时间和距离的累积分布函数（Cumulative Distribution Function，CDF），见图 11-8，由于 2005 年调查是凭被调查者的记忆获取的，因此数据是离散的，

**对比本研究分析案例和 2005 年调查中的通勤出行的
时间和距离（区县尺度）**　　　表 11-2

区域		本文结果			2005 年调查			本文结果 / 2005 调查	
		数量	时间（min）	距离（km）	数量	时间（min）	距离（km）	时间比率	距离比率
中心城区	东城区	4179	35.1	6.5	31.7	37.7	5.8	0.93	1.12
	西城区	9145	33.7	7.1	467	35.2	6.3	0.96	1.13
	崇文区	3762	39.8	7.6	276	37.6	5.8	1.06	1.31
	宣武区	4377	36.6	8.2	432	40.3	6.9	0.91	1.19
	朝阳区	66918	37.2	7.5	2031	42.7	8.7	0.87	0.87
	海淀区	48888	35.7	7.3	1277	39.8	8.0	0.90	0.92
	丰台区	32170	38.6	9.0	678	46.6	9.9	0.83	0.91
	石景山区	4561	34.3	7.6	31.3	30.3	6.2	1.13	1.21
近郊区	昌平区	13035	36.5	8.8	202	47.4	11.1	0.77	0.79
	通州区	10400	38.4	10.1	181	40.9	12.8	0.94	0.79
	大兴区	9455	38.9	9.1	94	40.1	10.1	0.97	0.91
	房山区	3057	47.4	15.7	157	31.7	11.5	1.49	1.37
	门头沟区	1196	31.1	9.9	113	36.7	9.1	0.85	1.08
远郊区	怀柔区	299	44.3	12.5	8	28.8	11.6	1.54	1.08
	密云区	149	43.7	13.1	7	34.6	16.1	1.26	0.82
	平谷区	730	43.8	15.7	8	42.5	23.8	1.03	0.66
	顺义区	5497	34.3	10.0	80	39.5	14.1	0.87	0.71
	延庆区	254	36.8	12.1	10	56.0	41.9	0.66	0.29

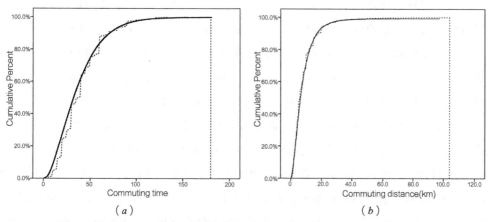

（a）　　　　　　　　　　　　（b）

图 11-8　本文的识别结果与 2005 年调查的通勤出行的累积概率分布函数对比
（a）通勤时间；（b）通勤距离。虚线：2005 年调查；实线：本文的识别结果

导致 CDF 非平滑，但是和本文的研究结果也基本重合。

（3）由于 2005 年调查的通勤人数较少，不适合进行 TAZ 尺度上的比较，因此在区县尺度上与本文研究结果进行对比。由于本案例仍沿用 18 个区的建制，所以包括 8 个中心城区，5 个近郊区和 5 个远郊区。

对比结果显示，本文的结果同 2005 年调查相似度很高，特别是通勤密集的中心城区。两者也存在一些差异，例如怀柔区的通勤时间比率为 1.54，可能是由于 2005 年调查中该区域样本数量有限造成。

为了对比和验证此研究的合理性和准确性，同时也将本案例研究结果与其他类似研究进行对比（表 11-3）。2001 年和 2007 年的通勤时间显著高于本研究结果，可能由于北京公共交通系统在 2001 至 2008 年间的改善。本案例中的通勤时间不考虑从居住地步行和骑自行车到公交车站和从公交站到就业地的时间，可能也是造成结果差异的原因之一。

其他研究中的通勤时间和距离　　　　　　　　　　　表 11-3

名称	通勤方式及年份	样本数量	平均通勤时间（min）	平均通勤距离（km）
本案例	公交车，2008	221773	36.0（24.2）	8.2（7.0）
2005 年调查	公交车，2005	6651	40.5（23.1）	8.4（8.3）
刘志林和王茂军	公交车，2007	307	46.3（N/A）	N/A
Wang 和 Chai	公交车，2001	227	55.1（30.4）	N/A
Zhao 等	公交车和轨道交通，2001	220	52.4（26.6）	N/A

注：括号里的数值为平均通勤时间和距离的标准差。

11.3.3 通勤出行的可视化

为了更好地展现北京市的通勤出行形态，此处将识别的通勤出行进行空间化，每条线代表一个通勤出行，通勤时间、通勤距离和持卡人的 ID 记录在 GIS 图层的属性中。超长和超短时间的通勤出行标注在图 11-9a 中，超过 90 分钟的通勤主要来自于新城，如平谷、密云和怀柔，而小于 10 分钟的主要来自五环内区域。为了识别北京市域的主导通勤出行方向，进一步将通勤出行在 TAZ 尺度上汇总，计算两个 TAZ 之间的通勤出行数量（本文将两个 TAZ 之间的出行定义为"链接 link"，共有 34219 个链接）。利用首/尾划分方法（head-tail division），将出行数量分为六级（图 11-9b），级别越高表示通勤出行数量越多，4-6 级对应的 175 个链接（占总链接数的 0.5%）包括 32156 次通勤出行（占比 14.8%），表示少数的路段承载了较多的出行，其主要发生于六环路内，跨越六环的情况很少，这些链接建议提供直达的快速公共交通服务。

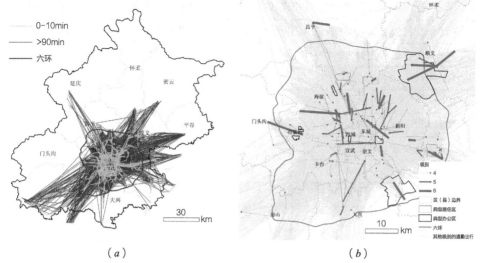

图11-9 北京市中心区的通勤形态
（a）极端出行时间的通勤出行；（b）TAZ尺度的通勤链接
注：图中箭头方向代表从居住地到就业地的方向。

由于大型居住区和过度集聚办公区的存在，北京的交通拥堵情况和长距离出行受到多方关注。为此，从识别的所有通勤出行中识别来自回龙观、天通苑和通州这三大居住区的出行，如图11-10（a）所示。前两个社区是1990年代建设的北京北部最大的两个居住区，通州地区集中了北京东部多个新建居住社区。类似地，识别去往六个主要办公区的通勤出行（图11-10（b）&（c）），这六个办公区包括中央商务区（CBD：Central Business District）、上地（IT产业园）、亦庄（北京最大的国家级工业园区）、天竺（航空港）、石景山（北京西部办公区）和金融街（金融、银行和保险业集聚的区域）。

下面将典型地区的通勤出行从时间和距离角度进行汇总并对比（表11-4）。对于来自居住区的通勤出行，TTY居民的通勤距离比TZH短，只有少数居民在南部地

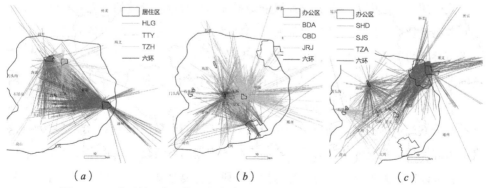

图11-10 典型地区的通勤形态（a）三大居住区；（b&c）六大主要办公区
注：HLG=回龙观社区，TTY=天通苑社区，TZH=通州社区，CBD=中央商务区，SHD=上地产业园，
BDA=北京亦庄开发区，TZA=天竺产业园，JRJ=金融街，SJS=石景山园区

来自三大居住区和去往六大办公区的通勤时间和距离对比　　表 11-4

区域	通勤时间（min）	通勤距离（km）	占所有识别的通勤出行的比例（%）
来自三大居住区的通勤出行			3.9
TZH	45.1	10.0	1.4
HLG	39.4	7.0	1.0
TTY	36.2	6.1	1.5
去往六大办公区的通勤出行			6.0
CBD	41.4	9.4	2.7
SHD	40.4	6.7	0.3
JRJ	34.9	7.1	0.5
TZA	31.6	10.0	1.3
SJS	28.4	6.9	0.3
BDA	26.6	6.4	0.8

区工作；部分 TZH 居民在新城内部就业，少数在北京西部地区就业。对于去往办公区的通勤出行，CBD 从不同地区吸引了分布广泛的就业者，使其通勤距离在所有办公区中是最长的；在 BDA 的就业者通勤时间和距离最短，可能是由于该区域是地方就业中心。除此之外，笔者还发现仅有 302 次通勤出行（占比 0.14%）是从三大居住区到六大办公区，和预期有很大差距。一个可能的原因是往来于这两类区域的多数通勤者多使用私家车出行，而非乘坐公交车。

11.4 数据的应用

11.4.1 公共交通系统运行与管理

由于用户群的庞大，公共交通智能卡系统为交通运输领域的研究者提供了前所未有的海量数据。作为一种新兴的城市大数据，SCD 在公共交通的各个层面都发挥着无可替代的作用，包括支持远期规划、服务中期应用以及分析和评价公共交通系统的即时运行状态（图 11-11）。本小节着重介绍智能卡数据在交通系统运营与管理中一些新的具有代表性的应用。

在公共交通的远期规划以及中期应用方面，智能卡数据的主要功能是帮助决策者深入理解公交系统的使用模式，从而系统地规划网络线路和建立综合公共交通模型。长久以来，关于出行者交通行为模式的研究主要是基于入户调查、出行日志和现场调查等方法。这些传统调查方法通常需要消耗大量的人力物力资源，但所得到的数据的质量和准确性一般很难保证。然而智能卡数据以其量大，时长，精准等优

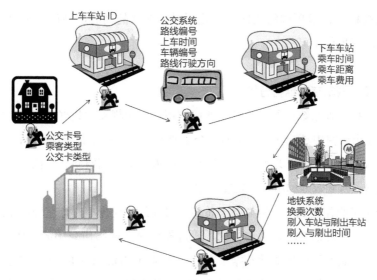

图 11-11　公共交通智能卡记录所包含的个人及出行信息

势弥补了调查数据的不足，迅速成为交通研究的先锋数据。图 11-12 展示了公共交通智能卡数据所包含的用户个人属性以及其出行信息。为了更细致地研究北京市的职住关系，建议将传统入户调查数据与智能卡数据进行结合。

　　SCD 也在研究公交需求上发挥了重要作用。相关研究例如通过研究乘客日常的出行需求变化证实了提供面向需求的公交服务的重要性，并建议公交运营者根据每天的需求特征来制定具体的运营方案（Utsunomiya 等，2006）；利用从智能卡数据中获取具有时间标记的 OD 矩阵进行地铁时刻表的优化，通过优化运行时刻表，高峰时间的需求得到分散，乘客的平均等待时间也相应减少（Sun，2014）。更具体的还有用深圳市一周地铁刷卡数据研究了一系列地铁乘客出行特征，包括出行空间分布、出行距离、出行时间、站间交通流、站间网络关系，由此来刻画轨道交通系统的时空特征（王冬根，2015）。

　　智能卡数据的短期应用价值主要体现在对公交系统的调度、运营和管理以及服务水平的评价上，对 SCD 数据的微观应用及重现。在道路交通方面，有研究曾经通过重现用户刷卡记录的方法来研究巴士的时空轨迹及占有率，也有研究利用公共交通智能卡数据重现了乘客在公共交通网络中的路径选择行为，并用这种显示性偏好数据来估计路径选择模型。相关研究还有通过上下车的刷卡记录来研究巴士乘客的上下车行为，并以此衡量了不同车型（如单层，双层和低底板巴士）对站台停滞时间的影响（Sun 等，2015）。对于闸口刷卡的轨道交通来说，由于智能卡数据的车辆信息标签缺失，很多研究也致力于解决路径选择未知时轨道交通客流分配的问题上。此外，一些学者利用智能卡数据来衡量公交系统的运行指标和服务水平。SCD 凭借着其量大质优的特点，已成为帮助解决公交管理问题的一种新兴的高精度，细颗粒的数据。与此同时，SCD 的高时空精度也为更为微观的城市空间研究提供了可能。

11.4.2　城市空间结构分析

除了支持交通系统运行与管理，如何利用这样大规模的数据理解城市的空间结构成为了城市研究中具有深层意义的一个主要课题。这一方面涉及城市计算的研究，侧重考虑从人的活动来体现城市空间结构，即人如何使用空间。以往的研究更多依赖手机数据、签到数据和出租车轨迹数据。

基于对于职住地识别，例如基于总步行时间的优化模型，计算城市中就业密度的时空分布（Medina 和 Erath，2013）。通过借鉴复杂网络研究中的社团识别方法，研究者们也开始利用个体流动数据来有效认识城市空间结构的变化。在这方面的探索中，利用跨越多年的 SCD 来对比城市空间结构在较细粒度上的变化，这点是传统数据难以实现的。

此外，城市的多中心性是城市空间结构的另一个经典命题，例如用 SCD 来评价城市的多中心性，识别的居住地和就业地的基础上，进而分别识别了城市的居住中心和就业中心；此外还可以利用轨道交通刷卡数据对城市的多中心性城市空间结构进行评价。

最后，在城市规划评价方面，可以利用包括 SCD 在内的多种大数据及小数据评价城市增长边界（Urban Growth Boundary 或 UGB）的实施效果。此外，也有研究利用 SCD 推算城市功能，分别利用公交 SCD 识别城市用地功能（Zhong 等，2014）和推导建筑功能（Han 等，2015）。

11.4.3　出行行为与社会网络

SCD 不仅在微观层面记录了每个持卡人详细的出行行为，在中观或宏观层面上也体现了用户的群体出行特征及相互关系。在宏观层面上，SCD 能够反映的持卡人出行的时空分布特征。以往这样的研究只能借助小规模的调查数据，而 SCD 为进一步丰富出行行为研究提供了可能。作为城市规划与交通研究中的热点课题，用户出行行为的研究吸引了很多研究者。这类研究的首要问题是如何利用整理完善的 SCD，探索在不同空间规模下（如一个城市，地区或一条线路）公共交通持卡人的时空动态特征——例如持卡人如何使用城市空间、是否有规律性，工作日和周末、不同小时体现的高峰、上下车密度的空间分布等。

除了基本的时空动态分析外，部分研究深入探讨了 SCD 在特定领域的应用。例如，分析出行行为与土地使用的关系；提出数据加强的算法，对个人出行行为进行了深入的多维度分析，如活动空间和位置、出发时间动态、月内活动安排以及行为规则等；分析北京持卡人的聚集特征；利用多源数据（包括手机、公交车、地铁和出租车数据）建立个人出行行为数据库来反映出行特征；探究 BRT（bus rapid transit）与非 BRT 出行的时空特征。需要说明的是，后两个研究提倡的是以人为本的城市与交通规划。作为一个交叉方向，这类研究在城市研究中初露峥嵘，吸引了社会科学和计算机科学等不同领域的学者。

为了更好地认识了解出行行为，对所有持卡人进行系统分类则变得很有必要。这方面的研究中分析并比较了公交使用者的日常公交使用行为的模式，将所有用户抽象为四个与年龄无关的行为组别。除了分析持卡人出行行为的时间分布特征，还将所有持卡人分为16类，用精细化尺度的社会经济数据来对每类人的居住地进行了评价。

基于持卡人个体的特性，研究者们还试图从 SCD 中挖掘出一般用户的行为特征，如出行行为的规律性和变化性。有研究利用超过一个月的数据研究了个体行为一致性及随时间的变化。为研究公交用户的周期性行为，有学者们从长达十个月的智能卡数据中计算了用户的规律性指标。不同于以往的假设，他们发现个体的出行在空间中并不是稳定的，而是多样且随时间变化的。此项研究也从侧面说明了城市的非平衡特性。

需要强调的是上述研究多针对全部的持卡人，而最新的研究开始将研究目标细化，关注特定的持卡人群，从而试图深入理解一些社会问题。如利用两年的 SCD 分析贫困人口并分析其居住地、就业地和通勤情况的变化；分析四类极端出行人群（早出、晚归、长距离通勤、多次公共交通）。随着人口老龄化问题的普及，也有科研工作将研究重心放在了老年持卡人群上，用一周的数据调查了老年人的出行行为。该研究发现老年人会明显地避开早晚出行高峰，而选在早晚高峰之间的时间出行（Eom 和 Sung，2011）。

除了持卡人人群的细化，一部分研究也将关注点放在一些特定的行为上。相关研究包括伦敦公交罢工期间乘客的行为选择（Batty，2012）；利用 SCD 分析伦敦的事故行为（incidence behavior）（Frumin 和 Zhao，2012）；利用 SCD 评价乘客对公交服务的忠诚度并分析了影响因素（Trépanier 等，2012）。

值得注意的是新加坡国立大学的孙立君近年来在基于 SCD 研究复杂社会现象做了较早的探索，图 11-12 分别展示了从公交车的一次运行中获得的车上所有乘客的时间相遇网络和某名乘客在一周内的"熟悉的陌生人"网络。这种复杂的身体接触网络为研究大规模的疾病传播提供了可能，并被用于流行病爆发的识别。总体上，近年来这一领域的研究正在走向精细化，如从所有人群到特定人群，从所有行为到特定行为。

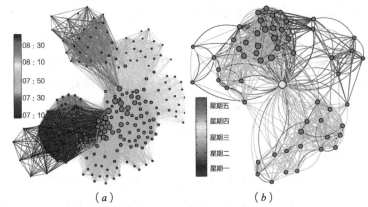

（a）　　　　　　　　　　　　　　（b）

图 11-12　在一辆公交车上的乘客相遇网络（a）及个体一周内"熟悉的陌生人"网络（b）

来源：Sun 等（2013）

参考文献

[1]　刘志林，王茂军. 北京市职住空间错位对居民通勤行为的影响分析——基于就业可达性与通勤时间的讨论 [J]. 地理学报，2011，66（4）：457–467.

[2]　Wang D.，Chai Y. The jobs–housing relationship and commuting in Beijing，China：the legacy of Danwei[J]. Journal of Transport Geography，2009，17：30–38. DOI：10.1016/j.jtrangeo.2008.04.005.

[3]　Zhao P，Lv B，Roo G de. Impact of the jobs–housing balance on urban commuting in Beijing in the transformation era[J]. Journal of Transport Geography，2011，19：59–69. DOI：10.1016/j.jtrangeo.2009.09.008.

[4]　Utsunomiya，M.，J. Attanucci and N. Wilson. Potential uses of transit smart card registration and transaction data to improve transit planning[J]. Transportation Research Record：Journal of the Transportation Research Board，2006：119–126.

[5]　Sun，L.，J. G. Jin，D.-H. Lee，K. W. Axhausen and A. Erath. Demand–driven timetable design for metro services[J]. Transportation Research Part C：Emerging Technologies，2014a，46：284–299.

[6]　王冬根. Exploring the spatiotemporal travel patterns of Shenzhen metro riders from transport smart card data 大数据与时空行为规划研讨会 [C]. 上海：同济大学，2015.

[7]　Sun，L.，Y. Lu，J. G. Jin，D.-H. Lee and K. W. Axhausen. An integrated Bayesian approach for passenger flow assignment in metro networks[J]. Transportation Research Part C：Emerging Technologies，2015，52：116–131.

[8]　Medina，S. A. O. & Erath，A. Estimating Dynamic Workplace Capacities by Means of Public Transport Smart Card Data and Household Travel Survey in Singapore[J]. Transportation Research Record：Journal of the Transportation Research Board，2013，

[9] Zhong, C., S. M. Arisona, X. Huang, M. Batty and G. Schmitt. Detecting the dynamics of urban structure through spatial network analysis[J]. International Journal of Geographical Information Science, 2014, 28（11）: 2178-2199.

[10] Eom, J. K., Sung, M. J.Analysis of travel patterns of the elderly using transit smart card data[C]. Transportation Research Board（TRB）90th Annual Meeting. Washington DC, 2011.

[11] Batty, M. Modelling disruption in large scale transit systems[EB/OL].（2015-3-16）. http : //ifisc.uib-csic.es//seminars/seminar-detail.php?indice=985.

[12] Frumin, M. and J. Zhao. Analyzing Passenger Incidence Behavior in Heterogeneous Transit Services Using Smartcard Data and Schedule-Based Assignment[J]. Transportation Research Record : Journal of the Transportation Research Board, 2012, 2274 : 52-60.

[13] Tré panier, M., K. M. N. Habib and C. Morency. Are transit users loyal? Revelations from a hazard model based on smart card data[J]. Canadian Journal of Civil Engineering, 2012, 39（6）: 610-618.

第 12 章

基于社交网络大数据的
城市空间研究

当今，互联网已深入人们生活，如获取信息、交流沟通、娱乐视频等。在我国，互联网的应用已达到了前所未有的深入程度，通过社交网络表露个人情感、经历、生活及工作等方面已喜闻乐见。本章以社交网络数据为例，分别介绍基于微博数据、签到数据、大众点评数据的城市空间研究。

12.1 微博数据

微博是一种非正式的迷你型博客，是普及的社交网络方式之一。据统计，截至2016年底，微博月活跃人数已突破3亿，其中移动端用户占比高达90%。

12.1.1 获取方法

（1）OAuth 授权

新浪微博开发平台采用的是 OAuth 认证和授权的方式，即只有用户获得授权后，才可以通过微博开发平台提供的 API 获取数据资源。

获得 OAuth 授权包括以下步骤：①用户登录客户端向服务提供方请求临时令牌；②服务提供方验证客户端身份并授予临时令牌；③客户端获得临时令牌之后，将用户引导至服务提供方的授权页面请求用户授权，这个过程中，临时令牌和客户端的回调链接发送给服务提供方；④用户在服务提供方的网页上输入用户名和密码，然后授权该客户端访问所请求的资源；⑤授权成功后，用户在服务提供方引导下返回客户端的网页；⑥服务提供方通过验证临时令牌给客户端提供访问令牌；⑦客户端使用获取的访问令牌访问存放在服务提供方上的受保护资源。

（2）微博 API

目前，微博 API 提供粉丝服务接口、微博接口、评论接口、用户接口、关系接口、账号接口、收藏接口、搜索接口、提醒接口、超链接口、公共服务接口、位置服务接口、地理信息接口、地图引擎接口、支付接口及 OAuth2 授权接口等 16 个接口供开发者调用微博数据资源。

本节选用新浪微博开放平台提供的位置服务动态读取接口作为数据获取来源，在获得授权使用后，根据空间点的经纬度坐标信息可以获取该点周边一段时间范围内、一定距离范围内的微博信息，可通过程序设定采集特征条件为同时包含照片、文本和定位三类信息的微博数据，然后调用接口，从新浪微博开放平台中获取相应数据。

12.1.2 数据形式

在具体数据采集中，可根据研究需求以及应用接口提供的数据格式来设计研究数据的采集存储结构，通常采集到的微博数据包含了用户昵称、用户编号、用户性别、用户居住地、发布时间、使用设备等二十余项信息（表 12-1）。

微博位置数据结构 表 12-1

用户 ID	性别	地址	时间	经度	纬度	文本	图片 ID	来源
374××××624	F	山西	Fri Aug 26 15:46:17	106.4194	29.5679	这不太适合拍照	df2ec……	iPhone
256××××073	F	其他	Fri Aug 26 16:01:54	106.5773	29.5573	美丽繁华的山城	991bc……	iPhone
……	……	……	……	……	……	……	……	……

12.1.3 数据展示

微博位置数据为点状数据（图 12-1），每个点代表一个发微博的位置，并带有微博文本、微博时间、微博来源及用户性别等属性。

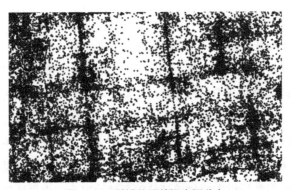

图 12-1 微博位置数据空间分布

12.1.4 实践案例

本实践案例利用微博大数据从理论基础、数据来源、技术方法三方面出发，构建城市意象、大数据、深度学习相结合的城市意象认知新方法，从意象结构、意象类型、意象评价三个维度深度刻画城市意象，并借助新浪微博数据，利用微软计算机视觉与玻森中文语义开放平台对重庆主城区的城市意象进行了实证研究。

1. 意象类型认知

本案例将意象类型划分为标志建筑、自然景观、公共空间和文化生活四种类型。从重庆主城区意象类型的整体构成来看，在159883张照片中，标志建筑意象的有47210张，占总体规模的29.53%；自然景观意象的有447051张，占总体规模的27.55%；公共空间的有35466张，占总体规模的22.18%；文化生活的有33157张，占总体规模的20.74%。

从结果可以发现，重庆主城区的主导城市意象为标志建筑，其次是自然景观、公共空间、文化生活，自然景观意象在整体认知水平中并没有成为重庆城市意象的主导方向；其中，四种意象类型的构成比例较为均衡，表明重庆在城市意象的特色较为多元。

从意象类型的空间分布来看，标志建筑、自然景观、公共空间、文化生活四种意象要素均呈现"节点聚集，散点分布"的特征，但每个单项意象类型都未形成整体城市意中的完整结构体系。

标志建筑意象聚集程度最高，其中最为聚集的区域是在江北意象区中的观音桥和渝中半岛意象区的大解放碑都市圈（图12-2），观音桥的建筑以现代、摩登为特色，大解放碑都市圈则包含了解放碑、洪崖洞、湖广会馆等重要意象节点，以融合现代、传统、地域的多元建筑意象为特色。

自然景观的意象类型特征范围最广，被认知的频次在核心区域以外的分布较为

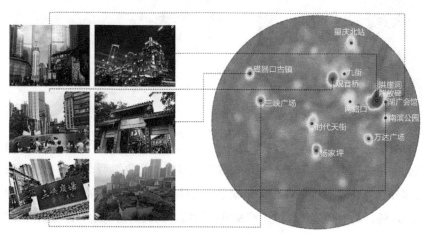

图12-2 标志建筑意象分布图

平均，这也反映了重庆主城区拥有良好的自然景观资源。其中自然景观意象最为聚集的区域是大解放碑都市圈，而这些意象点并不是聚集在解放碑中心，而是更多的分布在洪崖洞、朝天门、较场口等滨江区域，这些区域都拥有极具特色的自然景观（图 12-3）。

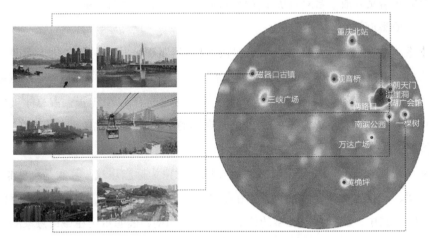

图 12-3　自然景观意象分布图

在公共空间意象的分布方面，最集中的区域是大解放碑都市圈，其中包括了解放碑、较场口、洪崖洞，三者都是重要的城市广场，行为活动丰富，其他区域还包括传统街巷、交通场站等意向的公共空间（图 12-4）。

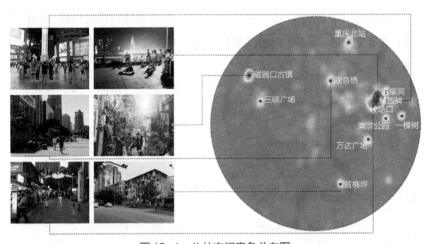

图 12-4　公共空间意象分布图

文化生活是四类城市意象类型中构成比例最少的意象类型，其分布特征较为明显，大部分意象要素点都在核心区域聚集。具体来讲，最聚集的区域是解放碑、洪崖洞、观音桥，其中解放碑与洪崖洞是重庆最核心的旅游目的地，以旅游观光为主，观音桥则是以市民生活为主（图 12-5）。

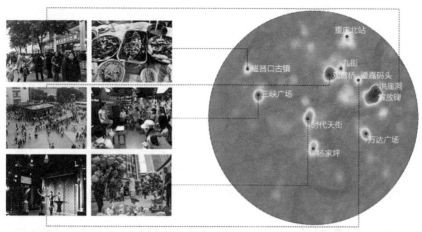

图12-5 文化生活意象分布图

2. 意象评价认知

从意象评价的整体情况看，研究区域情感数值的平均值为0.64，标准差为0.33，表明重庆主城区城市意象在整体倾向上呈现中性偏正面；从意象评价的正面和负面分布趋势来看，人们对重庆的情感认知两极分化比较明显，呈两极数量大、中间数量小的微笑曲线型分布，其中正面评价有28085条，占60.46%，中性评价有6348条，占13.66%，平均数为0.51，负面评价有12023条，占25.88%。

从意象类型的分类评价来看，自然景观的意象评价最高，其数值为0.71，标准差为0.29；其次是公共空间意象，其评价的平均数值为0.70，标准差为0.30；标志建筑意象评价的平均数值为0.69，标准差为0.31；文化生活意象评价最低，平均数值为0.67，标准差为0.31。这表明重庆大山大水的自然景观得到了广泛的认可。

从意象评价的空间分布来看（图12-6），在研究范围内，正面意象评价的区域面积为208.55平方公里，占54.89%，中性意象评价的区域面积为134.92平方公里，占35.51%，负面意象评价的区域面积为32.67平方公里，占8.60%。通过进一步分析，可以发现意象评价的城市整体空间中的分布有以下几个特点：

| 正面意象 | 中性意象 | 负面意象 |

图12-6 各类型意象评价分布图

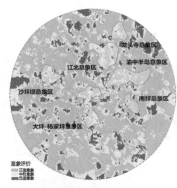

图 12-7　意象评价综合评价分布图　　　图 12-8　滨江沿线意象评价

一是城市意象评价较低的区域主要位于各意象核心区外围或区域与区域之间的边界地带（图 12-7）。在城市发展过程中，由于核心区域往往是资本和人流的汇集地，是城市建设的重点，往往有较好的空间品质；而非核心区域在城市的社会经济和功能结构中所处地位较低，同时这些区域也存在大量的山体与飞地，得到的资本投入和更新维护较少，导致了空间意象的评价偏较低。

二是在两江四岸中，长江、嘉陵江的南侧城市意象评价明显高于北侧（图 12-8），即嘉陵江沿岸沙滨路 – 嘉滨路的意象评价高于北滨路，长江沿岸南滨路的意象评价高于长滨路 – 菜袁路。这些意象评价较低区域多集中在大型楼盘、大型路桥与交通节点，例如北滨路沿线的石门大桥北桥头、天赋花园、北岸风光、嘉华大桥北桥头、金砂水岸 – 江湾城等，长滨路 – 菜袁路沿线的石板坡立交、燕子岩、两路口、鹅公岩立交等。

12.2　签到（check-in）数据

位置签到是基于位置的社交网络（LBSN）中一个重要的功能，位置签到数据是利用带有 GPS 的智能终端记录某一时刻所处位置发布到社交网络上的行为而产生的具有空间性、时间性和社会化属性信息的数据，它记录生活轨迹，反映了人的日常生活行为，是一种重要的众源地理数据。位置签到数据多集中在城市，并以大众签到的兴趣点为主要表现形式，如 Twitter、Facebook、大众点评、街旁（www.jiepang.com）、用户签到（check-in）的兴趣点（POI）等。与传统地理信息数据相比，来自非专业大众的众源地理数据具有数据量大、现势性好、信息丰富、成本低等特点和优势，成为近年来国际地理信息科学领域的研究热点。签到的位置在形态上表现为点要素，在城市总体空间中具有分块聚集的特征，一定程度上反映了城市居民的空间活动情况。分析和研究位置签到所形成的热点热区是面向地理空间的居民移动性研究的重要组成，可以帮助更好地把握城市空间结构、探索城市的商圈及变化进而能够协助解决城市公共交通、资源配置、规划决策等问题。

12.2.1 获取方法

大众点评、微博等平台均有用户签到数据，笔者以获取微博的签到数据的方式为例，获取方式与 12.2.1 前两步方法相同，check-in 数据可通过新浪微博开放平台提供的位置服务动态读取接口（https：//api.weibo.com/2/place/nearby/pois.json）作为数据获取来源，在获得授权使用后，根据空间点的经纬度坐标信息可以获取该点周边一段时间范围内、一定距离范围内的微博信息。

12.2.2 数据形式

在具体数据采集中，根据研究需求以及应用接口提供的数据格式来设计研究数据的采集存储结构。采集到的 check-in 数据包含了签到位置、签到点分类及签到数量等信息（表 12-2）。

12.2.3 数据展示

签到数据为点状数据（图 12-9），每个点代表一个签到的位置，并带有签到位置、签到点分类、名称、签到数量等属性。

check-in 数据属性表　　　　　　　　表 12-2

poiid	lon	lat	category_name	checkin_num	photo_num	checkin_user_num	title	address
41D06B	116.372B	39.8636	火车站	105903	45470	81465	北京南站	崇文区永定门外车站路
……	……	……	……	……	……	……	……	……

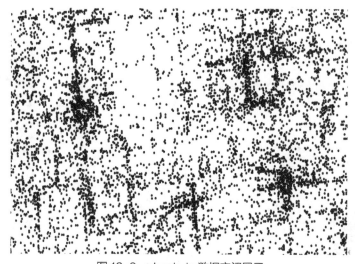

图 12-9　check-in 数据空间展示

12.3 大众点评数据

大众点评网站建于2003年4月，是中国领先的城市生活消费平台和独立第三方消费点评网站。借助移动互联网、信息技术和线下服务能力，大众点评为消费者提供值得信赖的本地商家、消费评价和优惠信息，及团购、预约预订、外送、电子会员卡等O2O闭环交易服务，覆盖了餐饮、电影、酒店、休闲娱乐、丽人、结婚、亲子、家装等几乎所有本地生活服务行业。网站的创建模式主要参照美国的《查氏餐饮调查》（*Zagat Survey*），注册会员可以通过网络自由发表对餐厅的评论和消费体验，经过一定的信息聚集和推广，为潜在的消费者提供客观、准确的点评信息。

截止到2015年第三季度，大众点评月活跃用户数超过2亿，点评数量超过1亿条，收录商户数量超过2000万家，覆盖全国2500多个城市及美国、日本、法国、澳大利亚、韩国、新加坡、泰国、越南、马来西亚、印度尼西亚、柬埔寨、马尔代夫、毛里求斯等全球200多个国家和地区的860座城市。餐饮点评作为最受用户关注并聚集点评信息最多的板块，已形成了一个庞大、能够影响餐饮消费决策的口碑库。因此，我们可以用大众点评网注册餐饮商户口碑的点评数据进行研究探索。

12.3.1 获取方法

可以登录大众点评页面，选择需要的分类及商圈等属性，如美食，进入餐厅列表页面（图12-10）。可通过火车头软件获取餐厅列表页面中的餐厅名称、点评条数、地址、推荐菜品以及口味、环境及服务的得分等餐厅属性。具体方法参见第四章大数据获取与清洗4.1.1节的结构化网页数据采集方法部分。

图12-10 大众点评网页

12.3.2　数据基本情况

大众点评数据为包括餐厅名称、点评条数、地址、推荐菜品以及口味、环境及服务的得分等餐厅属性等的点数据（表 12-3）。

12.3.3　数据展示

大众点评数据为点状数据（图 12-11），每个点代表一个餐厅的位置，包括餐厅名称、大小类别、餐厅平均消费、推荐菜系及评价等属性。

12.3.4　实践案例

街道空间是人体对城市空间感知的最基础的内容，其中城市气味又是衡量街道空间品质的重要方面。尽管如此，由于气味难以测度与量化分析等原因，城市气味景观至今尚未引起城市研究的足够关注。

德国学者 Rossano Schifanella（2017）及其团队对城市气味的研究则集中在分析在线用户在社交媒体平台的数据。通过参与者实地调研，建立城市的气味词典，运

大众点评网数据属性表　　　　　　　表 12-3

shop_id	is_closed	name	province	city	area	Big_cate	small_cate	lat	long
1	false	鸭王烤鸭王	北京	北京	朝阳区	美食	北京菜	39.9	116.4
Product rating	Environment rating	Services rating	All remarks	Very good remarks	Good_remarks	Common remarks	Bad_remarks	Very_bad remarks	Recommended dishes
8.1	7.4	7.3	959	100	188	102	19	21	盐水鸭肝，芥末鸭掌

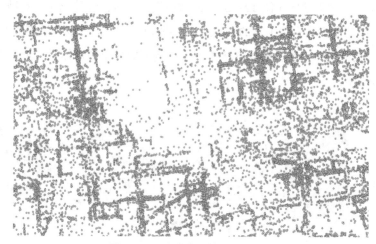

图 12-11　大众点评数据空间展示

用社交媒体数据，探索全城气味，建立更加科学完善的城市气味分类系统，绘制主要街道的气味分析，气味构成比例和行人的心情感受的气味地图，并通过地图分析其与城市规划等的关系。

本案例在已有研究的基础上，将气味纳入到人体感知尺度的街道空间研究框架中。研究数据主要包括路网、新浪微博评论和大众点评、地图兴趣点（POI：Points of Interest）。考虑到气味和人的主观感知相关，判断城市中的气味种类和人们的喜好程度的关联性则采用了微博及大众点评评论语义分析的方法，微博评论数据共291915 条、大众点评数据共 108995 条。通过分析语言中对于某种气味的情感倾向来确定人们对于城市中气味的喜好程度。地图兴趣点 POI：根据简化后的街道，选取街道两侧街区内与城市气味相关的 POI 点位，共计 47764 个。

借鉴 Rossano Schifanella 团队所绘制的气味地图与其对气味构成比例和行人的心情分析，本研究利用人们在微博的评论及大众点评评论信息中各种情感色彩和情感倾向性，如喜、怒、哀、乐和批评、赞扬等，通过自然语义分析的方法，分析评价对象和他的情感倾向。再以情感得分指标来量化定性数据的方法，把人们的情绪值联结空间进行可视化分析，最后与气味图进行叠加分析气味与行人情绪的关系。针对微博评论及大众点评评论文本的提取，为了使正负面情感分析准确度 80%—85%能得到进一步提升，首先整理微博及大众点评评论文本数据，去掉空值和符号后其准确率可达 85%—90%。继而使用 PYTHON 语句进行打分，文本情感极性判断为 0—0.5 之间判断为负面，0.5—1 之间判断为正面。文档层面的情感分析根据整篇评论的情感倾向将其评论情绪值分成三个极性类：正面、负面或者中性，进一步分析街道上影响人们情绪的气味单因子。

1. 城市气味空间分布规律

在前述指标体系构建的基础上，根据气味分类绘制旧城内的气味地图（图 12-12）与城市气味浓度地图（图 12-13）。旧城中气味源多，各种 POI 都对城市的街道产生了影响，每条街道有着丰富的气味层次（图 12-14）。进一步分析街道上的气味，综合评价主要的气味门类，研究气味单因子影响下的城市街道体系，形成旧城主要的五个气味层次。

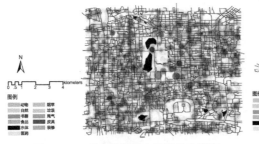

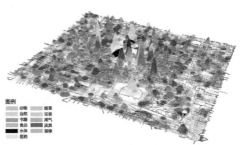

图 12-12　北京旧城城市气味分布地图　　　图 12-13　北京旧城街道气味浓度地图

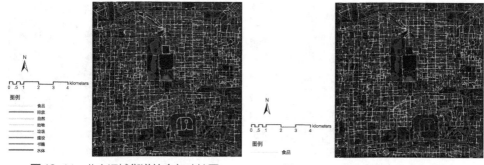

图 12-14 北京旧城街道综合气味地图 图 12-15 旧城街道食品分布地图

（1）食物：旧城好吃，各色餐饮云集，是人群活动的集中地，活力源。

美食构成了旧城气味地图的基底，旧城内共分布各色餐饮店面 6719 个，遍布旧城街道。在满足街区与游客的生活服务的基础上，一些特色的餐饮街区如：南锣鼓巷、后海酒吧街、西单小吃街、前门小吃街等成为了人群聚集和高活力的地区，也是反映旧城美食特色的集中区（图 12-15—图 12-17）。

（2）污染：尾气排放严重

旧城内部街道和胡同宽度有限，随着城市私家车保有量增加，道路和汽车就形成了一对矛盾。道路上尾气排放严重，人们反感道路的拥堵以及尾气排放，大气环境污染是旧城品质环境提升的制约；

街道环境：一些商业店面的污水、垃圾的肆意堆放、个别卫生间的卫生问题等对市民生活造成了影响。因此，污染形成了旧城气味背景的第二个层次（图 12-18）。

（3）自然：旧城少绿，旧城集中绿地与公园设施分布分散

道路上的线性绿化设施未能良好地沟通集中的绿地斑块。传统旧城中人与自然环境相协调的模式遇到了问题，旧城的树木与房屋的共生关系遭到了破坏。因此，零碎的绿地系统是旧城气味叠加的第三个层次（图 12-19）。

（4）生物：旧城失调，传统旧城人与动物和谐相处的模式淡化下来

核心的旧城不再是一种微循环的共生关系，蝉鸣鸟叫少了。来旧城观光的游客更希望旧城的内部街区里保留传统的生活氛围与邻里模式，保持一种慢下来的生活

图 12-16 旧城食品气味浓度分布图

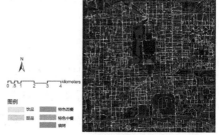

图 12-17 旧城街道食品种类分布地图

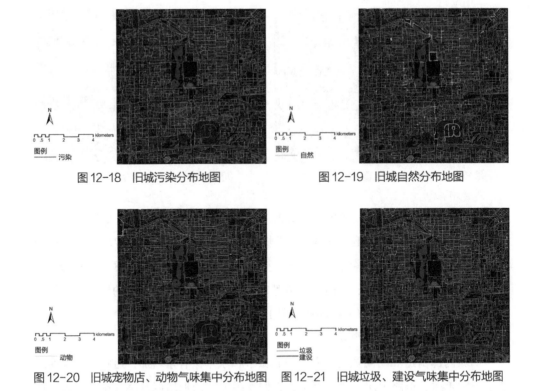

图 12-18　旧城污染分布地图　　　　　图 12-19　旧城自然分布地图

图 12-20　旧城宠物店、动物气味集中分布地图　图 12-21　旧城垃圾、建设气味集中分布地图

节奏。而旧城中集中的宠物店、动物园构成了气味叠加下的第四个层次，这种气味受欢迎度低（图 12-20）。

（5）修复景象：旧城失格，旧城稳定的演变节奏受到了不合理拆建的影响

传统的工匠技艺消失淡化下来，粗放的建设模式影响了旧城环境的协调，持续的拆建与加建释放的气味与扬尘以及生活垃圾的随意堆放构成了旧城的第五个气味层次（图 12-21）。

2. 城市气味景观地图绘制

（1）喜爱的气味

细分到中类，筛选旧城为人喜爱的气味，这样的地区能够体现旧城的特色，对于旧城品质与活力的展示具有参考意义（图 12-22）。对应到街区街道，比较而言，后海、南锣鼓巷、西单、王府井、天坛等地区具有适宜的步行空间和丰富的街道气味（图 12-23）。

（2）反感的气味

细分到中类，筛选旧城为人反感的气味（图 12-24），这样的地区影响了旧城的街区品质：机动化带来了城市气味品质的下降。交通尾气的排放，城市装修，交通枢纽的人流密集处都是街道气味景观降低的关键因素（图 12-25），限制了人们在街道空间上的停留、交往与互动。

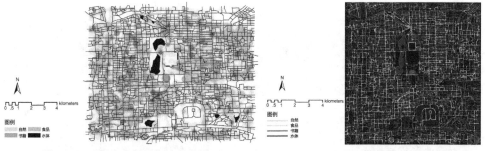

图12-22 受人喜爱的气味分布地图　　图12-23 步行感觉舒适惬意的街道地图

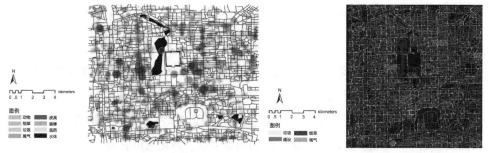

图12-24 为人反感的气味分布地图　　图12-25 环境品质不佳的街道地图

3. 情绪分析检验

根据微博及大众点评评论的文本 PYTHON 语句进行打分,分析出情绪评分图(图12-26),可以看出正面情绪较高地区主要集中于二环内东北一带,后海、恭王府、北新桥、景山、阜成门等地区较为明显。而负面情绪较高地区则较为分散,主要分布在二环内南面、东北边缘、西面边缘等。东直门北桥、阜外大街、广安桥、珠市口、幸福街等分数评分明显较其他地方低。

将气味浓度图与情绪评分图进行叠加得出叠加分析图(图12-27),看出正面情绪较高的地方,主要是涵盖了自然、温和型食物等较受大家喜欢的气味,生态良好和活力度较高——后海公园绿化覆盖率达91%、北京市中心城区的低碳生态景区深受大众喜爱。同时,负面情绪较高的地方,大多遍布在快速道附近,可以看出高峰交通拥堵地段、北京二环主要交通地段的气味是人们不喜欢的。其主要原因是大量的汽车废气排放、垃圾堆积等产生的气味是困扰人们的日常生活,因此造成明显的情绪低下的反映。

从上面分析可以看出,语义分析结果与气味地图分析结果基本一致。也都反映出,一个让人愿意停留驻步的空间应是气味宜人且气味种类不能太混杂的。

研究城市气味景观对于城市空间至少有以下几点意义:首先,优化城市气味景观本身,提升区域品质,通过气味地图,将区域内优质气味片区连接成网,结合街

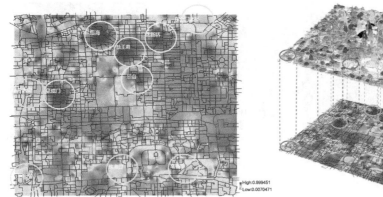

图 12-26　北京旧城内情绪评分图　　　　图 12-27　北京旧城气味景观与情绪地图
　　　　　　　　　　　　　　　　　　　　　　　　叠加分析

道文化、旅游等项目，提高街道质量，吸引行人前往，从而提升街道活力；其次，将城市气味景观融入城市设计框架中，明确地区特性，定义地区主题，进而打造主题景观，营造主题氛围，策划主题活动；同时，还可以将城市气味景观作为城市运营的要素之一，塑造美好气味环境，强调城市个性，强化城市意象。

参考文献

[1]　Rossano S. Smellymaps [DB/OL].（2017–06–27）[2017–08–28].http：//goodcitylife.org/smellymaps/.

第 13 章

基于图片大数据的城市空间研究

平视绿化
—— 好
—— 较好
　　中
—— 较低
—— 低

在新数据环境中，图片数据占有很大的比例，特别是大量带空间位置的图片成为刻画城市物质空间和社会空间的有效来源。其他新数据多以数字为表征，如果称为"表值数据"，那么以图像和语言为代表的包含更复杂、更高维、更抽象的这类数据则可称为"表意数据"。前者在数据的计算处理上便捷且高效，后者则更多地体现出信息的丰富性与复杂性。鉴于"表意数据"的分析难度，计算机领域对此研究较多，而城市研究领域对图片内容挖掘较少。同时，图像处理技术日趋成熟，很多网站提供的应用程序接口（API：Application Programming Interface），降低了图片分析的难度。因此，这是基于图片展开人本尺度城市形态研究的好时代。本章介绍了图片大数据的来源、获取方式、分析和可视化工具，并且通过四个研究案例对图片城市主义的内涵进行了阐释。

13.1 图片大数据

图片是一种从人本视角记录物质空间和社会空间的有效数据源，是未来对历史城市考古的重要资料，是认识人本尺度城市形态的重要渠道，是观察日常生活的重要手段，是人本尺度城市形态研究的重要支撑。为此，图片城市主义高度认可基于体现客观世界和主观认知的大规模图片进行量化城市研究，认为图片是一种在短期的未来将得到高度重视的城市数据源，是对已有多源城市数据的重要补充。

相较于传统的仅带点位信息数据或者文本属性的数据，带空间位置的图片数据具有如下特点：①信息量大，一图胜千言，图片所包含的内容多，图片反映物质空间的尺寸、形态、构成、功能、风貌、品质、场所感等，也反映社会空间的密度、活力、精神、阶层、幸福感等，可从不同方向对图片进一步挖掘分析；②交流方便，无语言差异的障碍，便于全球不同区域对比研究；③图片直观，便于建立与空间环境的联系；④量化城市研究领域，图片相关的研究有限，但有快速上升趋势；⑤图片数据量更为巨大，处理难度相应更高（已有研究多针对照片点位的分析，而不是针对具体内容）；⑥相比多对应一个维度的其他新数据，图片体现的维度更为丰富。

13.2 图片来源

13.2.1 位置图片来源分类

1. 专业图片交互网站

Flickr（http : //www.flickr.com/map），雅虎旗下图片分享网站，提供免费及付费数位照片储存、分享方案之线上服务，也提供网络社群服务的平台。北京城市实验室（BCL）分享了全国 Flickr 相片点位数据，http : //www.beijingcitylab.com/data-released-1/，BCL DATA 25。

Panoramio（http : //www.panoramio.com），隶属于 Google 的免费照片上传网站，提供无限的相册空间，单张照片最大 25M。

Instagram（https : //instagram.com/），一款支持 iOS、Windows Phone、Android 平台的移动应用，允许用户在任何环境下抓拍下自己的生活记忆，选择图片并一键分享，同时也可分享至 Facebook、Twitter、Flickr 或新浪微博等其他平台上。

ImageNet（http : //www.image-net.org），是一个计算机视觉系统识别项目名称，是目前世界上图像识别最大的数据库。是美国斯坦福的计算机科学家，模拟人类的识别系统建立的，能够从图片识别物体，是未来用在机器人身上，可以直接辨认物品和人了。

2. 社交网站

Twitter、Facebook 等国际大型社交网络平台，包含大量的图片信息。

而中国的新浪微博，一个由新浪网推出，提供微型博客服务类的社交网站，在中国有广大的用户群体，包含大量 VGI（Volunteered geographic information）图片（http : //www.weibo.com）。

3. 街景图片

Google 街景地图、百度街景地图、腾讯街景地图等线上地图平台都提供了同一位置不同年份的街景图片，让位置图片增加了时间维度的信息。通过不同时间街道景观的变化，让人可以更具体的了解动态的城市发展情况，犹如进入了"时光机"。而我国较为广泛使用的线上平台为百度、腾讯（图 13-1），相比百度街景，腾讯街景地图覆盖面更广。

图 13-1 街景图片

4.其他

Google、百度等搜索引擎中的图片，图虫、Pixabay、Freeimages、500px、别样网等专业图片网站，行车记录仪，无人机，摄像头，空间视频，城市摄像头等。

行车记录仪即记录车辆行驶途中的影像及声音等相关资讯的仪器。安装行车记录仪后，能够记录汽车行驶全过程的视频图像和声音，可为交通事故提供证据。开车时边走边录像，同时把时间、速度、所在位置都记录在录像里，相当"黑匣子"。也可在家用作 DV 拍摄生活乐趣，或者作为家用监控使用。

无人机（图 13-2）在提供娱乐的同时，还将成为城市研究的数据源，弥补街景图片更新周期慢、地面视角的局限性，其也可以作为公共空间与公共生活调研、城市灾害评价等的工具。

城市中无处不在的摄像头所记录下的视频信息（图 13-3），超越了目前所见的大部分的新兴城市数据，除了成为重要的历史遗产，也将成为对历史上的城市进行量化研究的重要数据源。

空间视频（图 13-4）是指包括 GPS 编码的视频，可从多个角度收集高清晰度的动态影像，数据加载进 GIS 可用于进一步的可视化和分析，目前已被用于突发的公共卫生事件或灾害后的现场评估，是一种有效的获取精细化尺度数据的手段。

图 13-2 无人机摄影

图 13-3　城市摄像头

图 13-4　空间视频

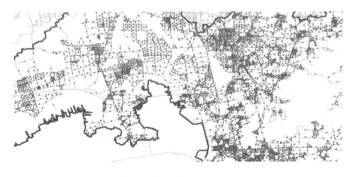

图 13-5　抓取街景点位置

13.2.2　图片数据获取案例——腾讯街景数据获取

　　首先对道路网数据进行处理，详见本书 5.1.2 章节。在处理好的道路网数据的基础上，通过 http：//ianbroad.com/arcgis-toolbox-create-points-polylines-arcpy/ 下载 create points on lines 工具，在 ArcGIS 中使用该工具在道路上按一定距离生成点，然后可以运用 ArcToolBox->Data Management Tools->Features->Add XY Coordinates 工具获得每个点的经纬度坐标，以备下一步抓取街景图片使用（图 13-5）。需要强调的是，如果是抓取国内在线地图平台的街景图片，需要将经纬度坐标转为地图平台使用的坐标系统。

　　道路数据处理完成后，可通过调用腾讯位置服务中街景静态图 API 中的场景点吸附接口及取图接口获取道路上相对应的点的街景图片。

13.3　图片分析与可视化工具

图片内容分析难度较大，通常需写代码实现图像分析的程序，对于规划师而言，门槛较高。近年来，逐步出现一些应用程序编程接口，降低了图像分析的难度。图片分析常用的工具如下：

OpenCV，知名的计算机视觉和机器学习的开源平台（http：//www.opencv.org）作为较大众的开源库，拥有了丰富的常用图像处理函数库，采用 C/C++ 语言编写，可以运行在 Linux/Windows/Mac 等操作系统上，能够快速的实现一些图像处理和识别的任务，此外，OpenCV 还提供了 Java、python、cuda 等的使用接口、机器学习的基础算法调用，从而使得图像处理和图像分析变得更加易于上手，适合规划师们使用。

Clarifai，一家位于纽约的初创公司，为开发者提供给照片标记元数据的能力，以便得知照片中的对象类型，进行图片视频的识别和以图识图的服务，该公司为用户提供强大但并不昂贵的视觉识别接口（http：//www.clarifai.com）。

CloudCV，提供计算机视觉 API（http：//www.cloudcv.org），是一个开源的云平台，该平台提供工具，使研究人员能够构建、比较和分享最先进的算法，使人工智能研究更可重复，提供 MatLab/Python 接口，目前提供包括 VQA、目标检测、分类、Decaf 特征抽取等服务。

Microsoft Cognitive Service，微软计算机认知服务，该平台集合了多种智能 API 以及知识 API（https：//www.microsoft.com/cognitive-services/en-us/computer-vision-api）（图 13-6）。借助这些 API，开发者可以开发出更智能，更有吸引力的产品。微软认知服务集合了多种来自 Bing，前"牛津计划"等项目的智能 API。应用了这些 API 的系统能看，能听，能说话，并且能理解和解读我们通过自然交流方法所传达的需求。

图 13-6　微软计算机认知服务平台

MatLab 科学计算平台（http : //www.mathworks.com/products/matlab/），也适用于图片分析，是由美国 mathworks 公司发布的主要面对科学计算、可视化以及交互式程序设计的高科技计算环境。它将数值分析、矩阵计算、科学数据可视化以及非线性动态系统的建模和仿真等诸多强大功能集成在一个易于使用的视窗环境中，为科学研究、工程设计以及必须进行有效数值计算的众多科学领域提供了一种全面的解决方案，并在很大程度上摆脱了传统非交互式程序设计语言（如 C、Fortran）的编辑模式，代表了当今国际科学计算软件的先进水平。

Face++，将人脸识别技术广泛应用到图片及视频中，是新一代云端视觉服务平台（图 13-7）（https : //www.faceplusplus.com.cn），提供一整套世界领先的人脸检测、人脸识别、面部分析的视觉技术服务。

图 13-7 Face++ 平台

ArcGIS，GIS 空间分析与统计（http : //www.esri.com），是一个全面的系统，用户可用其来收集、组织、管理、分析、交流和发布地理信息。作为世界领先的地理信息系统（GIS）构建和应用平台，ArcGIS 可供全世界的人们将地理知识应用到政府、企业、科技、教育和媒体领域。ArcGIS 可以发布地理信息，以便所有人都可以访问和使用。本系统可以在任何地点通过 web 浏览器、移动设备（例如智能手机和台式计算机）来使用。

DepthMap，空间句法常用软件（http : //varoudis.github.io/depthmapX/），作为一个单独的软件平台，其作用是分析空间的网络结构。Depthmap 的研究范围不仅仅局限于建筑内部及建筑之间的空间，它可以扩大到整个城市甚至国家的空间范围。

Python，轻量级脚本语言（http : //www.python.org）是一个高层次的结合了解释性、编译性、互动性和面向对象的脚本语言。Python 的设计具有很强的可读性，相比其他语言经常使用英文关键字，其他语言的一些标点符号，它具有比其他语言更有特色语法结构。

Urban Network Analysis Toolbox，城市网络分析工具箱其目的是通过将城市形态具体为城市网络与节点的连接度、通达性等指标，解决具体的规划问题，如提供到达指数、引力指数、临近指数、直达指数、居间指数等计算工具（http：//cityform.mit.edu/projects/urban-network-analysis.html）。

Big Models，城市和区域的新范式（http：//www.beijingcitylab.com/projects-1/9-big-model/），大模型是在一个大地理区域上建立的相对精细尺度的城市 - 区域分析与模拟模型。随着大数据和开放数据的广泛使用，以及日益成熟的计算能力和日臻完善的区域和城市模拟分析方法，大模型使得兼顾大地理尺度与精细化单元成为了可能。

GeoHey，在线地图可视化平台（https：//geohey.com）提供地理 SaaS 一站式解决方案，搭建了一个在线地图云环境，在其中不断的生长出解决用户各种地图需求的移动轻应用，配备我们精心准备的与这个时代、这个世界同步的各种数据，您会看到地理大数据能带来那么多新的视角和洞见。同时 GeoHey 也有完整的地理信息私有云平台，支持企业级用户为数据安全、内部系统连接而考虑的私有云建设。

13.4　相关研究

带有空间位置的图片的信息挖掘通常可分为如下三类：对图片元数据的挖掘（比如拍照地点、时间等）、图片的文本标签的挖掘、图片内容本身的挖掘。

对图片元数据的挖掘最常见的就是旅游热点区域分析和城市形态分析，例如运用 Flickr 相片点位数据，绘制城市的形态；基于 Panoramio 相片点位密度，开发 Sightsmap，进而显示全球最热景观的分布（http：//www.sightsmap.com/Tammet，2013）；基于海量 Flicker 相片的坐标点位信息、时间信息和标签信息识别多个城市旅游目的地的时空分布规律（Zhou，2015）。

图片元数据和文本标签信息也常用于旅游路线推荐、人群的时空行为分析。比如 Gavric 等人基于 Flickr 点位数据，分析了柏林的旅游热点和游客的旅游路线（Gavric，2011）。Straumann 等根据相片点位不仅仅分析了苏黎世本地居民和外地游客在空间分布格局上的差异，还分析了这两类群体旅游路线的差异（Straumann，2014）。Vu 等人基于 Flicker 相片，分析了香港本地居民和外地游客旅游行为的差异性（Vu，2014）。Hu 等人综合 Flicker 相片的点位信息、属性信息和图片信息分析了多个城市的旅游热点区域特征（Hu，2015）。Kim 等人将全球地表划分为若干个网格，然后将 Flicker 相片落入相应的格网，根据 Flicker 的标签和图片内容，分析地标的时空分异格局（Kim，2015）。Juan 等人基于 Panoramio 图片，研究了欧洲八个大城市的旅游热点区域空间分布规律，并基于 GIS 空间统计分析功能，分了本地居民和外地游客的空间分异规律，研究表明，外地游客的空间集聚度更高，巴塞罗那、罗马的空间集聚度比伦敦和巴黎更高（Juan，2015）。Sun 基于带空间位置的 Flicker 相片，结合路网，通过机器学习的方法，为游客推荐旅游线路，尽量在较短的行程内通过较多的旅游热点（Sun，2015）。

在国内，北京城市实验室（BCL：Beijing City Lab）分享的 Flicker 相片点位也在多个项目中有应用，比如《成都市中心城特色风貌街道专项规划》、《成都平原城市群规划》（旅游专题）、《中国国家地理：西藏专辑》（2015 年 10 月）等。

也有对图片内容信息挖掘展开的少量研究，比如通过全球在线照片供应商——Panoramio 和 Flickr 提供的相片，利用深度学习技术对照片内容进行识别并分类（绿色视觉意象、水视觉意象、交通视觉意象、高楼视觉意象、古建视觉意象、社交活动视觉意象和运动视觉意象），统计分析每个城市的城市意象要素类型特征与空间分布特征（Liu，2015）；以 Google 图片搜索中广东 21 个城市的图片为数据来源，针对比较分析案例城市在网络空间中的意象，试图通过实证研究对凯文林奇的意象理论进行扩展和补充（赵渺希，2015）。

除了 VGI 数据和搜索引擎中的图片数据，带空间位置的图片数据也越来越多源且丰富，街景地图也是常用的一种，例如运用 Google 街景图片，分析城市街区沿街样本点的绿化指数（Li，2015）；基于 Google 街景地图，运用机器学习的方法，自动识别街道的行人数量（Yin，2015）；基于 Google 街景图片，对街道安全展开评分（Harvey，2014）；使用计算机识别技术对海量的街景图像进行了测算，将获得的数据与社会经济学指标结合在一起进行分析，探索城市在社会经济学方面的演变和物质形态变化之间的关系（Naik，2015）。

由上可知，限于信息挖掘的技术门槛，从图片的元数据、文本、内容，分析难度逐渐递增，分析多见于图片的元数据或文本数据，而对信息量最为丰富的图片内容挖掘较少，且用于旅游热点、旅游路线的推荐较多，关于人本尺度的城市形态、城市空间品质的研究相对较少。

13.5　实践案例

上述方法及相关工具为帮助我们有效地发掘数据资源，并在认知层面对城市形态进行量化研究提供了新的思路，本章将以《图片城市主义：人本尺度城市形态研究的新思路》为案例，分享笔者的四个研究，通过实例解释图片城市主义的内涵。

13.5.1　街景的应用：街道空间品质的测度及变化识别

街道空间是城市公共空间的重要组成部分，街道空间的品质影响着使用者的行为习惯、公共健康的水平、城市文化的塑造。长期以来，街道空间品质测度采取二维平面分析或小尺度主观调研的方法，难以在城市尺度上，大规模的测度城市三维立体街道空间的品质水平、时间变化。近期，借由图像识别技术、街景获取技术的发展，街道空间的相关研究获得新的方法突破。城市主要区域的多时相三维空间图景可以短时获取，开展量化评价。

为验证多时相街景图像来研究街道空间品质的可行性，笔者初步选择2005-2013年北京居住类更新项目周边的街道环境作为研究对象，选择的原因有二。其一，北京是特大城市的典型代表，特大城市的人居环境状况日益受到重视；其二，更新类居住项目存在时间上的变化，将涉及多个时间点，街道环境的改善。

图13-8为"街道空间—品质评估—品质变化特征识别—影响因素分析"的方法框架，提供了新数据环境下街道空间品质评估的新思路。街道品质评估反映了北京城市尺度的情况，品质变化则对应2—3年时间维度的变化，影响因素分析使用位置服务数据、兴趣点数据、区位特征数据及部分居住区信息，探索街道空间品质水平和改善特征与社会活动的相关性。

1. 品质测度

采集完街景图像后，首先组织具有城乡规划与设计背景的人对街景图片进行感性判断，识别图像变化的类型，之后共同商议街景场景评价的角度。所有意见汇总、筛选后，确定评价体系，并拣选一些空间品质具有明显差异且典型的图片进行集体评分，作为后续评分的标准参考。鉴于街景图片受到季节和天气的影响较大，且打分存在主观性偏差，最初采取共同评分的方式，达成共识后再分头打分，评分中有意识去除天气、季节造成的干扰，共历时9天。

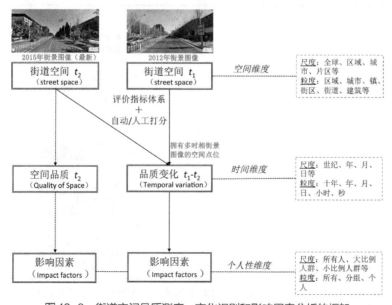

图13-8 街道空间品质测度、变化识别和影响因素分析的框架

根据每个位置对应的最新街景图，评判此位置的停驻意愿，以反映该街道空间品质的整体水平。本文在街道空间品质评价部分，仅做综合性判断，在后续的研究里，有必要进一步将街道空间品质评分指标体系进一步分解，可借鉴或改进 Reid Ewing 等人（2013）所构建的指标体系进一步细化。评分中，停驻意愿水平被分为五组，并分别对应参考样片（表 13-1）。

2. 街道空间品质变化的评价体系

按照居住区外围街道空间的剖面功能，将空间品质变化的评价指标归入四个位置大类，即建筑部分、人行道部分、车行道部分、底商或围墙部分的品质改善评价。再依据空间改变的实际情况，在每个位置大类下设置 2—3 个变化子类指标和一个改善效果指标，发生变化为 1，没有变化为 0；改善效果较好为 2 分，效果一般为 1 分，没有效果为 0 分。总共 11 个子类指标，构成一个完整的品质评价。街道空间品质变化的评分标准经过集中打分讨论确定，过程中逐个选出每个子项不同分值对应的样例。参与评分者均需按照讨论结果学习评分标准和参考样例。

3. 空间品质及其变化的影响因素识别

根据评分统计结果，运用 ArcGIS 分析街道空间品质、11 类街道空间变化发生的位置特征；运用 SPSS 进行线性回归，首先探寻街道空间品质水平与区位、人群活动属性、房屋类别（是否为保障房）的关系。之后分析空间变化与已知区位属性、地块属性、人群活动的关系，探究空间改变可能的影响因素。

街道空间品质整体水平评分标准的具体说明　　　　　　　　表 13-1

打分项目 评分说明	参考样片
停驻意愿 很愿意停驻则评分为 5	
较愿意停驻则评分为 4	
停驻意愿一般则评分为 3	
较不愿意意停驻则评分为 2	
很不愿意意停驻则评分为 1	

注：1—5 分代表打分者在本数据集所涉及的街景环境内，希望停驻的意愿，不涉及多城市的横向对比。若某点位只有第二个时间点的街景图片，则只做停驻意愿打分不做变化项目打分。

该研究采用的数据包括居住项目基本信息、街景图片数据、开放数据和区位特征数据四类。首先评估街道空间静态的品质水平，以停驻意愿反映，再识别有多个时间点的空间品质变化，设定四大类 11 小类评价指标。形成完成的品质变化评价体系（图 13–9）。

大类	子类	评分说明
建筑部分	立面色彩变化 立面清理、材质更改及其他 建筑部分改善是否有效	1.发生色彩更新则评分为1，无变化则评分为0 2.发生立面清理，材质更改则评分为1，无变化则评分为0 3.建筑部分的美化行为效果较好则评分为2，效果一般则评分为1，没有效果或负面效果则评分为0
人行道部分	停车空间整治 绿化改善 街道家具增设或优化 人行道部分改善是否有效	1.划分停车空间或停车空间美化则评分为1，无变化则评分为0 2.人行道绿化增加或改善则评分为1，无变化则评分为0 3.街道家具增设或改善则评分为1，无变化则评分为0 4.人行道部分的美化行为效果较好则评分为2，效果一般则评分为1，没有效果或负面效果则评分为0
车行道部分	车道细化 绿化改善 道路部分改善是否有效	1.发生车道精细化划分则评分为1，无变化则评分为0 2.车行道绿化改善则评分为1，无变化则评分为0 3.车行道部分的美化行为效果较好则评分为2，效果一般则评分为1，没有效果或负面效果则评分为0
底商部分	店面招牌变化 店面立面通透性、装饰变化 底商部分改善是否有效	1.发生店面招牌变化或改善则评分为1，无变化则评分为0 2.立面通透性增强，装饰美化则评分为1，无变化则评分为0 3.底商部分的美化行为效果较好则评分为2，效果一般则评分为1，没有效果或负面效果则评分为0
围墙部分	通透性变化 周边绿化与设施建设 围墙部分改善是否有效	1.围墙立面通透性增强则评分为1，无变化则评分为0 2.围墙绿化及其他设施改善则评分为1，无变化则评分为0 3.围墙部分的美化行为效果较好则评分为2，效果一般则评分为1，没有效果或负面效果则评分为0

备注：人工识别时应排除因季节变化等干扰因素造成的绿化变化及天气影响，针对有围墙的小区对围墙进行打分，针对有底商的小区对底商进行打分。道路两侧居住项目底商围墙部分情况不同的则分别打分。

图 13-9　街道空间品质变化评价体系及具体评分说明

研究发现，近年来北京更新类居住区周边的街道品质总体较低，改善比例在 10% 左右，多为简单的表面化整治。虽然部分街道实施了提升措施，效果却不理想，约有一半比例没有成效。微观环境的优化措施几乎没有体现规划设计中一直倡导的精细化理念。

街道品质的实践一方面验证了街景图像可以用于大尺度范围内街道静态环境品质水平的测度，兼顾研究尺度和数据粒度，实现大规模、小尺度的精细化研究，突破传统的模型弊端；另一方面，还说明街景可以应用于多时相空间客观变化的识别和检测，减少"空间研究过于主观"的诟病。鉴于当前研究为初步探索，暂时采取人工识别的方法，随着图像分割技术、图像识别技术的进一步提升，后续空间变化研究有望朝着更加智能化的方向拓展。

13.5.2　街景的应用：不同视角街道绿化水平自动评价

城市街道的绿化水平一直是评价城市环境、品质的重要因素之一。研究表明，良好的道路绿化可使人心情平静，可以减少道路路面的热岛效应，具有碳汇能力和吸收大气中其他有害物质能力，吸尘、隔声、降噪，种植大乔木能改善道路空间尺度关系，降低空旷感，塑造道路景观等功能。对绿化的客观评价是一种高效且精准的方法，然而目前用于客观评价绿化水平的方法较少，其中遥感是最为通用且常见的途径。然而遥感也有其局限性，由于遥感从天空拍摄，不是从人的视角去感受，且范围较大，基本空间单元非街道，适合整个城市的绿化水平整体水平评价（Li，2015）。因此街景图片是一种人本视角判断街道绿化水平的重要数据源，图片的自动获取与客观分析，降低了调研成本且提升了评价的科学性，可用于绿色步道规划、可步行性评价、绿色城市评价等方向。

本章选取成都市域内，腾讯街景地图覆盖的所有街道（外围区县未能覆盖）为研究对象，每隔50米选取一个样本点，通过腾讯地图提供的接口，用Python程序自动爬取每个样本点前、后、左、右、正上方五个方向近百万张街景图片，运用MATLAB图像识别的方法，分析每张图片绿色植被面积占比，客观评价每个点的平视绿化率和仰视绿化率，街道的绿化率为街道上每个样本点的平均值，计算方法如图13-10。

运用ArcGIS等数量分级的方法，将平视绿化水平和垂直绿化水平等数量分5级（图13-11、图13-12）。可以看出：①平视绿化水平，二圈层区县（温江区、郫县、新都区、青白江区、龙泉驿区、双流县）可见绿总体高于中心五城区（金牛区、成华区、锦江区、武侯区、青羊区），温江区最高，比较符合其"国际花园城市"的定位；绕城高速内，南边平视绿化水平高于北边。②仰视绿化水平总体规律与平视绿化水平相反，中心五城区总体高于周边区县，特别是二环内，仰视绿化水平明显高于其他区域。③平视绿化率总体上高于仰视绿化率，且街道平视绿化率方差小于仰视绿化率方差，仰视绿化率呈长尾分布。

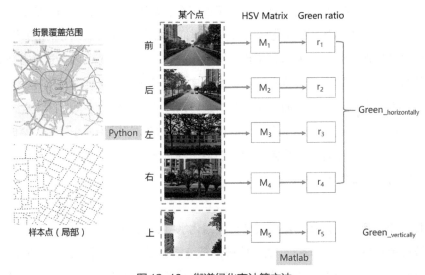

图13-10　街道绿化率计算方法

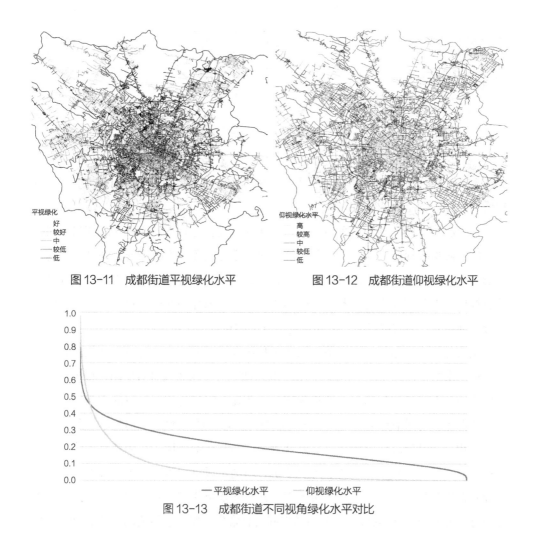

图 13-11　成都街道平视绿化水平　　　　图 13-12　成都街道仰视绿化水平

图 13-13　成都街道不同视角绿化水平对比

按照同样的方法，搜集中国 245 个主要城市中心地区近百万张腾讯街景图片，识别了每张图片的绿化率用以表征街道的可见绿情况，然后将图片层次的结果汇总到街道尺度和城市尺度（图 13-13），并与街道长度、地块尺度、城市经济水平、行政等级展开相关分析。

研究发现，街道长度越长、周边地块尺度越小、所在城市经济越发达、行政等级越高，则街道的绿化程度越好；另外，总体而言，西部地区的城市街道绿化水平较高；街道绿化水平最高的五个城市依次为潍坊、淄博、宝鸡、马鞍山和承德，全都是国家园林城市，而街道绿化水平后五位皆不在园林城市之列，这也从侧面佐证了该研究提出的自动化街道绿化水平评价方法的合理性与科学性。

13.5.3　街景的应用：街道建成环境中的城市非正规性

伴随市场化改革和城市化浪潮，城镇内部的就业结构正发生着重大变革，在城镇特别是特大城市地区出现了大规模的城市非正规就业人群（张延吉，张磊，

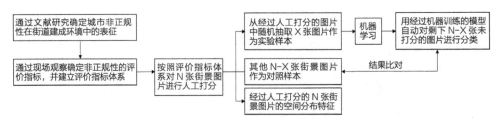

图 13-14　基于街景图片的城市非正规性在街道建成环境中的识别与评价方法体系

2016）。城市街道成为上述群体在特大城市中谋求生存机会的重要空间载体，为门槛
较低的经济业态提供了生存空间。

　　为了将城市非正规性概念转变为可操作性定义，笔者首先通过文献调研和研究
地段的实际情况探勘，确定城市非正规性在街道建成环境中的表征，并进一步通过
现场观察确定非正规性的评价指标，然后对街景图片进行全样本人工打分，并从中
随机抽取一部分图片作为机器学习的训练模型，用训练好的模型对剩下一部分图片
进行自动识别，最后将机器学习和人工打分的结果进行比对（图 13-14）。

　　笔者选取北京老城什刹海历史文化保护区和国子监、雍和宫历史文化保护区作
为现场观察的片区，在片区内随机抽取 20 条胡同进行现场调研后发现，传统的、以
居住为主的北京老城胡同立面特点为青砖、灰瓦、深红色和深绿色的木门窗。非正
规就业群体在胡同中聚集后，从事的商业经营业态主要包括餐饮、理发、贩卖食品、
修理日用品；其建成环境特征主要表现为：同一条街道上样式、颜色互不统一的广
告牌和立面门窗，材质以有别于传统建筑材料的金属材质为主。大多数的商户都会
将经营范围延伸至街道上，如占用街道公共空间摆摊或摆放室外座椅，由此造成街
道通行宽度变窄。总体而言，改变街道空间的日常生活实践包括流动摊贩、立面涂鸦、
居民住房的加建（从建筑使用的材质和建筑结构可以判断）、居民在街道上自发形成
休闲区域（包括在街道上摆放座椅、布置花盆花架、搭建储物空间）。

　　与此相反，经过设计导则控制和政府整治的街道，其建成环境与上述街道截然
不同。以什刹海烟袋斜街为例，烟袋斜街分别在 2001 年、2005 年作为传统特色商
业街区进行过街道基础设施和沿街立面的整治，其街道建成环境特征表现为整齐的
地面铺装，统一材质、色彩的广告牌、建筑屋顶与立面，统一摆放的花盆、路灯等。
上述街道不属于具有非正规性特征的街道。此外，一些正在被拆除的地区，虽然其
空间面貌较为混乱和破败，但是由于其中无人居住，也无人进行商业活动，因此该
类地区的街道也不属于具有非正规性特征的街道。

　　通过现场观察的方法，可以将城市非正规性在街道层面的空间表征转化为可操
作性定义，从而确定评价指标体系。通过样片参照，我们对城市非正规性在街道中的
空间表征按五个维度进行打分。凡是街景图片出现如下任一特征者记 1 分，包括样式、
颜色互不统一或材质与传统建筑材料不和谐的广告牌，有别于传统建筑样式的立面

改造，沿街商贩超出门店经营或沿街摊贩，沿街有房屋加建，居民自行摆放的座椅、花架、搭建的储物空间等。一张街景图片总分最高 5 分，最低 0 分（图 13-15）。

研究将街景图片的人工打分结果赋值在其所在街道上，得到北京老城城市非正规性在街道中的空间分布特征（图 13-16）。在 841 条经过人工评价的胡同中，平均得分 3-4 分的胡同共 11 条，2-3 分胡同共 66 条，1-2 分胡同 144 条，0-1 分胡同 154 条，不具有非正规性特征的胡同 466 条。

如图，非正规性特征较明显的地区在北京老城中主要包括：西城区新街口及以西片区，大栅栏地区西侧、香厂地区；东城区南北锣鼓巷地区，雍和宫地区东侧，东四三条至八条，张自忠路南地区，磁器口以南片区。通过对上述地区的街景图片比对可发现，非正规性特征较明显的地区一般具有如下特征：摊贩聚集明显，居民日常生活服务类为主的商业聚集明显，沿街房屋加建较多。相反，在北京老城中非正规性特征不明显的地区主要分布在东城区东四南地区，西城区前门以西地区，阜成门内大街地区，什刹海北部地区。通过对上述地区的街景图片比对，结合文献资料发现，非正规性不明显的地区分为以下三类：第一类地区曾是达官显贵居住之所，

图 13-15　通过现场观察建立城市非正规性在街道中的空间表征评价指标体系

图 13-16　北京老城城市非正规性在街道中的空间分布

现存文保单位集中，街道进行过更新改造，有经过设计的街道家具和绿植的布置；第二类地区中，胡同两边已不是传统的四合院为主的居民区，而是以多层住宅楼房为主的门禁小区或是单位用房；第三类是环境较为破败的胡同，其中没有商贩经营，也没有居民自发在街道上形成的休闲空间。

13.5.4　Web 图片的应用：主导城市意象识别

快速城镇化过程中城市千城一面、城市特色丧失，城市意象是反映城市特色与城市精神最好要素，城市意象对城市有着重要意义。开放数据的丰富与发展为城市研究提供了新的方法与途径，利用网络照片解读城市意象，能够以更全面和更直观的方式体现人们对城市的印象，便于发现、分析和解决城市问题。城市意象的研究方法从认知地图、调查问卷等传统方法发展到利用地理照片数据、网络开放数据等新数据方法，研究对象从单个城市认知、单个城市纵向比较到多个城市的识别分类和横向比较，研究内容也从性质的描述发展为量化的评价。

笔者利用研究数据来源于雅虎实验室 "Ya—hoo!Webscope" 网络开放研究项目，此项目共享了 2004—2014 年全球 1 亿条 Flickr 照片信息，数据名简称为 "YFCC-100M"。该数据除了照片图元本身，还包含了照片编号、用户编号、用户名、拍摄时间、上传时间、拍摄设备、标题、描述、用户标签、深度学习标签、经度和纬度等 23 类信息，当前其已被广泛应用于人工智能、城市研究、社会研究与广告业等各个领域。此次研究重点关注和利用网络照片数据的地理位置信息与深度学习标签。地理位置信息包括了经度和纬度，能够精确反映照片数据在城市中的分布情况；深度学习标签是图像识别程序辨认图片内容后得到的结果，能够客观反映照片所指向的内容。Flicker 相片展开中国城市意象研究，综合分析相片点位信息、标签信息和图片内容深度学习信息。中国境内共有 252988 张 Flickr 深度学习照片，中国大陆 205 个城市城区范围内共有 82922 张深度学习照片，平均每个城市 404 张照片。从分布情况看，照片数量多的城市主要集聚在长三角、珠三角、京津冀和成渝城市群，而北京和上海两个城市的 Flickr 深度学习照片数量远超国内其他城市，分别为 3.24 万和 1.85 万（图 13-17）。

结果表明，城市意象是研究个体或群体对城市特征的感应，超过整体平均水平的部分才能给人以深刻印象，城市意象的主导方向不是由要素中比重较大的决定，而是应该是超过全国平均水平的最多的要素决定（图 13-18）。

在研究范围全国 24 个城市中，以标志建筑为主导意象的城市有 15 个；以公共空间为主导意象的城市有 2 个；以市民生活为主导意象的城市有 4 个；以自然景观为主导意象的城市有 3 个。以标志建筑为主导意象的城市主要分布在中国东部区域，以公共空间、市民生活和自然景观为主导意象的城市主要分布在中国西部区域。中国城市间意象构成结构趋同，大多数城市意象以物质要素为主要特色，非物质要素特色不明显。

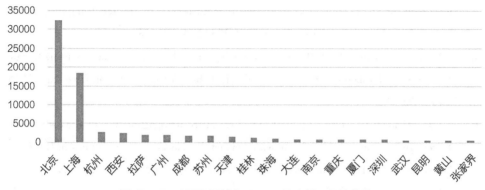

图 13-17 中国不同城市 Flicker 深度学习相片数量

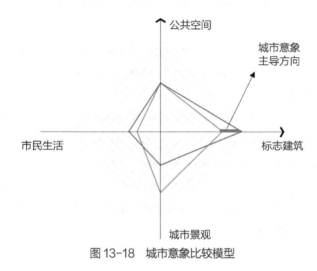

图 13-18 城市意象比较模型

参考文献

[1] Gavric，K. D.，Culibrk，D. R.，Lugonja，P. I.，et al.. Detecting attractive locations and tourists' dynamics using geo-referenced images[C]. In 2011 10th international conference on telecommunication in modern satellite cable and broadcasting services（TELSIKS）. Belgrade，2011，208-211.

[2] Harvey C. Measuring streetscape design for livability using spatial data and methods[D]. University of Vermont，2014.

[3] Hu Y.J.，Gao S.，Janowicz K.，et al. Extracting and understanding urban areas of interest using geotagged photos[J]. Computers，Environment and Urban Systems，2015（54）：240-254.

[4] Palomares J.，Gutierrez J.，Mínguez C. Identification of tourist hot spots based on social networks：A comparative analysis of European metropolises using photo-sharing services and GIS[J]. Applied Geography，2015（63）：408-417.

[5] Kim D.，Rho S.，Jun S. et al. Classification and indexing scheme of large-scale image

repository for spatio-temporal landmark recognition[J]. Integrated Computer Aided Engineering, 2015（22）: 201-213. DOI 10.3233/ICA-140478

[6] Li X.J., Zhang C.R., Li W.D., et al. Assessing street-level urban greenery using Google Street View and a modified green view index[J]. Urban Forestry & Urban Greening, 2015（14）: 675-685.

[7] Li X.J., Zhang C.R., Li W.D., et al. Who lives in greener neighborhoods? The distribution of street greenery and its association with residents' socioeconomic conditions in Hartford, Connecticut, USA[J]. Urban Forestry & Urban Greening, 2015（14）: 751-759.

[8] Li X.J., Zhang C.R., Li W.D., et al. Assessing street-level urban greenery using Google Street View and a modified green view index[J]. Urban Forestry & Urban Greening, 2015（14）: 675-685.

[9] Liu L, Massachusetts Institute of Technology, Department of Urban Studies and Planning. C-IMAGE: city cognitive mapping through geotagged photos. [EN/OL]. http: //hdl.handle. net/1721.1/90205.

[10] Naik N., Kominers S. D., Raskar R., et al. Do people shape cities, or do cities shape people? The co-evolution of physical, social, and economic change in five major US cities[R]. National Bureau of Economic Research, 2015.

[11] Straumann, R. K., Coltekin, A., & Andrienko G. Towards（Re）constructing narratives from georeferenced photographs through visual analytics[J]. The Cartographic Journal, 2014, 51（2）: 152-165.

[12] Sun, Y., Fan, H., Bakillah, M., et al. Road-based travel recommendation using geo-tagged images[J]. Computers, Environment and Urban System, 2015（53）: 110-122.

[13] Tammet, T., Luberg, A., Jarv, P. Sightsmap: crowd-sourced popularity of the world places. In Information and communication technologies in tourism[M]. Berlin Heidelberg: Springer, 2013.

[14] Vu H.Q., Li G., Law R., et al. Exploring the travel behaviors of inbound tourists to Hong Kong using geotagged photos[J]. Tourism Management, 2015（46）: 222-232.

[15] Yin L., Cheng Q.M., Wang Z.X., et al. 'Big data' for pedestrian volume: exploring the use of Google Street View images for pedestrian counts[J]. Applied Geography, 2015（63）: 337-345.

[16] Zhou X.L., XU C., Kimmons B. Detecting tourism destinations using scalable geospatial analysis based on cloud computing platform[J]. Computers, Environment and Urban Systems, 2015（54）: 144-153.

[17] 张延吉，张磊. 城镇非正规就业与城市人口增长的自组织规律 [J]. 城市规划, 2016（10）: 9-16.

[18] 赵渺希，徐高峰，李榕榕. 互联网媒介中的城市意象图景——以广东 21 个城市为例 [J]. 建筑学报, 2015（2）: 44-49.

第 14 章

基于手机大数据的
城市空间研究

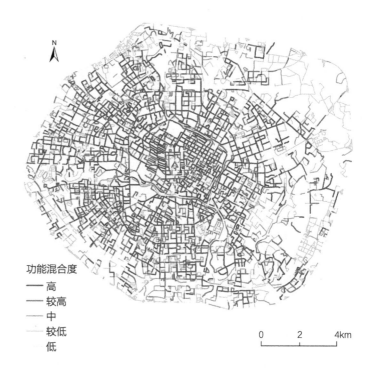

功能混合度
—— 高
—— 较高
—— 中
—— 较低
—— 低

0   2   4km

手机数据是指手机使用者在使用过程中产生的大量位置、时间以及相关用户特征的信息。通过手机数据可以获得某用户处于匿名状态中的、在某一时刻的位置或者随着时间的移动情况。通过手机数据预处理、数据去噪、扩样、匹配分析、模型分析等一系列数据运算处理手段，手机数据最终可以被用于居民行为特征分析、城市通勤测算和道路交通规划、城市空间结构识别等方面。大量基于手机数据的实证研究证明了手机大数据在城市研究中的有效性。本章将介绍手机大数据的内容、处理、解读以及手机大数据在城市空间研究中的运用，并对其未来的发展进行展望。

14.1 数据介绍

除了数据来源丰富（手机持有率高）、覆盖范围广外，手机大数据的特点还包括：匿名、没有个人属性信息、安全性较好；不可干预性——被调查者不能干预手机信令数据的采集，因而手机用户无法干预调查结果；连续性和实时性——易于多日连续采集，能够准确的反映连续的时间区段内的用户空间位置。时空精度上，手机数据也有一定优势。手机大数据时间信息和定位信息准确，其采用标准的精确到秒的 GPS 时间，与真实事件发生的时间偏差较小；手机数据能够粗颗粒表明用户所在的位置，市区偏差在50—300m，郊区偏差略大，一般也在 2000m 内。传统的基于活动日志、问卷调查、访谈等方法获取的人类活动数据，精确性容易受到调查者回忆、习惯、填写态度等的影响，并且数据收集时间长、成本高、样本容量小。与传统的调查方式相比，手机大数据具有独特的优势，传统的研究方法正转为基于 GPS/GSM 定位技术的数据采集和获取。

14.2　数据获取及数据处理

1. 手机数据分类

依据数据来源分类，手机数据可分手机信令数据和应用数据两大类。

（1）手机信令数据

移动通信网络与用户手机终端主动或者被动的，定期或者不定期的保持着联系，移动通信网络将这些联系识别为一系列的操控命令，即为手机信令。手机信令数据可以包括两部分。一部分是在用户进行产生计费的收发短信、通电活、上网等行为时，获取的用户位置信息。这部分也称为话单数据。另一部分则包括非计费的手机开关机、小区切换、定时位置更新等信息。手机信令数据一般可以从通讯运营商处获取。

从运营商获取的数据具有数据量大、时效性高的优点，但基于个人隐私的保护，大量用户身份信息在输出通信系统前予以删除，最终获得的可用数据类型往往较为单一。此类数据属于非自愿提供的数据，手机数据的城市研究都是以非自愿提供数据为基础。该类型的数据主要内容包括用户 ID、时间戳、基站位置编号、事件类型等信息等。

（2）应用数据

主要是智能手机安装的包含位置（LBS：location based service）的应用软件向服务器端发送端位置变化信息，主要由软件供应商处获取。作为用户主动发送的数据，其内容包含了软件搜集的与用户行为或身份相关的信息。与运营商端获取的数据相比较该类型数据用户基数总量较大，信息种类也更为丰富。但通过软件供应商获取的应用数据采集受制于智能手机使用人群和用户软件使用习惯影响较大，数据采集缺乏全面性和代表性，实际应用价值受到较大限制。该类型的数据内容包括个人信息和带有位置信息的个人社会经济属性信息、比如反映个体真实位置的文本与照片和可定制的移动数据。

我们主要介绍在手机大数据中研究中使用更为广泛的手机信令数据。

2. 手机信令数据的清洗

手机信令数据的清洗是使用手机信令数据进行分析的前提。有学者将手机信令数据的清洗分为两个部分：首先将信令数据看作常规数据，对其进行常规的预处理，过滤掉空值、错误值及重复值；随后针对手机信令数据的生成原理，对其所特有的编码切换数据、漂移数据、静止数据等进行处理。通过分层次的数据清洗，减少了多余的数据，提高了计算效率。也有研究人员提出了以提取手机用户轨迹服务信息为目的的数据清洗算法，该算法分为四个步骤：第一，删除存在时间戳缺失等错误的信令数据；第二，以研究区域为参考，删除手机用户轨迹中与研究区域不相关的部分；第三，认为手机用户必须要在三个或三个以上不同的地方停留，才能保证生成有意义的轨迹，因此删除停留位置少于三个的用户；第四，针对手机用户在同一个位置的连续数据集（由连续地接打电话，收发短信产生），由于这些信息不能提供额外的附加信息，因此只保留第一条，删除剩余的信息。

3. 用户停驻信息的挖掘

对手机信令数据清洗过后，可以利用数据进行手机用户信息的挖掘。可以按照城市用地类型，将每个基站小区赋予一个功能主题，例如购物、文化、教育、生活等，并将功能相同的基站小区合并为同一个功能区。在研究用户行为轨迹时，以功能区而不是单一的基站小区为单位识别手机使用者的行为轨迹，降低了相邻小区的乒乓现象（处在两个基站相接处的用户轨迹会在相邻的两个区域内跳转）对识别用户轨迹的影响。

4. 手机信令数据解读

用户时空变化是手机利用的关键环节，目前的出行识别方法主要是利用手机通话过程中基站的切换这一空间变换性质，认为在特定时段内出现的最高频率的基站点为这一时段内的空间定位点。

当个体使用手机进行通话或发送短信时，其通讯业务会由距其最近的基站负责处理，由此产生一条话单记录。从几何角度来看，两基站的分界线是两点之间连线的铅直等分线，将全平面分为两个半平面，各半平面中任何一点与本半平面内基站的间隔都要比到另一基站间隔小。当基站数量在二个以上时，全平面会划分为多个包罗一个基站的区域，区域中任何一点都与本区域内基站间隔最近，是以这些个区域可以看作是基站的覆盖区域，将这种由多个点将平面划分成的图称为 Thiessen 多边形，又称为 Voronoi 图。

手机基站的辐射范围可基于 Thiessen 多边形的原理创建（图 14–1）。例如，成都市域 Thiessen 多边形共 16796 个（图 14–2）。基站的分布与人口分布有一定的正相关，即中心城区，每个 Thiessen 多边形覆盖范围较小，而在城市边缘区，每个多

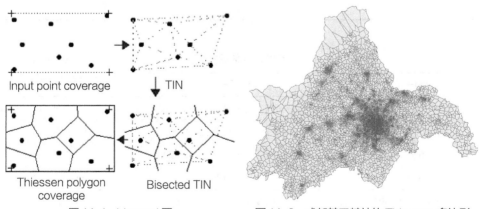

图 14-1　Voronoi 图
（由点创造 Thiessen 多边形）

图 14-2　成都基于基站的 Thiessen 多边形

边形覆盖范围较大。一部分研究假设同一个多边形的人口均匀分布，但研究结果会与实际情况不太一致。也有一部分研究，结合基站内建筑密度和容积率分布，对高密度区域赋予高概率值，低密度赋予低值，反映个体出现的可能性，这样研究的结果较为精确，但研究的工作量相应较大。

手机基站数据一般包括基站所在的地区，基站经纬度等信息，以江苏省某基站数据为例（表 14-1）：其中 MCC 指移动信号国家码（其中 460：中国），MNC 指移动网络号码（其中 00：中国移动，01：中国联通），LAC 指位置区编号，CELL_ID 指小区标号，LON 指经度（地理坐标），纬度（地理坐标），Precision 指精度（马春景，2016）。

尽管手机基站记录的用户数据，无法直接的从数据本身区分就业、出行、居住等活动类型，但是由于就业、出行、居住等活动在不同时段有一定的规律性，如果分别记录夜间、日间、工作日、休息日的手机用户空间位置，也能够分析出居民行为的空间分布，从而分析城市空间结构特征。

手机信令数据一般包括手机识别号（唯一标识手机）、时间戳（信令成果的时间标记，精确到秒）、位置区编号、小区编号、时间类型和原因编码（包括开机、关机、挂机、主叫失败、被叫失败、发送短信失败、接受短信失败、正常位置更新、小区内或小区间切换等）、手机归属地、经纬度等。表 14-2 所示为某一群体话单数据的局部。分工作、非工作日以及一天的 24 个时段进行通话基站的频次统计，进而得到每个用户在每个时段划归的最高频次基站编号（ID），视为其当时所在的空间定位依据（表 14-3）。

原始数据经过处理以后每个用户就获得了工作日 24 小时的基站，但此时还无法

江苏省某基站数据示例（马春景，2016）　　　　　表 14-1

MCC	MNC	LAC	CELL_ID	LON	LAT	Precision
460	0	20720	4888	119.3898	32.32877	1500
region	county	street	street_number	city	country	
江苏省	邗江县	汊河街道	魏庄	扬州市	中国	

手机话单数据样例　　　　　表 14-2

用户 ID	通话时间	基站 ID
2700000094870	2016-03-09-9.11.49.000000	287305843
2700000127588	2016-03-09-9.15.24.000000	5760859194
2700000131734	2016-03-09-9.15.18.000000	2872636812
2700000122631	2016-03-09-9.15.49.000000	2893525929
2700000181503	2016-03-09-9.24.13.000000	2871037354
……	……	……

用户分时归属基站统计样例　　　　　　　　　　表 14-3

用户 ID	7 点基站 ID	8 点基站 ID	9 点基站 ID	10 点基站 ID	11 点基站 ID
10000001	2897825643	2870117513	2870117513	2870140338	2897825643
10000002	2871865415	2871865415	2871865415	2871865415	2871865415
10000003	2870124605	2870125269	2893463025	2893410062	2893463025
10000004	2896212261	2870140337	2870129511	2870129511	2870129511
10000005	2897112172	2897112173	2897112172	2897155404	0
10000006	2896857636	2896840168	2896829356	2873044533	2896851574
10000007	2919549932	2919543433	2919549932	2919549932	2919440084
10000008	5761723377	5761723377	5761723377	287119972	2871123371
……	……	……	……	……	……

与城市空间相关联，因此还需在 ArcGIS 中进行通信基站的空间定位，再依托研究的空间单元划分将单元编号赋予基站 ID，进而得到不同基站所属的空间单元位置。例如，有研究将夜间在同一空间位置周边重复出现概率大于 60%，识别为居民的居住地，例如认为日间在同一空间位置周边重复出现概率大于 60%，则识别为居民的就业地。在上海全市域范围内，从 2011 年的连续两周的手机信令数据中，约有 849 万居民同时识别出了就业地和居住地（钮心毅等，2014）。

14.3　基于手机大数据的城市空间研究

14.3.1　居民行为特征

利用手机数据分析居民行为特征主要有分析居民活动分布、常住人口和就业人口数量、人口密度等。比如在某个城市范围内，每隔一定时间动态监测人口等分布情况，就可以得到每个指定区域内的人口数量及密度。例如使用移动电话定位数据分析城市生活的昼夜节律和空间差异，即随机抽取居住在城外新区的居民，选择连续一周内每 15 分钟的时间间隔进行定位实验，用得到的时空间行为数据分析受访者在城市中工作、上学、服务与休闲活动节律（Ahas 等，2010）；有研究对移动手机用户信令数据进行持续采集分析，得到各个手机用户在不同日期各个时间段的空间活动范围，根据人口在时间与空间上的出现规律，筛选出常住手机用户，再根据居民通勤作息特点和长期历史轨迹识别其居住地与工作地，分析城市常住人岗位分布以及特定区域的职住（任颐，2014）；还有相关学者利用 206 人连续六个月产生的总共 10 万条手机数据，研究了居民出行的轨迹在时空多个维度的规律，并认为尽管存在空间分布上的差异性和异质性，大部分个体的出行保持时间和空间上的规律性，遵循简单重复的模式（Marta，2008）。这也为日后应用手机数据研究居民行为，交通特征，城市空间结构，城市规划等提供了基本保证。目前单纯靠智能手机定位数据研究居民行为并不全面，多数研究可能需要结合访谈、活动日志等其他手段进行数据补充。

14.3.2　交通特征分析

传统的居民出行调查往往采用抽样问卷的方式，抽样率往往很低且调查成本较高，组织协调需耗费大量人力、物力和时间，数据汇总处理周期也较长。而手机大数据获取大范围准确、可靠的出行现状数据信息，为城市交通特征分析提供了重要保障。手机大数据被广泛的运用于城市道路交通特征分析，比如车辆运行速度、交通拥堵、特定区域客流集散、通勤出行特征、大区间 OD、出行距离、出行强度、出行时耗、道路交通优化等研究。研究者借助智能手机上的一个利用蜂窝网络的交通监控系统，通过 GPS 设备提供的位置和速度信息开发了移动世纪系统（mobile century），对美国加利福尼亚州的 100 辆小汽车进行监测（Herrera 等，2010）。也有学者使用手机和出租车数据模拟城市人口的动态轨迹，通过数据融合和空间分析对城市人口旅游行为建模，以缓解城市交通拥堵（Hu 等，2009）。还有研究人员利用手机轨迹预测了波士顿都市圈 100 万居民的交通需求，并且依据手机轨迹数据，建立了基于 OD 出行流的城市交通监控系统，实时定位城市出租车、公交车的运行（Calabrese，2011）。利用手机信令还可以监测特定区域客流集散时，在选择的时间段范围内，监控某一特定区域比如大型的赛事、会展等区域内客流数量，当达到一定规模及时作出预警，或者合理安排客流来源和去向。

14.3.3　城市空间结构分析

运用手机大数据分析城市空间结构，包括分析城市中心性网络化结构和功能分区等，随着手机的普及正在被广泛的运用。

有学者利用英国一家大型电信数据库的通话定位数据，使用细粒度的区域划分方法分析了数十亿人类个体交易网络，对英国地理行政区划进行评估，从而力图规划出较行政区划而言更具地理凝聚力的功能区划（Ratti 等，2010）。国内研究人员以上海中心城为例，提出了利用手机定位数据识别城市空间结构的方法。首先依据基站汇总所连接用户数量，采用核密度分析法生成手机用户密度图。使用移动通讯基站地理位置数分别计算了上海中心城内工作日点、休息日点的多日平均用户密度图。随后，对工作日点、休息日点的手机用户密度空间分布进行空间聚类和密度分级，用于识别城市公共中心的等级和职能类型。最后，对工作日、休息日昼夜手机用户密度比值、夜间手机用户密度进行比较，用于识别就业、游憩、居住功能区及其混合程度。用手机用户密度的高值区识别公共中心，用昼夜密度比值和夜间人口密度反映昼夜人流变化来识别功能分区（钮心毅等，2014）。还有研究人员从手机信令数据中获取了江西省40个县市，678个乡镇基本单元范围内手机用户2015年10月到11月连续37天的时空活动轨迹，以区域内常住居民的多日跨镇出行数量来模拟区域内各城市网络联系强度。依据城市网络联系强度，分别从城镇等级体系、中心城市腹地和区域发展廊道3个方面，结合对既有规划的比较，对区域城镇体系现状进行了综合评估，最后对大都市区规划提出空间发展策略（姚凯，2016）。另外有学者通过对手机信令数据的分析，分别界定了南京东部市级中心、五角场副中心、鞍山路地区级商业中心的核心、次级、边缘三级商圈范围，并描述了商圈的基本特征。在此基础上，对三个商业中心进行了全面比较，包括消费者数量和时变性，消费者空间分布的中心集聚性、距离衰减性、空间对称性，商业中心间的竞争关系等（王德，2015）。

14.3.4　职住平衡

在研究职住平衡方面，有学者选用了上海移动的2G手机信令数据，连续两周10个工作日内，计算手机用户在同一空间位置周边重复出现的概率，用来识别居民的居住地和就业地。计算得出849万居民的通勤数据。以此为基础，分析郊区新城与中心城的职住空间关系分析（钮心毅，2015）。也有研究利用手机信令数据，对上海市域职住空间进行分析，并且提出分区域的居民通勤距离和就业岗位通勤距离计算方法，并与传统的居民出行调查数据所得出的职住情况进行吻合度分析，验证了手机信令研究职住平衡的有效性（张天然，2016）。

14.3.5　城市动态监测和评估

手机数据可以提供单一时刻的位置信息和阶段时间的用户移动变化，通过采集居民活动，可以对城市设施、城市土地利用、生态环境、城市活动空间，为城市的动态规划提供数据和技术支撑，有助于实现城市运行情况的动态监测和评估。有学者利用手机用户从某一城市出发，前往目的地城市所产生的轨迹点，动态监测珠江三角洲城市群与其他城市群联系强度，并且利用手机用户居住地空间分布分析了珠江三角洲城市群的城市首位度和内部城市的等级体系（董志国等，2017）。还有研究人员提出了手机信令数据支持城市总体规划实施和评估的技术路线，认为手机信令数据有效弥补了传统静态数据的不足，可以广泛应用于城市规划的动态评估，包括区域城镇等级结构评估、区域城镇空间结构评估、重大服务设施发展水平评估、城市功能结构评估、新兴功能区发展水平评估、交通发展与职住平衡评估、商业发展与多中心体系评估等总体规划实施评估中的多个领域（钮心毅等，2017）。与传统的比较物质形态的土地利用现状与规划是否一致的方式相比，手机信令数据通过人的活动与空间形态的耦合性分析，能够有效发现"现状合理、规划不合理"或是"现状不合理、规划合理"，弥补传统"一致性评估"的局限性，更科学地评估总体规划的合理性。

14.3.6 对城市空间利用效率的评估

手机数据捕捉到城市居民活动流的变化，强调流的变化与城市各功能间的关系，通过认识移动的时空特征，来评估城市空间使用效率。利用手机大数据可以客观真实的评估城市要素的使用效率和公共服务配置的运行效率，城市局部空间的就业吸纳水平以及空间活力等。大数据背景下，手机数据可以为土地利用效率的提升和空间的优化提供潜在的应用，提高土地的生态和经济适应性。此外，手机数据包含的位置／轨迹信息，时空动态信息有助于协调人口、用地数量、结构和分布从而提高城市各个要素间的配置关系，提高城市运行成本和效率。

14.3.7 城市安全和城市生态环境研究

手机大数据还被用于城市安全和生态环境研究。在城市安全的研究方面，国外学者做了较多尝试。比如有研究对一些无家可归的年轻人进行手机数据采集、调研，详细分析所得数据，力图探索使用手机数据来管理不安全的空间，并进一步加强空间设计（Woelfer 等，2011）。来自诺基亚研究中心的研究员，通过移动通信系统的定位数据试图帮助公共场所提高安全性。调查选取了 200 多名 20—30 岁居住在班加罗尔、新德里和旧金山城内的女性，提出了舒适区（comfort zones）的概念，从而进一步指导社区空间规划以提升女性使用的安全性。在生态环境研究方面，有研究人员开发智能手机软件—uSafe 让使用者感知和报道周边的噪声污染（Christin 等，2012）。也有学者研发出 NoiseSpy 软件收集剑桥市中心周围噪声数据，他们将这些数据汇总到空间地图上，用来指导规划人员的工作。另外相关研究人员还通过使用智能手机定位数据和图像，记录 30 名初中学生的行程路线，然后将得到的数据进行分析并模拟空气污染的航线（Pooley 等，2010）。

14.4 手机大数据应用案例

本节将以《街道活力的量化评价及影响因素分析——以成都为例》为案例，分析手机信令数据在研究中的具体应用，及其与多源大数据相结合解决街道活力量化评价及街道影响因素分析的方法。

14.4.1 研究范围与数据

1. 研究范围

研究范围为成都市域（图 14–3）。全市面积 12121km²，东西长 192km，南北宽

图14-3 成都市域

166km，平原面积占40.1%，丘陵面积占27.6%，山区面积占32.3%。成都是四川省会，国家历史文化名城，国家重要的高新技术产业基地、商贸物流中心和综合交通枢纽，西部地区重要的中心城市。

2. 研究数据

研究数据主要包含路网、手机信令、地图兴趣点（POI）、现状用地分类和现状建设用地。

（1）路网

路网为2014年的测绘数据。合适的道路网络数据对开展基于街道层面的研究至关重要。原始路网数据细节过多，且存在可能的拓扑错误等问题，因此需要进行制图综合与拓扑处理，以便后续应用。

（2）手机信令

手机信令来源于成都移动公司在2015年9月的某个工作日和某个周末的全天数据。全市移动用户约1500万（约占成都市75%的市场份额），基站4万多个。以基站为单元，统计每个基站每小时内的信令数据总量。

结合人的活动特征，手机信令数据可分时段处理，以便更加清晰的反映活动分布规律。对9月8日（工作日）手机信令分时统计，主要时段包括：0—7：00（WD0007，后续依次类推），7：00—8：00，8：00—9：00（早高峰），9：00—12：00，12：00—14：00，14：00—17：00，17：00—19：00（晚高峰），19：00—22：00，22：00—24：00；对9月12日（周末）手机信令分时统计，主要时段包括：0—9：00（WE0009，后面依次类推），9：00—11：00，11：00—14：00，14：00—17：00，17：00—19：00，19：00—22：00，22：00—24：00。为了清晰的展示区域规律，本研究将不同时段的手机信令人口密度等数量分为9级，并将三环内展示出来，图14-4表示9月8日，图14-5表示9月12日。

（3）地图兴趣点（POI）

地图兴趣点POI数据于2014年取自中国某大型地图网站。根据简化后的街道，选取街道两侧55m内与城市活力相关的POI点位，共计269549个。参照笔者之前的研究，将筛选之后的POI分为8大类：政府机构（2.4%），交通运输（7.9%），商业

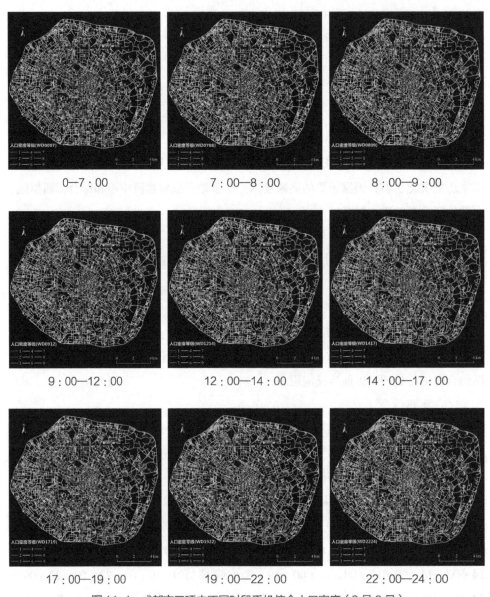

图14-4　成都市三环内不同时段手机信令人口密度（9月8日）

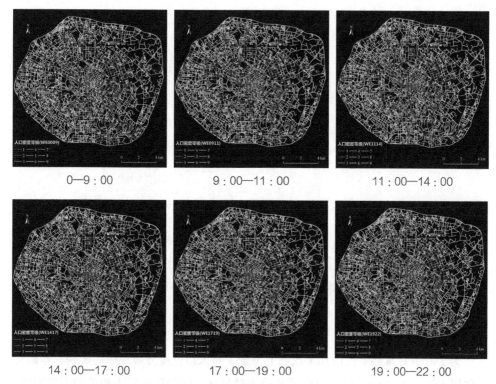

图14-5 成都市三环内不同时段手机信令人口密度（9月12日）

（66.6%），教育（2.5%），公司企业（10.2%），住宅（3.5%），绿地（0.2%），其他（6.7%）。

（4）现状用地分类

参考《城市用地分类与规划建设用地标准》GB 50137-2011，将原始地块数据分为9类：R（居住用地）、A（公共管理与公共服务用地）、B（商业服务业设施用地）、M（工业用地）、W（物流仓储用地）、S（道路与交通设施用地）、U（公用设施用地）、G（绿地与广场用地）、TESHU（其他用地）。

（5）现状建设用地：现状建设用地由遥感影像解译，数据源于USGS网站。

14.4.2 研究方法

1.指标体系构建

街道的活力核心为街上从事各种活动的人，而街道的物理环境为人们提供了活动的场所，并对人的活动产生一定的影响。因此，活力的剖析可从两个维度展开：活力的外在表征和街道活力的构成要素。街道活力的外在表征可通过街道上的人口密度来反映，本研究选用手机信令数据的人口密度；街道活力的构成要素包括街道的自身特征和周边特征（详见第5章5.1.2节）。

在考虑数据的可获取性的前提下，具体选择如下指标：区位、街道肌理、周边地块性质、交通可达性、功能混合度、功能密度和自身特征（图14-6）。

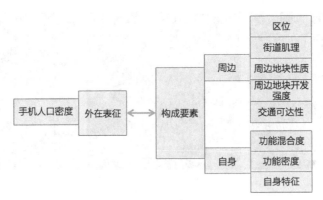

图 14-6　街道活力指标体系

2. 指标体系量化

指标体系中区位特征、街道肌理（道路交叉口密度）、交通可达性意义明确，可用 ArcGIS 软件量化。其他要素较为抽象概念，为了便于后期定量研究，需要对这些数据进行量化和空间表达。

（1）手机人口密度

为了减少日常必要性活动（比如上下班）对人口密度分布规律的影响，本研究选取周末下午 14：00—17：00 的手机信令数据来反映与街道活力相关的人口密度。由基站生成 Thiessen 多边，统计每个多边形内手机信令总数，计算每个 Thiessen 多边形内人口密度，即可得到人口密度的空间分布。本研究假设 Thiessen 多边形内人口均匀分布，推算出街道缓冲区内人口。

（2）周边地块性质

地块的性质直接影响着与之相邻的街道活力，总体上工业区包含的街道活力较低，商业区包含的街道活力较高。可以根据第 5 章 5.1.2 节中对街道进行分类的方法，判断街道所属的类型。

（3）功能混合度

街道功能混合度（多样性）为街道周边与活力相关的 POI 混合度，可用信息熵来计算。

$$Diversity = -sum(pi*lnpi), (i=1, \cdots, n) \tag{14-1}$$

式中 $Diversity$ 表示某街段的功能混合度，n 表示该街段 POI 的类别数，pi 表示某类 POI 所在街段 POI 总数的相对比，各类 POI 数量已归一化处理。

（4）功能密度

街道功能密度即街道周边与活力相关的 POI 点密度。

$$Density = POI\_num/road\_length \tag{14-2}$$

式中 $Density$ 表示某街道的功能密度，POI_num 表示该段街道 55m 缓冲范围内影响活力的 POI 总数，$road\_length$ 表示该街道的长度。

（5）自身特征：本研究道路自身特征包括道路长度、道路等级、道路宽度、道路限速，其中道路长度可由 ArcGIS 计算；道路等级由高速公路、国道、城市快速路、省道、县道、乡镇道路和其他道路，依次赋值为 1，2，…，7；道路宽度为自带属性；道路限速分 120m/h、100km/h、60km/h、50km/h 和 40km/h 及以下。

14.4.3　研究结果

空间分布规律

为了便于清晰展示每条街道的活力空间分布，本研究选取成都市中心三环内的街道来分析。

（1）手机人口密度

基于手机信令数据表征的街道活力，总体而言，二环内较高，二环外锐减；东边活力较西边高，与市民的常规认识相反（经笔者调研，市民一般认为三环内，西边和南边人口密度较高）；下午 14∶00—17∶00 活力最高的是天府广场（三环的几何中心）东南侧的商业步行街春熙路（图 14-7），春熙路方位见图 14-8。

（2）街道性质：由现状用地分类推导出的街道类型，增添了混合型（mixed）和未知类型（unknown），结果如图 14-9。

三环内各类街道的总条数和平均长度见表 14-4。除未知类型（unknown）的街道除外，B 类（商业服务业设施）街道平均长度最短，W 类（物流仓储）街道最长，R 类（居住）街道最多。

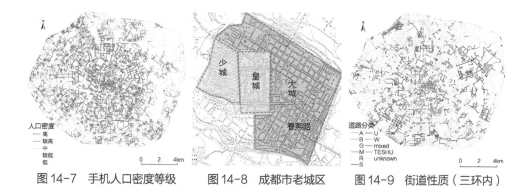

图 14-7　手机人口密度等级　　　图 14-8　成都市老城区　　　图 14-9　街道性质（三环内）

三环内不同性质街道数量与评价长度　　　表 14-4

三花内街道性质	A	B	G	M	R	S	U	W	TESHU	mixed	unknown
总条数（条）	1045	1067	795	337	4921	59	105	68	62	433	534
总长度（km）	174.3	147.6	159.4	64.4	903.6	11.1	18.7	19.2	12.6	107.0	60.7
平均长度（m）	166.8	138.3	200.4	191.2	183.6	188.5	177.6	282.5	204.0	247.0	113.7

（3）功能密度与功能混合度采用 ArcGIS 等数量分级的方法，分别将街道功能密度与功能混合度等数量分为 5 级（图 14-10）。街道的功能密度与功能混合度空间分布规律大体一致，以天府广场为中心，由一环到三环逐渐减弱。相较功能混合度，功能密度更为集中，功能密度最高的区域在成都市老城区的"大城"片区（区位和范围请参照图 14-8）。春熙路并非是功能混合度最高的区域（区位请参照图 14-8）。

为理清各街道活力构成要素对街道活力的贡献，我们采用多组多元线性回归的方法。根据本研究对街道活力的概念界定和街道属性信息，参与回归分析的街道有如下特征：①城镇用地范围内；②限速小于等于 40km/h；③ A、B、R 类街道。鉴于第三圈层部分区县属性信息不全，比如原始用地类型数据缺失，仅针对二圈层内区县，分街道类型展开回归分析。

对于不同类型的街道，回归变量为相应类型街道对应的手机人口密度的自然对数，因变量为与原行政中心（天府广场）、新市行政中心（以原行政中心为基础，向正南方向迁移 9.5km²）、区县行政中心、商业综合体、地铁口的最近直线距离，公交站点密度，道路交叉点密度，功能密度、功能混合度、道路长度、道路宽度、道路等级。回归结果如图 14-11，部分要素没有通过显著性检验，已剔除。图中，A、B、R 表示分别对公共管理与公共服务类、商业服务业设施类和居住类街道的分析，ABR 表示对这三类街道的总体分析。

从影响街道活力的构成因素来分析，总体上，离天府广场的距离、功能密度和功能混合度对不同类型的街道活力皆有影响，其他构成因素仅对部分类型的街道活力产生影响。与天府广场的距离、功能密度和功能混合度（多样性）对街道活力影响最大，街道活力与天府广场距离增加而减少，功能密度和功能混合度高的街道，更易凝聚活力。从不同街道类型来分析，A 类街道活力与天府广场的距离最为敏感，其次是区县

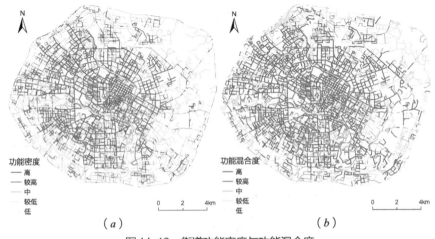

图 14-10 街道功能密度与功能混合度
（a）功能密度；（b）功能混合度

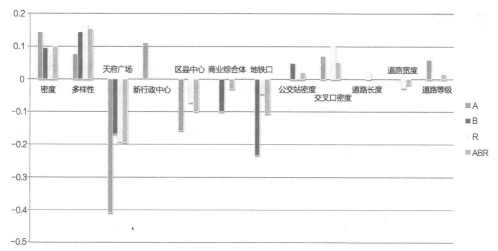

图14-11 活力构成因素回归分析

行政中心的距离，功能密度的影响较功能混合度大，其他因素对 A 类街道活力影响较小。B 类街道活力受地铁口的带动最为明显，天府广场附近的街道活力依然较高，与 A 类街道相反，功能多样性较功能密度对活力的影响更为明显，商业综合体能带动周边 B 类街道的活力。R 类街道活力受天府广场影响最为明显，功能多样性较功能密度更为重要，道路交叉点密度的影响在 R 类街道较为明显，其他因素对 R 类街道活力影响较小。

14.4.4 小结

研究对街道活力展开实践探索，研究单元由城市分区、网格、地块转为更为精细的街道，研究方法由观察描述转为大规模定量论证，在认识论层面上重新认识城市活力。本研究可从如下几个方面进一步完善：第一选用周末下午手机信令数据能减少必要性活动对自发性活动的干扰，却没能分辨驻足人群和过往人群。后续研究将用更为详细的空间分辨率数据分辨静态人口和动态人口。第二，限于数据的局限，假设人口密度在 Thiessen 多边形内均匀分布，可能与实际情况不尽一致。后续研究将考虑开发强度对人口密度分布的影响，亦可采用定位更为精准的 LBS 数据。第三，部分影响活力的环境因素在本次研究中暂未纳入，如街道绿化程度、路面和沿街界面的铺装等，可结合腾讯街景地图进一步分析。第四，目前可达性由公交站点和地铁口密度评价，未考虑路网连通性对人流的影响，后续可结合空间句法原理，分析活力与路网形态的关系。第五，基于回归分析结果，可预测每条街道的活力。对于预测活力比观测活力高的街道，可考虑在城市设计层面改善街道环境、调整临街业态，亦可作为存量规划的参考。

参考文献

[1] Ahas R，Aasa A，Silm S，et al. Daily rhythms of suburban commuters' movements in the Tallinn Metropolitan Area：Case study with mobile positioning data[J]. Transportation Research

[2] Part C：Emerging Technologies，2010，18（1）：45–54.

[3] 任颐，毛荣昌．手机数据与规划智慧化——以无锡市基于手机数据的出行调查为例[J]. 国际城市规划，2014（6）：66–71.

[4] Marta C，Galcesah. Understanding individual human mobility patterns[J]. Nature，2008（7196）：779–782.

[5] Herrera J C，Work D B，Herring R，et al. Evaluation of traffic data obtained via GPS–enabled mobile phones：The mobile century field experiment[J]. Transportation Research Part C：Emerging Technologies，2010（4）：568–583.

[6] Hu J，Cao W，Luo J，et al. 2009. Dynamic modeling of urban population travel behavior based on data fusion of mobile phone positioning data and FCD[J]. International Conference on Geoinformatics，2009，30（10）：1–5.

[7] Calabrese F，Lorenzo G D，Liu L. et a. Estimation origin–destination flows using mobile phone location data[J]. IEEE Pervasive Computing. 2011，10（4）：36–44.

[8] Ratti C，Sobolevsky S，Calabrese F，et al. Redrawing the map of Great Britain from a network of human interactions[J]. PLoS One，2010，5（12）：e14248.

[9] 钮心毅，丁亮，宋小冬．基于手机数据识别上海中心城的城市空间结构 [J]. 城市规划学刊，2014（6）.

[10] 姚凯，钮心毅．手机信令数据分析在城镇体系规划中的应用实践——南昌大都市区的案例 [J]. 上海城市规划，2016（4）：91–97.

[11] 王德，王灿，谢栋灿，等．基于手机信令数据的上海市不同等级商业中心商圈的比较——以南京东路、五角场、鞍山路为例 [J]. 城市规划学刊，2015（3）.

[12] 张天然．基于手机信令数据的上海市域职住空间分析 [J]. 城市交通，2016（1）：15–23.

[13] 钮心毅，丁亮．规划争鸣：人口疏解与交通拥堵：利用手机数据分析上海市域的职住空间关系——若干结论和讨论 [J]. 上海城市规划，2015（2）：39–43.

[14] Woelfer J P，Iverson A，Hendry D G，et al. Improving the safety of homeless young people with mobile phones：Values，form and function[C]. Vancouver：Proceedings of the SIGCHI Conference on Human Factors in Computing Systems. ACM，2011：1707–1716.

[15] Christin D，Roβkopf C，Hollick M. uSafe：A privacy–aware and participative mobile application for citizen safety in urban environments [J]. Pervasive and Mobile Computing，2012，9（5）：695–707.

[16] Pooley C，Whyatt D，Walker M，et al. Understanding the school journey：Integrating data on travel and environment [J]. Environment and Planning A，2010，42（4）：948.

第 15 章

总体规划中的
大数据应用

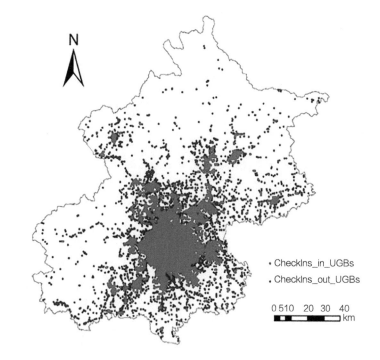

本章对大数据在总体规划中的应用进行介绍，主要包括大数据在认识城市规律和发展现状、预测城市未来和对已有方案实施效果进行评估这三方面中发挥的作用。从大数据的视角出发，城市总体规划编制数据体系涵盖了更广泛的数据，可以通过定量的方式实现对现状资料数据进行准确采集、汇总整理、数据建库、统计分析和演变分析等，进而为后续规划编制提供更深入准确的研究支撑。此外，基于城市历年数据的定量分析，可以搭建城市模型，预测城市未来的发展趋势。依托大数据还可以对上一轮总体规划实施结果进行评估或回顾，夯实总规编制的基础工作。

15.1 城市总体规划的大数据应用框架

15.1.1 城市总体规划的内涵

城市总体规划是城市政府在一定规划期限内，保护和管理城市空间资源的重要手段，也是引导城市空间发展的战略纲领和法定蓝图，以及调控和统筹城市各项建设的重要平台。

城市总体规划作为战略性规划，本质上是以空间部署为核心制定的城市发展战略。城市发展战略决定了城市发展方向，其内容包括提出城市发展目标、城市性质和城市职能，并对未来城市规模提出预测，对用地与基础设施进行安排。

根据 2005 版的《城市规划编制办法》，城市总体规划的主要内容包括：

（一）市域城镇体系规划纲要。内容包括：提出市域城乡统筹发展战略；确定生态环境、土地和水资源、能源、自然和历史文化遗产保护等方面的综合目标和保护要求，提出空间管制原则；预测市域总人口及城镇化水平，确定各城镇人口规模、职能分工、空间布局方案和建设标准；原则确定市域交通发展策略。

（二）提出城市规划区范围。

（三）分析城市职能、提出城市性质和发展目标。

（四）提出禁建区、限建区、适建区范围。

（五）预测城市人口规模。

（六）研究中心城区空间增长边界，提出建设用地规模和建设用地范围。

（七）提出交通发展战略及主要对外交通设施布局原则。

（八）提出重大基础设施和公共服务设施的发展目标。

（九）提出建立综合防灾体系的原则和建设方针。

15.1.2 城市总体规划中大数据应用的三个阶段

大数据在城市总体规划中的应用主要包括以下三个阶段中。

1. 理解：认识城市规律

前期分析是方案设计的基础与前提。传统的规划研究多建立在经验的总结和观察之上，而如今随着科学技术的高速发展，研究已经不限于书本和已有的经典理论。大数据推动城市规划和设计从经验判断走向量化分析，通过对居民就业、出行、游憩等行为数据进行分析，可以支持认识城市规律，增进对现状问题现状的认知，从而为后续规划编制提供更深入准确的前期研究支撑。现已开发的应用如大模型、人迹地图、社会感知的心情地图等都是对城市规律的实证认识。在未来，伴随着更多的数据开源，规划师、决策者将能更方便地获取城市第一手的资料，认识城市规律将不再是难事。

2. 创造：规划编制方案

用地规划方案的制定是城市总体规划编制的核心内容之一。传统的城市规划编制过程中，制定用地规划方案往往依赖于规划师的经验认识：规划师的综合能力、要求和偏好，对方案质量有着直接影响。伴随着大数据在城市规划领域的应用，也产生了基于定量分析的规划设计技术和手段，即"数据增强设计"（DAD：data augmented design）这一新的规划设计支持形式。数据增强设计以定量城市分析为驱动，通过数据分析、建模、预测等手段，为规划设计的全过程提供调研、分析、方案设计、评价、追踪等支持工具，以数据实证提高设计的科学性，以期激发规划设计人员的创造力（详见第十章）。

基于前期定量分析发现的问题，可以利用设计手法提出解决问题的若干方案，并利用城市模型进行情景模拟。根据情景模拟结果，可以选择最为适宜的方案进行深化。

对于数据稀缺的场地，可以利用提取"城市生长基因"的方式，进行量化案例借鉴法。此模式将城市视为生命体，探求城市发展基因，总结一般性规律，从而支持新区的规划设计。

3. 评估：规划实施评价

规划实施评价是大数据在城市规划中的重要应用领域，它主要包括对规划实施过程的动态追踪和对规划实施效果的评价。

目前城市总体规划是终极蓝图式的静态规划，而不是针对过程的规划，因而无法考虑城市发展中的动态。基于大数据，可以对各指标所用基础数据进行动态更新，进而实现对规划实施过程进行跟踪监测。

运用大数据对规划进行评估，本书主要介绍两个维度的应用：一是城市增长边界及规划一致性（即各规划流程之间的一致性）研究；二是城市空间结构评估。

15.2 大数据在现状评估中的应用

数据是城市研究与规划的重要基础，是分析城市发展现状、问题与特征的基本素材，更是解释城市发展机制、科学规划空间增长的重要依据。由大数据和开放数据构成的新数据环境，对城市的物理空间和社会空间进行了更为精细和深入的刻画，可以帮助规划师更好地认识现状、把握规律，进而做出预测、制定规划。在城市布局上，大数据将为城市空间功能布局与空间结构、城市人口分布及出行特征、公共服务设施及社会活动等研究提供更为科学的规划依据。

本章以大数据在《莱州市城市总体规划（2016—2030年）》及《荣成市城市总体规划2016—2030年》中的应用为例，介绍大数据在现状评估中的若干应用情景。

15.2.1 城市用地功能与空间结构

城市总体规划的首要任务是确定一座城市的城市性质、发展规模和用地空间结构。在前期分析阶段，需要全面深入地对规划区范围内的土地利用现状情况进行调查，包括现状各类用地的空间分布、用地边界、使用性质等准确信息，进而将各类用地的定位与定量的信息与经济、产业等数据关联分析，得出各种分析结论，从而为城市总体规划的编制及相关决策提供依据。

土地利用与功能布局是城市规划最直接的作用形式。城市空间布局研究包括城市建成区形态识别、城市用地功能识别、城市空间结构研究、城市中心体系分析、城市功能分区研究、城市职住地分析、城市增长边界判定等。这些工作中可利用遥感数据、导航数据、POI数据、房价数据、公交刷卡数据、手机定位数据等新数据。

1. 土地利用现状评价

城市土地利用现状信息是合理利用城市土地、盘活城市存量土地、切实保护耕地的重要基础，也是制定土地利用总体规划、城市规划和具体建设项目选址的依据。

对于获取的遥感影像数据可以提取出各类土地利用类型：耕地、林地、草地、水域、城镇建设用地、农村居民点、未利用地等。通过对不同历史阶段遥感影像的处理，可以获取建成区的扩张过程，并反映城市发展演变历程。

在《莱州市城市总体规划（2016—2030 年）》中，根据不同年份的遥感影像解译结果可以得到莱州 1980、1995、2010 年市域城镇用地面积（图 15-1）。其中 2010 年城镇用地面积为 1980 年的 31 倍之余。

根据城市的土地出让记录，可以得到城市建设用地的扩展情况。土地出让记录共有三类：现有建设用地、新增建设用地、新增建设用地（来自库存量）。

2. 职住平衡评价

城市职住空间的匹配是研究城市内部空间重构过程的焦点，而城市土地利用方式对城市职住空间及居民出行行为具有重要影响。分离的土地利用方式会导致过长的通勤时间、交通拥堵、空气污染、低效的能源消耗、开敞空间损失及职住不平衡等问题。利用手机信令数据可以对城市内居住与就业空间的功能混合度进行识别，进而在城市总体规划中，对土地混合利用程度较低的区域进行改善，从而推进职住平衡。

3. 住房建筑与房价

通过对城市中各种类型房屋的价格进行空间分布可视化分析，可以得到市区房价的整体情况，进而探究影响房价分布的因素，为理解城市空间结构提供支撑。同时，

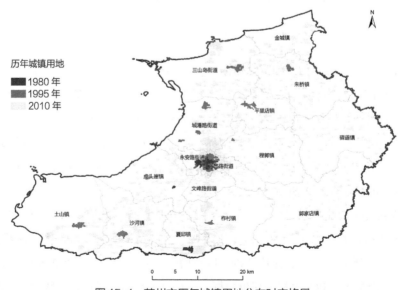

图 15-1　莱州市历年城镇用地分布时空格局

房价分析结果可以为专项规划提供一定的决策依据，如城市住房保障规划等。此外，还可以对住宅的建筑年代、绿化率、容积率、物业费等指标进行可视化，间接反映城市中住宅的品质。

15.2.2　人口分布及出行特征研究

随着社会流动的加速，居民的行为活动对城市空间的影响更为突出。通过对个体行为特征的总结可得到人群的某类总体特征，进而分析特定人群居住、就业、游憩和交通行为的时空变化情况。通过对长时段居民时空行为数据的收集和分析，可科学地为城市功能布局、交通组织、社区配套等提出规划评价与建议。

在城市大数据的影响下，可以利用公交 IC 卡数据、手机定位数据、社交网络等与居民行为活动紧密相关的数据，获得研究区内居住人口和工作人口在空间上的分布，进而为城市交通、城市用地的空间布局提供基于人口特征分布差异的视角。具体研究包括特征人群分析、人群流向分析、人类活动联系强度分析、职住分析、通勤调查等。相关数据的出现及其可用性的提高，使时空行为研究在数据量上提高到另一个数量级，且数据的"实名化"为研究者提供了持续跟踪研究的可能性。

在《荣成市城市总体规划 2016—2030 年》中基于多源数据和量化研究方法，对荣成市人口分布及流动态势进行梳理，总结了市域人口分布及活动的基本规律。图15-2 来自 2016 年滴滴出行数据，其中线段颜色越红表示联系越强，灰点越大表示发生的出行次数越高。结果显示，荣成市内部主要呈现单中心城市形态，出行活动主要围绕中心城区域展开。

图 15-2　荣成市人口出行分布图

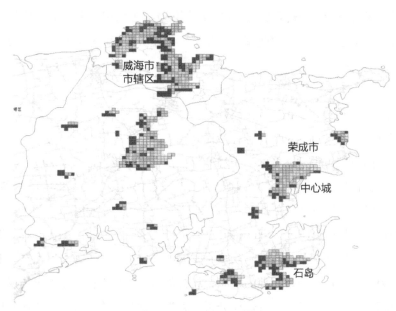

图 15-3　LBS 人口分布图

图 15-3 为来自百度 LBS 数据的人口密度分布，颜色越红表示人口密度越高。结果显示，荣成人口密度整体小于威海市，并且呈现中心城和石岛呈双中心城市结构。中心城人口密度由中心向外的下降梯度明显，崖头河两侧居住区聚集的地区人口密度较高，环绕着居住片区的工业区人口密度较低。

15.2.3　公共服务设施及社会活动

城市公共服务设施是城市社会性服务业的依托载体，是指呈点状分布并服务于社会大众的教育、医疗、文体及商业等城市社会性基础设施。公共服务设施的合理布局，对提高城市居民生活的舒适性和城市发展的协调性具有重要价值。

针对公共服务设施及社会活动的研究包括城市活力度分析、城市生活便利度分析、街区生活成熟度分析、消费活动空间分析、商圈竞争力分析、设施布局优化及评价分析等，可利用新数据补充传统数据进行研究。通常使用的新数据包括社交网络数据、点评类数据、POI 兴趣点等。其中 POI 数据对城市公共服务设施的分类与分级相对全面，能够直观反映各类设施的分布情况及优劣情况。通过对 POI 进行核密度可视化分析，可以实现对城市中心体系、公共服务设施进行分析和评估，也可以通过各类相关数据模型叠加分析，研究各类设施的覆盖情况、集聚情况及与居住用地的匹配程度。

15.2.4　地块尺度的城市活力评价

城市活力是城乡规划与设计领域的经典概念，可以表征一个城市不同区域的总体发展态势，是一个更为综合的概念，对应着合适的尺度、完善的功能和足够的人气。凯文·林奇对"活力"曾有一个粗线条的描述：一个聚落形态对于生命机能、生态要求和人类能力的支持程度，而最重要的是如何保护物种的延续 。该描述可理解为活力的最低标准。简·雅各布斯认为，人和人活动及生活场所相互交织的过程，及这种城市生活的多样性，使城市获得了活力。

对城市活力的评价包括三个维度，即城市形态、城市功能和城市活动，他们是城市活力构成的三个核心要素。良好的城市形态（道路交叉口密度高）、完备的城市功能（POI 密度高）和高密度的城市活动（微博位置点密度高），对应着有活力的城市。

1. 城市形态活力分析

在《莱州市城市总体规划（2016—2030 年）》中，通过将 2009 年与 2014 年的道路交叉口数据进行对比，发现道路交叉点在莱州市中心区域有较大的拓展（图 15-4）。同时城市周边不同乡镇的道路网也有不同程度的发展，说明这些区域在近 5 年土地城镇化增速较快。而道路交叉口密度越高，反映出城市形态活力越高。莱州城市形态活力表现为：市中心集聚度较高、外围分散的空间结构特征（图 15-5）。

2. 城市功能活力分析

城市功能反映为城市中兴趣点（POI）的分布。莱州市域 2009 年 POI 点位总数为 1799 个，2014 年 POI 点位总数为 7583 个，相比 2009 年有非常显著的提升（图 15-6）。POI 的增长一方面由于城市扩展引起；另外，互联网的兴起和基于位置服务的需要，越来越多的 POI 点位录入到电子地图中。

从城市功能活力来看，2014 年除中心城的功能活力较大外，周边地区的功能活力也出现了明显增强，城市功能活力外溢现象明显（图 15-7）。

3. 城市活动活力分析

城市活动反应为微博数据的分布。2009—2014 年期间，微博数据增长呈现南北向成放射状趋势，政府中心地区微博数据点密度呈现网状分布（图 15-8）。基于微博数

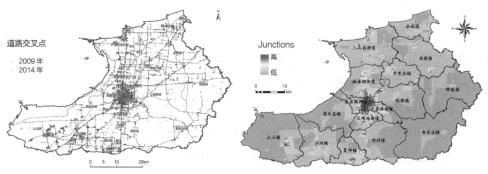

图 15-4　城市形态：道路交通网络分布　　　图 15-5　城市形态活力：道路交叉口密度

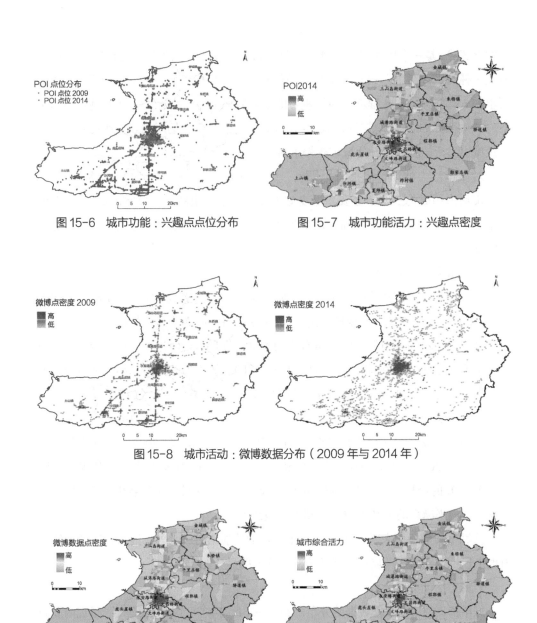

图 15-6　城市功能：兴趣点点位分布　　　　　图 15-7　城市功能活力：兴趣点密度

图 15-8　城市活动：微博数据分布（2009 年与 2014 年）

图 15-9　城市活动活力：微博数据点密度　　　　　图 15-10　城市综合活力

据得到的莱州社会活力在空间上表现出明显的向市中心集聚的空间结构特征，以及沿省道轴向分布的空间结构特征（图 15-9）。此外，周边若干城镇的社会活力也较强。

4. 城市综合活力分析

城市的综合活力考虑了上述形态、功能和社会三个维度的计算结果。莱州城市综合活力表现为中心城"一核独大"的空间结构特征，周边若干组团的城市活力也较强。东部及沿海地区城市活力基本较弱（图 15-10）。

15.3 大数据在预测未来中的应用

目前基于大数据的分析，多针对城市系统的现状评价和问题识别，少有面向未来规划和设计的研究与应用。而基于城市历年数据的定量分析，并预测其未来，对增强城市总体规划的科学性具有重要意义。对此，大数据可以与城市模型进行结合，应用于预测城市未来的发展情景。

15.3.1 城市模型概述

城市模型是在对城市系统进行抽象和概化的基础上，将城市空间现象与过程的抽象数学表达，是理解城市空间现象变化、对城市系统进行科学管理和规划的重要工具，可以为城市政策的执行及城市规划方案的制定和评估提供可行的技术支持。

城市模型研究始于20世纪初期，20世纪初到50年代中期是城市模型发展的初级阶段，主要是对城市空间分布模式进行描述的研究；50年代末，计算机的出现和推广给城市和区域模型带来了新的生机，这一时期计算机辅助城市模型系统被引入规划，城市模型迅速发展；20世纪60年代是城市模型研究的高潮阶段，哈佛大学出现了以区位理论为基础的城市生长模型，和以空间相互作用为理论基础的劳瑞（Lowry）模型。从20世纪90年代开始，随着计算机硬件技术和GIS技术的日益成熟，GIS在城市模型研究中的应用及其与城市模型的集成已经成为城市模型发展的重要趋势。

总体上来说，城市模型的发展主要包括了形态结构模型、静态模型和动态模型三个阶段。基于离散动力学的动态城市模型作为目前的研究热点，同时也是未来的重要发展方向；国际上典型的城市模型多基于宏观尺度，基本研究单元为地理网格或小区，对城市活动主体进行分类，这方面理论和实证都有较多探究。

近年来随着微观数据获取途径的日益增多与研究尺度的需要，基于微观尺度的城市模型在国际上发展迅速，但全面应用在真实城市中的案例仍然有限；在国内，土地使用与交通模型和侧重于城市扩张模拟的城市模型都有一定研究，都属于宏观模型范畴，微观模型的研究较少。

15.3.2 大数据与城市模型

随着大数据的发展，精细化的城市模拟将成为未来的研究热点。精细化城市模型作为一种时空动态的微观模型，基本模拟对象为地块、居民、家庭、企业等微观个体，主要用于研究城市的土地开发、居民的居住区位选择、企业的区位选址、城市活动的时空分布等空间问题，并用于支持空间政策的制定和评估。

区别于传统城市模型的"理论抽象——关键变量——调查采集——建立模型"

的工作流程，在大数据的范式下城市模型的工作流程演变为"泛在感知——多源数据——多维变量——建立模型"。多种微观模拟的研究方法都可以用于精细化城市模拟，如微观模拟、元胞自动机和基于个体建模等。

城市总体规划前期的大数据分析可以为城市模型提供模型标定和模型校验。其中模型标定是利用已知的观测数据（包含常规统计数据和新兴大数据）对模型的关键变量和参数进行校调；经过标定的模型可以准确地反映基准年城市产业、人口、就业和交通活动的统计规律。模型校验是用于验证模型的预测能力和精度。标定后的模型在用于正式的预测分析前，可实验性地对已有观测数据的年份进行预测，通过对比模型结果和已有观测数据，可透明地验证模型的预测能力和精度。

15.3.3　基于元胞自动机的城市增长模拟

元胞自动机（CA：cellular automata）是一种时间、空间、状态都离散，空间相互作用和时间因果关系皆局部的网格动力学模型，通过简单的局部转换规则模拟复杂的空间结构。由于自身的特点和优势，CA 模型能通过简单的微观局部规则揭示自然发生的宏观行为，进而复制出复杂的现象或动态演化过程等自组织和混沌现象，因此适合于复杂系统的描述、动态的预测和模拟。CA 已被广泛应用于模拟城市土地利用变化、监测城市空间形态变化及其他城市发展过程。

本章以北京城乡空间发展模型（BUDEM：Beijing urban developing model）作为案例，介绍基于元胞自动机对城市增长进行模拟的过程。

BUDEM 是基于 CA 建立的城市增长模拟模型。它以北京市空间发展的大量数据为依托，建立了一套多尺度、多维度的城乡空间发展模型。BUDEM 模型由城市扩张模块、土地开发模块（宏观与微观）、人口空间化与属性合成模块、居住区位选择模块、企业区位选择模块以及基于活动的交通出行模块构成，可以对城市扩张与再开发进行模拟，并进行相应空间政策的评估。

理清城市用地扩展的空间规律与其驱动力的关系，是建立城市扩展模型和城市形态定量预测的基础，也是城市用地扩展研究的核心。城市用地的扩张，既有自上而下的政府行为，又有自下而上的基层个体的自发开发。选取影响城市增长的要素作为 CA 模型的空间变量，变量包括：

（1）区位变量（空间约束）：与各级城镇中心的最短距离（天安门、边缘集团、重点新城、新城、重点镇、一般镇）、与河流的最短距离、与道路的最短距离、与镇行政边界的最短距离、京津冀区域吸引力；

（2）邻里变量（邻域约束）：邻域内的开发强（即邻域内不包括自身的城市建设用地面积与邻域内的不包括自身的土地面积之商）；

（3）政府变量（制度性约束）：城市规划（规划城市建设用地及）、土地等级、禁止建设区、限制建设区。

　　基于所建立的 CA 状态转换规则，BUDEM 的模拟流程如图 15–11 所示。首先设置模型的环境变量、空间变量及相应系数，并基于宏观社会经济条件计算不同时间阶段的 stepNum 参数（每次循环元胞增长数目），在 CA 环境中计算土地利用适宜性、全局概率和最终概率等变量，最后在 Allocation 分配过程中采用循环的方式进行元胞的空间识别，完成一个 CA 离散时间的模拟。根据模拟的目标时间，确定循环次数，CA 模型不断循环（多次的 Allocation 过程），最终完成整个模拟过程。

　　其中 stepNum 表示每个 iteration 迭代（1 个 CA 离散时间）发生状态转变的元胞数目，可根据宏观的社会经济发展指标来确定，用以表征政府的土地供应政策

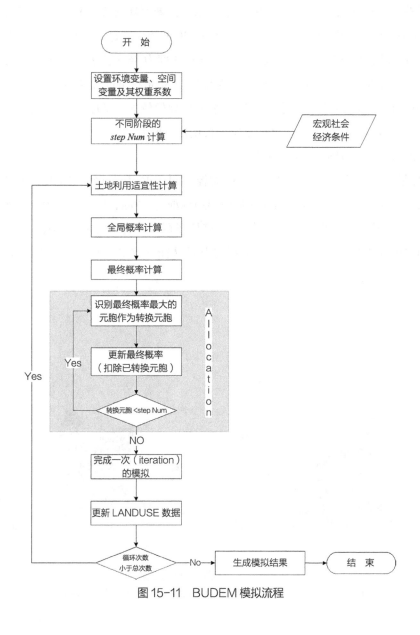

图 15-11　BUDEM 模拟流程

的松紧（尤其是增量土地部分），以控制增长的速度。通过统计年鉴，历史各阶段的 stepNum 可以获得，中长期来看，研究区域内未来每年城市建设用地增长 30km²（10cells/iteration）。

1. 宏观政策模拟

宏观政策，如人口发展、经济发展等，对城市增长速度有较大影响。stemNum 可以写为 GDP、总人口、平均城市工资、交通费用、农地产出、工业用地面积、交通设施等数值的函数，因此可以通过调整未来的宏观政策改变 stepNum 的数值。这里参考规划城市建设用地的计算思路，主要考虑人均城市建设用地指标和人口规模。

（1）人口高速增长情景模拟结果

按照上一版规划方案（即 2004 年版北京总体城市规划），2006—2020 年城市建设用地平均增长速度为 86km²/a。如果 2020—2049 年保持这一增长速度（新增人口的人均建设用地标准为 100m²/ 人，则人口增长速度为 86 万人 / 年），2049 年全市总人口 4294 万人，2049 年的城市建设用地总规模为 5023.5km²（20094cells）。该情景的城市增长如图 15-12（a）所示，因为总人口规模较大，平原区的发展力度较大，尤其以东南方向最为显著，山区的永宁增长规模也较大。

（2）人口低速增长情景模拟结果

如果人口增长速度通过宏观政策的调控控制在 15 万人 / 年，即 2049 年人口规模为 2235 万人，如新增人口的人均建设用地标准为 100m²/ 人，则 2049 年的城市建设用地总规模为 2978km²（11910cells）。该情景的城市增长如图 15-12（b）所示，相比 BEIJING2020，该情景的总城市建设用地规模增长不多，因此扩展不显著。

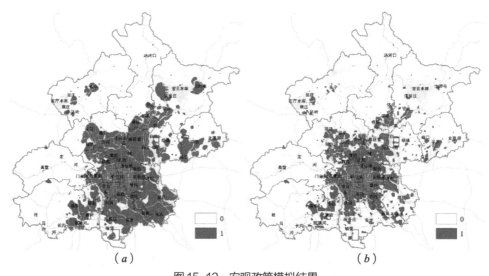

图 15-12　宏观政策模拟结果
（a）人口高速增长情景模拟结果；（b）人口低速增长情景模拟结果

2. 规划方案模拟

除了通过宏观政策控制城市空间增长的速度，还可以通过制定新的规划方案改变城市空间增长的格局。这类情景仅调整相关变量的空间分布，如调整城镇中心的位置、路网布局、控制发展区范围等，以改变空间政策有效作用的空间范围，而其他参数保持与 BEIJING2049 基准情景相同。可以模拟的情景包括新建七环情景、新城中心移动情景和新建自然保护区情景。

3. 其他情景

通过改变相应空间政策的实施力度，生成不同发展侧重的城市空间增长情景：趋势发展情景、蔓延情景、"葡萄串"情景、可持续发展情景、新城促进发展情景、滨河促进发展情景、道路促进发展情景和区域协调发展情景。例如：

（1）蔓延情景模拟结果

在蔓延情景中，模拟的过程中没有考虑生态环境、城市规划等约束因素，也没有考虑区位因素，致使沿现有城市建设用地周边增长的现象比较显著，不会出现蛙跳式的生长，形成了所谓的"摊大饼"现象（图 15-13（a））。

（2）新城促进发展情景模拟结果

在新城促进发展情景中，新城作为未来城市的重要空间增长点，有必要促进重点新城和一般新城的开发，从模拟结果（图 15-13（b））可以看出，大力发展新城也势必会造成平原区的蔓延（实际在 PLANNING2004 规划方案中东部三个重点新城和中心城之间的隔离就比现状要小得多），因此更需要在大力发展新城的过程中做好规划控制工作。同时在城市建设用地总增长速度不变的条件下，新城的大力发展也使得小城镇的增长速度放缓。

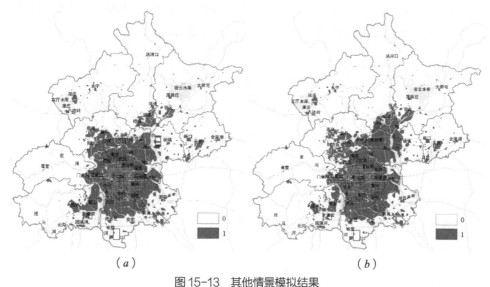

图 15-13　其他情景模拟结果
（a）蔓延情景；（b）新城促进发展情景

15.3.4 微观尺度的北京城市发展分析模型

随着大数据的发展，已出现大量地块尺度的空间数据（地块和建筑）和精细化的社会经济数据（居民和企业等），由此产生了微观尺度的 BUDEM 模型（即 BUDEM2）。该模型由土地开发模块（宏观与微观）、人口空间化与属性合成模块、居住区位选择模块、企业区位选择模块以及基于活动的交通出行模块构成，可以对城市扩张与再开发进行模拟，并进行相应空间政策的评估。

模型的定位如下：

（1）精细化的城市模型：以居民家庭、企业、地块为基本研究单元，关注多少人、什么人、在哪里及相应的城市活动、出行和影响。

（2）北京市域全覆盖的微观模型：而不是像多数已有研究，只针对典型区域。

（3）应用阶段为现状和近期：考虑到数据粒度和预测周期的折衷，该研究暂不考虑远景预测。

（4）支持精细化规划的开展。

为了进一步明确 BUDEM2 的定位，下面简要将 BUDEM 与本研究所建立的后续模型（BUDEM2）进行对比（表 15-1）。

精细化城市模型主要包括精细化的城市活动系统和基于活动的（Activity-based Travel）城市交通系统，二者之间存在紧密的反馈关系，是城市模拟的重要基础和核心内容（图 15-14）。

城市活动系统部分主要包括土地市场行为（开发商的投资开发）、房地产市场行为（居民的居住区位选择和企业的选址行为）和城市活动（主要表现为以自然人为媒介表达出来的基于生活需求及个人属性表现出来的特定活动，如基于就业地的上班、基于就学地的上学、基于商场的购物等）。而上述各类行为都将导致交通需求，但主要表现为城市活动的交通需求，将个人的一日城市活动链接起来即组成出行链，

BUDEM 与 BUDEM2 定位对比 表 15-1

	BUDEM	BUDEM2
基本空间单元	500m 网格	地块
关注重点	物理空间	物理空间和社会空间并重
研究范围	市域范围	市域范围
时间尺度	远景预测	现状评价和近期预测
主要建模方法	元胞自动机	多智能体和微观模拟
规划支持对象	战略规划 / 总体规划	详细规划 / 项目选址
模型类别	过程模型	行为模型
	动态模型	静态 / 准动态模型

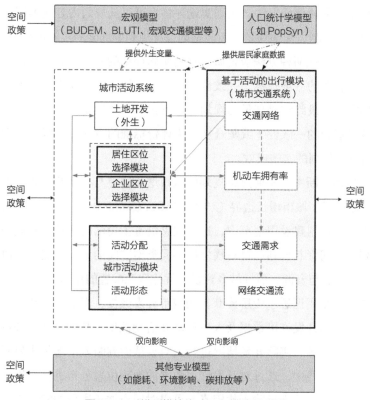

图 15-14　模型模块构成及各模块关系图

出行链中需进行出行目的地选择、出行时段选择、出行方式选择等，最终将交通需求所构成的交通量分配到交通网络上，进而完成交通分配模型。交通分配计算得出的交通可达性反馈出影响居民的区位选择和企业的选址等行为，可达性进而对区域房价及地价产生影响。

BUDEM2 具有以下作用：填补了规划领域地块层面的城市模拟系统研究的不足，对规划支持系统的发展具有重要的理论意义；支持了城乡规划中的关键研究内容，提高了规划的科学性，具有重要的实践意义；利用 GIS 平台整合城市模拟系统和专业模型，进而扩展了城市模拟系统的应用；探索了稀疏数据环境下建立精细化城市模拟系统的方法。

15.4　大数据在规划实施评估中的应用

城市总体规划是政府引导和控制城市发展的重要工具。《城乡规划法》首次在立法层面提出应对城市总体规划进行定期评估，确定了城市总体规划评估的法定地位。

规划实施评估可以看作是城市总体规划评估的一个方面，它是在规划实施预评估和规划行为研究、规划影响描述和政策实施分析之后的一项规划评估内容，包含了非定量和定量两种评价方法。规划实施评估也可以从规划内容或不同专业构成进行分类，如空间控制、交通规划、市政基础设施规划等部分的实施评估。

一致性和绩效这两种方法应是城市规划实施评估的基础，而一致性准则是目前国际上应用最普遍的一项指标。一致性准则认为，如果忽略或排除对不确定因素的考虑，规划实施的最终结果与最初规划设计方案的一致性越高，则方案的实施就越成功。这种以规划的一致性（或契合度）为评价标准的方法，可以在很大程度上反映传统的蓝图式规划的实施成效。

对一致性的判断主要是通过将规划的城市增长边界与实际开发边界的对比，来评价规划实施情况。城市增长边界（UGB：Urban Growth Boundary）是城市实体空间扩展的范围，即规划建设用地范围，这一理念借鉴了美国的增长管理规划理论。城市总体规划的空间管制规划通过对规划区不同类型空间的划分，起到了协调区域空间发展、保护生态与资源、引导城乡建设、优化资源配置的作用。

以往数据多采用遥感手段解译获得的城市开发数据，而现阶段在这方面广为应用的新数据主要为开发许可数据及人口移动和活动数据。其中，开发许可数据主要用于与城市增长边界、实际开发情况进行比对，从而判断城市增长边界对城市开发的控制情况。在实践中，通过对开发许可数据的地理位置分布进行识别分析，并结合双差法与断点回归法来排除干扰因素，可以对城市增长边界的实施效果进行较为清晰的判断。而人口移动和活动数据与城市增长边界的一致性可以反映出城市增长边界在限制人类活动范围的有效性，同时这类反映人们日常生活和出行轨迹的数据可以帮助我们从人的尺度、社会的视角评价城市增长边界，例如非正式开发的使用率、未来城市扩张的潜在方向等。

15.4.1 基于规划许可数据的城市增长边界实施评价

1. 中国城市增长边界实施评估框架

住房与城乡建设部的城市土地利用规划和控制系统传统上采用了三种类型的开发许可：建设项目选址意见书、建设用地规划许可证以及建设工程规划许可证。

建设项目选址意见书只在针对国家规定的特殊开发类型或当行政划拨土地时才需要，它保证了建设项目尤其是国家大型基础建设项目的选址和布局符合城市规划。

建设用地规划许可证确保选址、面积和布局符合控制性详细规划。

建设工程规划许可证确保包括城市规划区内新建、扩建和改进的建筑物、道路、管线及其他工程等开发符合城市规划的要求。

此外，作为三种传统类型许可的补充，《城乡规划法》中规定了乡村建设规划许可证，用来控制乡村地区的建设。

一致性方法探讨决策、行动或结果是否与规划内容一致，而绩效的方法分析从

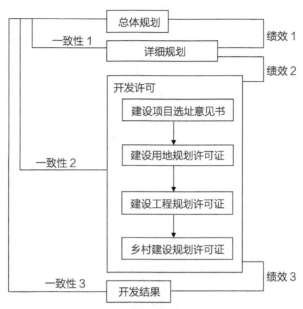

图 15-15 城市增长边界实施评估框架

规划到决策到行动到结果的过程，从而评估规划在何种程度上帮助决策制定者完成他们的意图。利用该思路对城市增长边界实施效果进行评估的框架为，用一致性方法检验总体规划和详细规划的一致性、总体规划和开发许可的一致性，以及总体规划与开发结果的一致性。绩效方法则关注于总体规划到详细规划、详细规划到开发许可，以及开发许可到开发结果的连贯性。在该框架下，既可以通过讨论三种类型的一致性来细致地评估一项总体规划是否取得了应有成果，也可以通过讨论三种类型的绩效来判断总体规划的有效性（图 15-15）。

2. 实证评估——以北京市为例

下面以《城市增长边界实施评估：分析框架及其在北京的应用》为案例，对利用大数据评估规划方案实施效果的过程进行讲解。

（1）所用数据

为评估北京市总体规划和详细规划的一致性，基于开放数据，从土地利用规划图中提取了每个规划中的城市增长边界。北京市总规 UGBs 包含 2449km^2，共 9047 个地块（平均每个地块面积为 27.1hm^2）；而在控制性详细规划中则共有 2735km^2，共 77966 个地块（平均每个地块面积为 3.5hm^2）。

从土地利用图中，选择了 2003—2010 年的建设用地规划许可，共 15245 个，用地类别包括住宅、商业、工业、交通、市政基础设施和绿地等。

（2）绩效评估

绩效 1：从总体规划到控制性详细规划。

将总规 UGBs 与控规 UGBs 叠加，以检验总规和控规的一致性，或是检验由总

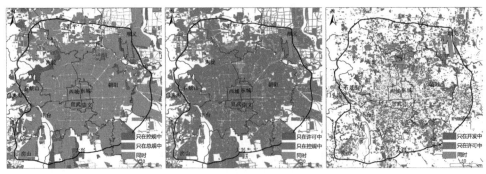

图 15-16　绩效评估结果

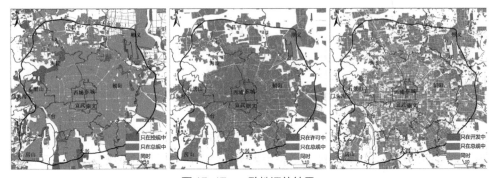

图 15-17　一致性评估结果

规到控规的绩效（图 15-16）。结果表明，既在总规 UGBs 也在控规 UGBs 中的土地面积是 1891km²，844km² 包含在控规 UGBs 中但不在总规 UGBs 中。

绩效 2：从控规到建设用地规划许可。

对控规 UGBs 和建设用地规划许可叠加分析表明，共有 7km² 的 9 个建设用地规划许可的土地在控规 UGBs 之外。在控规 UGBs 中 2279km² 没有建设用地规划许可。

绩效 3：从建设用地规划许可到开发结果。

将建设用地规划许可证面积与实际城镇开发的叠加分析显示，198km² 的开发有建设用地规划许可，而 809km² 的开发没有建设用地规划许可证。具体来看，城市扩张共 772km²，其中 149km² 在建设用地规划许可范围内；城市更新共 235km²，其中 49km² 位于建设用地规划许可范围内。这表明，建设用地规划许可证对开发结果影响极为有限。

（3）一致性评估

一致性 1：总体规划与控制性详细规划。

一致性 2：总体规划与建设用地规划许可。

结果显示有 398km² 的土地位于总规 UGBs 和建设用地规划许可的共同区域中，有 65km² 的土地拥有建设用地规划许可但不在总规 UGBs 中，同时有 2051km² 的土地在总规 UGBs 范围内但却没有建设用地规划许可（图 15-17）。

一致性 3：总体规划与开发结果。

总规 UGBs 和观测到的城镇开发（包括城市扩张和更新）的叠加表明，观测到的城镇开发中有 697km² 在总规 UGBs 内，有 310km² 在总规 UGBs 之外。此外，总规 UGBs 中有 1752km² 仍未得到开发。具体来看，城市扩张共 772km²，其中 491km² 在总规 UGBs 之内；城市更新共 235km²，其中 206km² 位于总规 UGBs 内。

（4）研究结果

北京的案例显示，最高的一致率并不在总规与控规之间，而是在总体规划与建设用地规划许可之间。这表明，规划实施中存在明显的交叉引用。结果同样表明，城市更新的存在会导致建设用地规划许可的绩效更高，总体规划和最终开发结果的一致性也更高。这主要是由于已有城市更新与总规、控规以及建设用地规划许可都很匹配。

15.4.2 基于人类活动和迁移数据的城市增长边界实施评价

基于大量的人类活动和移动大数据，包括位置签到数据、移动刷卡数据、出租车轨迹数据和出行调查数据，可以从社会视角评价城市增长边界的有效性，去验证规划人口的城市活动情况，验证城市规划边界内，地区间的活动联系（图 15-18）。下面以发表在《Cities》上的《Evaluating the effectiveness of urban growth boundaries using human mobility and activity records》一文为例，介绍基于人类活动和迁移数据对城市增长边界实施效果进行评估的方法。

1. 城市规划边界与人口活动范围的一致性

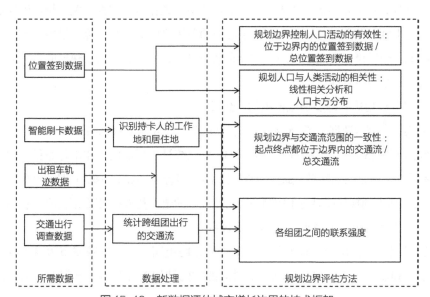

图 15-18 新数据评估城市增长边界的技术框架

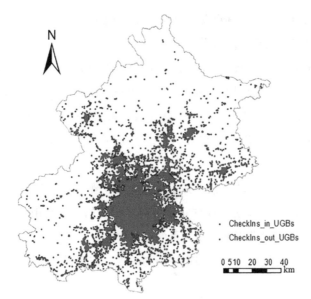

图 15-19　位置签到数据在城市规划边界内外的分布

　　对于位置签到数据，可以将其分为位于规划边界内或位于规划边界外的两类数据。通过计算位于规划边界内的签到数据量与总签到数据量的比值，可以得到规划边界对于控制人类活动范围的有效性。

　　在北京的应用案例中，共得到 7416012 个位置签到数据，其中位于规划边界内的数据共 7187191，占总数据量的 96.91%，由此可见北京的城市规划边界对于控制人类活动范围有着较好的效果（图 15-19）。

　　2. 规划人口与人类活动强度的相关性

　　对规划人口数量与规划边界范围内的位置签到数据进行线性相关分析。该评估可以针对全市域的范围进行，也可以将中心城的范围排除后进行计算，以便了解城市新区的情况。随后可以利用人口的卡方分布来检验位置签到数据所反映出的人口分布与规划人口分布的一致性。

　　3. 城市规划边界与交通流范围的一致性

　　利用移动刷卡数据（图 15-20（a））、出租车轨迹数据（图 15-20（b））和居民出行调查数据（图 15-20（c）和图 15-20（d）），可以统计出居民的工作出行路径，进而反映出不同功能区之间的联系。通过检验居民工作出行路径的起点和终点是否都位于规划边界内，进而得到规划边界对于控制城市功能设施的建设范围和居民出行范围的有效性。

　　4. 城市规划边界内各地区间的活动联系

　　通过统计居民出行路径的起点和重点所在的组团，可以反映城市边界内各组团间的联系强度，进而可以看出城市交通流的空间结构差异与城市规划的目的和决策是否一致。

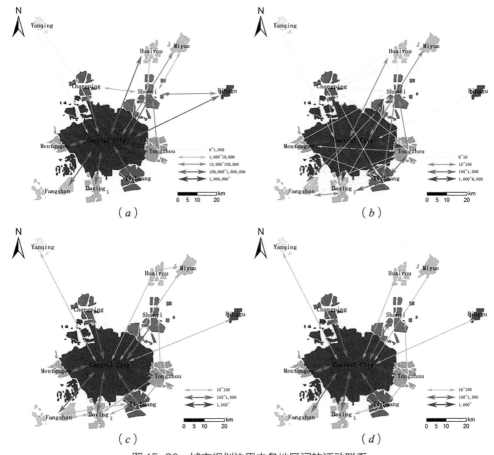

图 15-20 城市规划边界内各地区间的活动联系
（a）基于智能公交卡数据的评估；（b）基于出租车数据的评估；
（c）基于居民出行调查数据的分析（2010 年）；（d）基于居民出行调查数据的分析（2005 年）

参考文献

[1] 龙瀛，韩昊英，赖世刚 . 城市增长边界实施评估：分析框架及其在北京的应用 [J]. 城市规划学刊，2015（1）：93-100.

[2] Long Y, Han H, Tu Y, et al. Evaluating the effectiveness of urban growth boundaries using human mobility and activity records[J]. Cities, 2015 (46): 7.

第 16 章

城市设计中的
大数据应用

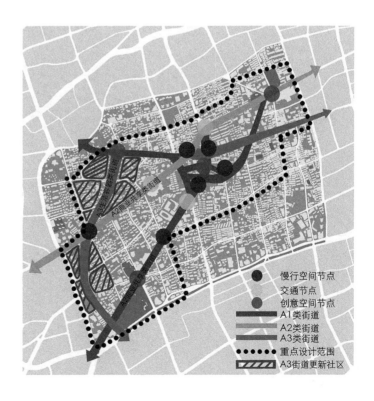

16.1 城市设计概述

16.1.1 城市设计的内涵

城市设计作为城乡规划与设计的一种重要类型，主要关注城市空间形态的建构和场所营造，是对包括人、自然、社会、文化、空间形态等因素在内的城市人居环境所做的设计研究、工程实践和实施管理的活动，具体表现在对城市选址、城市道路和重要建筑的布局与设计（王建国，2011）。

城市设计对规划管理起积极支持作用，具体包括：通过整体分析提出城市在土地使用、公共空间组织、交通组织、城市形态塑造、自然生态保护等方面所必须遵循的总体原则和规定；对城市重点地段和近期建筑项目进行设计引导；对一些近期难以开发或不可预见的项目仅原则上控制其建筑风格等。城市设计的要素可以归纳为以下几大类：开放空间要素、道路要素、建筑物要素和自然环境要素。

16.1.2 大数据背景下城市设计的转型

在工业化过渡到信息化的城市演进中，城市的区域空间结构、建筑肌理、社会经济结构发生了一系列的变化。这也影响着人们对城市认识和改造的过程，进而推动了城市设计理论的变化。如今，城市设计不再是主观的空间形态与美学的设计，而是在设计过程中，更多地表现出伴随社会演变产生的过程性、多元主体参与造成的开放性、多元因素影响导致的不确定性和注重体验感知的人本性。时间维度上，城市设计难以完美地按照蓝图实施。在城市设计逐步实施的过程中会受到经济社会多种不同周期因素更迭的影响，显示出不断变化的时代需求。空间维度上，公众参与将影响空间决策的各个阶段。同时，不同的空间使用者产生不同的空间诉求和行为方式，激发了城市设计对行为变化的适应性需求。

城市的发展演化和人类活动过程中产生了丰富的高精度和快速更新的城市大数据，为满足城市设计时空动态更新的需求提供了契机。另一方面，城市大数据催生了基于信息基础设施的智慧城市的设计与建设。比如利用信息设备将人与人、人与物、物与物良好地连接起来，并通过信息数据的搜集、反馈、处理调整彼此的关系。在信息支撑的城市规划与设计中，诞生了知识城市（knowledge based cities）、网络城市（cybervilles）、远程城市（telecities）、有线城市（wired cities）、信息城市（information cities）、虚拟城市（virtual cities）、技术城市（techno cities）、数字城市（digital cities）和智慧城市（smart cities）等概念。其中智慧城市以 ICT（Information Communication Technology）为核心，在数字城市的基础上增加了城市传感器，并在智慧交通、智能信标、传感器监测、众包地理信息、公众参与、基础设施管理均开展了广泛的运用，以实现基于数据采集、信息处理和智能决策的生活方式（叶嘉安，2016）。

随着城市传感器基础设施和智慧城市的建设不断兴起，目前众多国际研究机构和企业从多个方面对大数据在城市规划与设计中的运用进行了实例探索。如芝加哥城市运算和数据中心的"物联城市"（array of things）项目通过搭建城市传感器网络，为居民、城市管理者和科学家提供认识、分析和改造城市的数据基础（http：//arrayofthings.github.io/）；哥伦比亚大学的智慧城市研究中心（http：//datascience.columbia.edu/smart-cities）构建了智慧社区的传感器系统，提出营造社区安全性的方案；MIT 市民数据设计实验室（http：//civicdatadesignlab.mit.edu/#projects/HYPER LOCAL）通过开发新型传感器，测量公共空间中的人群感知与行为。人们通过自定义城市传感器的类型、安装场地、监控时间和反馈周期，获得了城市特定区域空间要素或人群的详细数据，并精准刻画其特征。这为规划设计的后置式反馈和精确描绘分析对象提供了契机，即在方案实施过程中，通过自定义传感器的精准分析和短周期反馈，动态评估修正方案，避免了蓝图式规划设计的失误。

此外，虚拟现实、增强现实和混合现实技术等诸多技术的发展引发的第四次科技革命也对城市设计产生了重大影响。城市的物质空间逐渐依赖于虚拟网络来强化彼此的连接，使人们对城市的主观感知不再囿于传统物质空间的体验，而是倾向于从网络空间获得更多新的认知与发现，进而引发对城市空间新的需求（周榕和杜顿康，2017）。整合多样化城市数据信息且可视化的开放在线平台将成为人们了解城市重要的载体，使得以往模糊的、碎片化的城市信息能被感知体验。个体在动态的感知下将形成新的行为方式和空间需求，继而将映射到真实空间的改造中。在线平台不仅是城市数据信息的动态展示，更激发了城市人群个体的空间应变，提供了空间需求信息反馈的渠道，促进了不同角色的交互与沟通。

16.2 基于大数据的城市设计方法

16.2.1 数据在城市设计各个层次的运用

随着城市设计相关的大数据不断丰富，在土地利用、功能业态、社交网络、交通轨迹、建筑物理环境等多个领域都积累了大量的数据，这些数据可用于对城市片区、地块、街道、建筑层面的分析，同时在规划设计的现状调研、现状分析、规划设计、设计表现等各个环节也形成了数据支撑技术体系（表16-1）。

16.2.2 大尺度城市设计的时间、空间与人的 TSP 模型

城市设计可以分为总体城市设计、专项城市设计和区段城市设计。其中的总体城市设计是以城市整体作为研究对象的城市设计。它作为城市建设的总体控制

基于新数据支持城市设计的框架体系　　　　表 16-1

	数据维度				
	土地利用与功能业态	城市形态	社交网络	交通轨迹与出行	建筑环境
	用地性质、遥感影像、POI	路网拓扑形态、建筑图底关系、建筑高度、容积率、街景图片	微博/twitter、facebook、大众点评、旅游网站、各类手机APP	公交地铁刷卡、滴滴、出租车、车载GPS、手机信令、城市热力图	能耗、水耗、声光热测度、PM2.5
城市片区	城镇用地面积、建设强度、适宜建设用地开发、城市增长边界、城市功能结构片区划分	路网密度、基于空间句法的道路整合度和选择度、城市开放空间格局、城市天际线、城市景观廊道	城市人气节点、城市景点评价、城市景点微博情感指数、城市意象	城市出行OD分析、城市主要人流聚集点、区域可达性	环境优劣片区划分、高低能耗地区识别、城市通风廊道识别
地块	用地混合度、主导用地性质	建筑三维形态、地块容积率、建筑群体空间组合关系、地块交通组织	商铺访问度、商铺评价、商铺消费金额、景点评价、微博心情指数、活动密度、点评密度、热点时段、地块意象、人群画像	交通发生与吸引强度、人流大小、可达性	建筑日照、小型景观气候
街道（线性）	底商密度、底商混合度、沿街地块主要功能	沿街界面空间组织、沿街建筑风貌、街道系统设计、街道步行指数	沿街商铺人气、评价和消费金额；景点评价；微博心情指数、活动密度、点评密度、热点时段、街道意象、人群画像	人与车的交通流量	街道舒适性、绿视率、绿容率、建筑日照、声音景观
建筑	综合体内业态	建筑风貌、建筑场地设计	景点评价、访问时段、建筑意向、人群画像	访问交通量和人流量、可达性	建筑能耗、微观环境

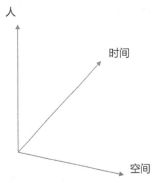

图 16-1　大尺度城市设计的 TSP 模型

与引导手段，在技术方面需要处理比常规规划大得多的图形文件和三维信息数据。这类大尺度城市设计往往对应规模巨大的物质空间和社会空间的单元，因而缺乏对细节以及个人尺度的把握。这大大超越了传统的城市设计工作方法所能应对的范围。

为了应对大尺度城市设计，可以应用基于时间－空间－人三位一体的 TSP（time–space–people）模型（图 16-1）。该模型可以将大尺度城市设计在这三个维度进行定位和剖析，每个维度都可以细分为尺度与粒度两个刻画指标：如在时间维度，一般需要考虑未来 5—10 年内的城市状态（考虑到城市开发建设的周期，时间维度的粒度一般以年为单位）；在空间维度上，则对应整个设计范围，并达到街道甚至单体建筑的粒度；对于人的维度，需要考虑设计范围内的居民以及访客。粒度上至少要到不同类别的人以及弱势群体，如有必要，需要细化到个人。

1. 城市设计的时间性

无论是城市空间还是生活在空间中的人群，其演变与过程都具有明确的时间性（如历史上的场所及其记忆）和动态性。这也是未来发展的重要指向。从时间性角度探讨城市设计具有重要的启发意义。

要探讨城市设计的时间性，主要涉及尺度与粒度两个概念：时间尺度是指所关注时间的历史范围或未来时长，而时间粒度是指关注城市空间和承载人群的基本时间单位。

城市设计的历史文脉分析往往可以追溯若干个世纪，研究材料多依赖于地方志、历史地图甚至是文学作品，时间粒度通常以十年作为单位；近期历史回顾往往回顾过去若干年的发展轨迹，多依赖于统计年鉴、普查或小规模调查、和遥感影像等，时间粒度一般为年，如基于年鉴资料分析设计范围的社会经济发展变化以及基于遥感解译方法判断设计范围的用地扩张；部分现状调查如场地的环境行为调查，时间粒度可以细致到分钟甚至秒，但总的观测时间多为 1 小时甚至是 10 分钟；而对未来的展望，一般短则 5 年长则 20 年，多简单地利用近期中期远期作为城市设计付诸实现的时序，少有在精细化时间尺度如月份的策划。

鉴于数据支持、观测技术发展水平和研究精力的局限，城市设计时间性的两个维度（尺度与粒度）存在折衷，即长时间尺度难以具体观测到细时间粒度的演变，细时间粒度下难以观测较长的时间尺度。这使得我们认识城市空间与城市生活具有明显的局限性。

　　大数据的出现，为缓解这种折衷提供了机会。例如无论是手机、公交智能卡、信用卡和摄像头等产生的数据，多能够以秒为精度长时间（如多年）记录个人和城市空间的变化；部分政府网站上也能够提供精度为日的持续多年的用地规划许可证资料，这些数据呈现了城市空间开发的连续过程；在线地图网站提供的街景数据，则为在人的尺度观测大规模的街道空间的微小变化成为可能（图 16-2）。

　　这些新数据除了为更加客观和全面地认识场地提供了可能外，还为追踪设计方案的实施效果并对其进行评价提供了新的机会。

　　2. 城市设计的空间性

　　城市设计的空间性也存在尺度和粒度两个维度，只是城市设计注定了其空间粒度多为建筑和街道尺度，因此尺度维度更为关键。城市设计的尺度一般从区段城市设计的几个公顷到总体城市设计的几百平方公里不等，而其中的总体城市设计尺度超越了设计师的理解和居民的日常生活感受。大数据与应用城市模型（AUM：Applied Urban Modeling）为大尺度城市设计的空间判读提供了重要的技术支持。

　　大尺度城市设计涉及大量的空间单元，不同片区特点各异，因此需要考虑片区内的特点又要结合片区间的联系。为此可引入笔者及其合作者提出的大模型（Big Model）这一方法论进行支持，其兼顾了研究尺度和粒度（如细粒度下研究大尺度空间），多采用简单直观的研究方法，致力于归纳城市系统的一般规律及地区差异，进

图 16-2　动态街景数据提供了人的尺度的城市街道空间的变化

而完善已有或提出新城市理论，最终实现支持规划设计和其他城市发展政策的制定（详见第9章）。

在大尺度城市设计中，考虑到空间尺度下降了一个级别（从整个城市系统缩小到一个城市），空间粒度从街区也相应下降到建筑和街道，研究的样本量同样巨大，因此具有应用大模型的可行性。但需要根据具体分析做适当的调整，如以每个片区内的空间单元作为一个系统，关注片区内部的空间组织与联系，并考虑片区间的相互作用等。

需要强调的是，城市设计的空间性，不仅要考虑现实空间，还要考虑虚拟空间，除了要关注其空间性（space），更要关注其场所性（place），这就引出了城市设计中的个人性。

3. 城市设计中的个人性

人是城市设计中场所营造的受众，也是将空间转换为场所的主体。城市设计中需要考虑原真的人性，回归基于人的尺度的空间使用特征，关注人们在空间中的活动和移动，关注他们的情感与记忆。

已有城市设计中多通过社会调查、场地观察、资料搜集等方法对人群进行分析。与城市设计的时间性与空间性相同，此种分析方法存在尺度与粒度两个维度的折衷，即或者认识场地所有人的总体特征，如基于年鉴数据了解人口和就业的结构特征，或者在个体层面认识小部分行为者，如基于问卷调查了解少部分人群对空间的需求特征。已有研究和设计少有能够兼顾大规模人群和个体层面。

大数据的出现，同样为突破城市设计中人的认识尺度与粒度提供了机会，即目前有越来越大的可能在个体层面认识场地相关的全部或大多数人的信息。如基于手机信令数据可以对人的活动和移动进行长时间和大范围的刻画；基于公共交通智能卡数据可以对场地及其周边的联系进行评价，并对所有或特定群体的持卡人进行多个维度的画像；基于微博和论坛资料，可以对场地及其周边的人的情感／情绪进行较大范围的评判；基于位置照片和微博中的照片，则为认识本地居民与游客对场地的记忆提供了较为直接的渠道。而人的需求则可以通过对现状的客观评判提取，也可以采用众包的线上调查的方式得到较大规模的反馈。

16.2.3 人本尺度城市形态

城市形态是目前规划设计关注的核心要素。但以往囿于数据条件、技术水平等多方面的约束，规划设计存在尺度过大、指标不细的问题。对于精细化尺度如街道、建筑尺度的考量较少，即使是在接近人的街区尺度上，也只有容积率等关键指标能够做到明确控制，剩下的多流于形式。而人本尺度的城市形态（human-scale urban form）是指人可以看得见、摸得着、感受得到的与人体密切相关城市形态，是对目前网格、街区和地块等尺度城市形态的深化和必要补充。街道、建筑以及某一具体专项（如声音、温度、光线等），是人本尺度的城市形态的具体体现。

　　人本尺度城市形态研究主要关注以人的视点为基准，在人的日常生活中频繁接触的城市空间形态及其相关效应。具体来说包括城市公共空间及城市建筑外部界面（如街道、建筑、绿化、公园等）及其各种经济、社会和生态影响。

　　人本尺度城市形态研究框架包含形态测度、效应评估以及规划设计响应三大部分（图16-3）。

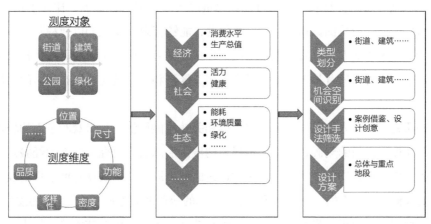

图16-3　人本尺度城市形态研究框架

1. 精细尺度的城市形态测度

　　人本尺度城市形态所关注的是对于人的日常生活中频繁接触的小尺度城市物质空间形态要素。具体包括街道界面、建筑立面、公园和绿化等。而测度的内容则涵盖位置、尺寸、功能、密度、多样性和品质等以往规划设计难以切实管控的方面。换而言之，以往受制于技术手段，对于与人的生活息息相关的小尺度要素难以真正有效地进行测定、分析和管理。

　　当前大数据和新技术方法不断涌现，一系列量化分析技术为更微观的城市形态测度提供了技术手段。一方面是GIS技术与传统城市形态学考量的结合，提供了一系列量化城市形态分析工具。以Spacematrix，Space Syntax和Urban Network Analysis等为代表的量化城市形态分析工具为精细化的城市形态特征研究提供了助力。这些新近涌现的分析工具依托于传统城市形态与城市设计的理解，既能够被设计师有效接受，又能够在街区尺度开展分析，输出能直接作用于规划与设计的结果。

　　另一方面则是激光雷达（lidar）成像等精细化的三维测量技术与CityEngine等平台的结合，使得城市形态的高精度三维数据获取与分析变得简便易行，能够满足人本尺度城市形态分析所需要的精度的要求。我们已经可以尝试来测度那些过去难以测度的要素，以更深入认知人本尺度的城市形态。这些测度指标可以利用已有的大数据和开放数据计算得出，也可以基于新布置的传感器搜集数据呈现。

2. 精细尺度的城市形态效应评估

测度部分关注城市形态的空间特征，而效应评估则关注城市形态的外延表现，其主要体现在经济、社会和生态等维度。经济效应评估，关注城市形态的消费水平、生产总值等指标，社会效应评估关注城市形态承载的人群的活力水平、健康程度等，而生态效应评估则关注城市形态的能耗、环境质量和绿化水平等。

大数据和新技术及方法不仅为精细尺度上的城市形态测度提供了支撑，也使得城市形态效应的分析具有了新的可能。海量的大数据和开放数据，比如手机数据、社交网络数据、街景图数据、GPS 追踪数据，能够直观展现人们以何种频度、时长和心情来使用各类人本尺度的城市空间。在深度学习、机器学习和可视化技术进一步运用于城市研究的背景下，城市形态的相关经济和社会效应可以在短时间内被深入分析和获取。

在研究上，深入挖掘城市形态背后的相关效应能提供更为微观和全面的城市物质空间和社会空间的刻画，协助人本视角的城市形态效应研究从主观的经验判断向客观的系统分析转变。在实践上，短时迅速的城市形态效应展现有助于规划设计者将其纳入整个设计流程，更好地运用城市形态的塑造来催生良性的经济和社会效应。

与此同时，以虚拟现实技术、眼动追踪技术、生理传感器技术等为代表的一系列新技术的成熟化和移动化，也为人本视角的城市形态效应分析提供了新的方向。洞穴式虚拟现实展示环境（cave automatic virtual environment）与头戴式虚拟现实展示器（head-mounted display）能够提供完全沉浸式且可控的虚拟现实体验。结合眼动仪及生理传感器技术，研究者们能够实现对于多种空间形态要素对于行为和感受的直接分析。这一系列技术能够提供更细致的环境表征和更准确的行为与感知记录，从而更深入地了解人——建成环境交互。

3. 规划设计响应

关于城市形态的测度方法与效应评估结果以及二者之间关系的探究，可以用于支持规划设计方案的编制与评价等多个方面。

对街道、建筑等精细化尺度的空间要素的测度有助于给规划设计人员提供精细化的基础数据平台，保障后续人本尺度能被纳入方案全过程。而基于测度和效应评价的整合结果，有助于识别具有进一步发展潜力的机会空间，为规划设计重点给出建议，从而结合定量的案例借鉴和规划设计人员的经验进行总体和重点地段的规划设计。在支持规划设计评价方面，主要涉及对规划涉及的人本尺度的城市形态进行测度，结合通过研究所掌握的城市形态内在指标与外在表征之间的关系，对规划设计形态的效应进行评价，进而对于方案做出调整或在不同方案中进行优选。

16.3 大数据在增量型城市设计中的应用

在城市规划实践领域，应用于规划与设计决策的方法目前主要有两种。

第一，在定量城市研究领域，主要依靠城市模型对规划政策的社会、经济、环境影响进行综合性量化评价，帮助决策者在政策实施之前对政策的多种预期情景进行分析比较。这类模型主要是对规划地区进行发展方向的初步判断，不涉及规划方案的具体生成。

第二，在具体的规划设计项目中，主要通过研究案例城市的城市建成环境，从而对规划设计方案的生成提供参考和借鉴，即案例借鉴的方法。以往多数案例借鉴仅依赖于二手文献、规划图纸、照片等对案例城市进行较为粗浅的定性分析，然后进行经验总结和借鉴。受制于二手文献的局限性、实地调研和照片感知的主观性，传统的案例借鉴方法在规划设计中并没有发挥出有效作用。

在新数据环境下，一系列新的数据环境、技术和方法提供了构建精细研究城市形态的新途径：具有详细空间位置信息的新数据环境，提供了坚实的数据基础；精细化的测量技术与 City Engine 等平台的结合，能够满足城市形态分析所需的精度要求。相关实证研究包括运用开放街区地图（OSM：OpenStreetMap）和兴趣点（POI：Point of Interest）自动识别土地利用性质；利用手机信令、POI 等构建街道活力定量评价指标体系；运用街景图片评价街道品质和空间的变化等。上述技术方法的进步为案例借鉴中的案例城市分析提供了多样化数据来源和精细研究的可能性。

16.3.1 量化案例借鉴的技术框架

量化案例借鉴技术以包含时间、空间与人的大尺度城市设计模型的探讨为基础，基于数据增强城市设计的框架，利用新数据环境下现有的建成环境量化研究方法作为支撑。假定在不考虑城市开发过程中其他不可控因素对城市空间形成的影响的前提下，案例城市的现状就是规划城市的未来。基于该假设，需要对案例城市的现状建成环境进行较为全面且清晰的量化分析，才能将案例更好地应用于后续的规划方案中。

具体来说，量化案例借鉴技术的应用过程如下（图 16-4）：

（1）在对案例城市进行城市建成环境的分析中，首先基于规划城市的类型，选取相应的案例城市，确定案例城市的数据获取范围。对于增量型地区的规划设计，应选择那些在原本的城市建成区外围已发展成熟的新城地区作为案例城市，比如大城市外围产业新城、居住新城等，并获取城市建成区和在建成区外围新发展的地区的空间数据；对于存量型地区的规划设计，应根据规划地区类型选取相应的城市建成区案例，如历史城区、城市 CBD 地区等，并获取相应的空间数据。

（2）在确定了案例城市的数据获取范围之后，在 ArcMap 中借助开放数据平台（如 OSM）、社交网站（如微博）、地图网站（如最近新开发的百度地图截获器 0.4Beta 和谷歌地图等），获取相应范围内的空间数据，并将这些数据按形态、功能、活动、活力四个空间维度进行划分，在每个空间维度下确定要分析的主要指标。例如在形态维度中，重点分析案例城市的路网特征、开放空间和建筑肌理。

（3）将各个抽象的指标数量化，确定每一个指标对应的数值，如用建筑密度和容积率来量化建筑肌理这一指标。对于较大城市地区的案例分析，在指标计算时需要分尺度、分片区。例如对于城市路网密度而言，在城市整体层面，不同发展阶段的城市片区以及城市中心区需要分别进行计算，以保证后续分析更加准确。

（4）对于增量型地区的案例城市的分析，需要对城市建成区和建成区外围新发展地区的相应指标进行对比，以确定新发展地区大致的城市发展阶段（至于那些发展还不成熟的新城区，则不适合作为案例城市）；对于存量型地区，则需要对不同历史时期形成建成的环境进行相应指标的分类比对。

（5）将量化后的指标抽象为对应的空间模式图，如特定数值的建筑密度和容积率对应一种特定的城市空间模式。这种抽象后的空间模式就是案例城市的城市基因，可以较准确地描述案例城市的城市形态特征、城市功能布局、城市中人的活动分布特征，呈现数据和城市空间模式的关联。将各类城市基因汇总到基因库中，形成诸如城市结构、路网、开放空间、建筑组织、城市功能、城市意象等若干类城市基因库。在开放的数据平台支持下，按照上述步骤可分析多个案例城市，从而在每一个基因库中不断添加城市基因的个数，最终形成一个完整的、指标与抽象的空间模式相对应的案例城市基因库。

在方案设计部分，根据规划城市的现状和规划条件，在每一类基因库中按需选取适宜规划城市条件的城市基因，组合到规划城市的用地中，进行情景模拟，应对未来规划的不确定性，得到多种规划方案。最后，案例城市计算所得指标可用于规划城市现状的分析比对和规划方案的评估比对。

该方法论以 Arcmap 为基本工作平台，在相关开放数据平台上可较为方便地获取相关数据，所有统计分析均只需在 Arcmap 中完成且进行可视化表达，不涉及复杂模型计算；且一个案例城市的基因可用于多个规划方案中，具有较强的可复制性。

16.3.2 应用案例：北京通州总体城市设计

本节以《新数据环境下的量化案例借鉴方法及其规划设计应用》为例，介绍量化案例借鉴技术在北京通州总体城市设计中的应用。

通州新城总面积 155km^2，地处北京市域东部，处于长安街东延长线与北京东

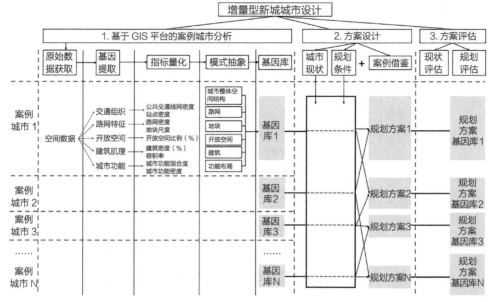

图 16-4　量化案例借鉴的技术框架

部发展带的交汇处，距东二环约 23km；现状人口总量 80 万人，新城规划人口总量
150 万人。通州新城作为北京城市副中心选址，在大城市外围新城建设中具有重要
意义，因此，拟借鉴世界著名大城市外围成功开发建设的新城城市空间形态，作为
通州新城规划设计的参考。

1.案例城市选择

根据通州新城规模、与中心城区距离以及未来规划定位，包括轨道交通规划、
新城与中心城关系等，确定了三个开发较为成功，并且在距离、规模和城市性质上
都和通州新城大致相似的大城市周边城市，分别为日本横滨（Yokohama）、荷兰新
城阿尔墨勒（Almere）、法国新城马恩拉瓦莱（Marne-la-Vallée）。

从城市内部来看，三个案例城市空间组织之间存在明显差异：横滨是以公交导
向开发（TOD：Transit-orientated Development）模式组织城市空间，阿尔墨勒是单中
心新城，马恩拉瓦莱是带状新城。选择城市形态有明显差异的城市，目的是便于后
期作多种类型的城市形态的基因提取和比选，进而找到最适合通州新城城市设计借
鉴的城市基因。

2.案例城市分析

（1）数据获取与指标量化

在确定三个案例城市后，首先从 OSM 获取三个案例城市及其母城的原始空间数
据，然后在 Arcmap 中按城市形态和功能提取道路、土地利用、建筑、POI 等五类数
据集，得到交通组织、路网特征、开放空间分布、建筑肌理、城市功能分布等五类
指标，并以地块为单位，对每一类指标进行量化分析。然后以地块为单位进行指标

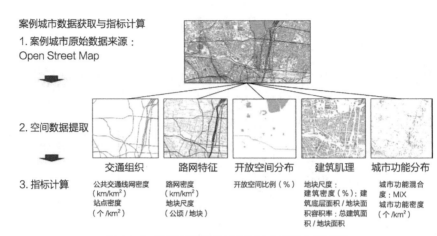

案例城市数据获取与指标计算

1. 案例城市原始数据来源：
Open Street Map

2. 空间数据提取

3. 指标计算

交通组织   路网特征   开放空间分布   建筑肌理   城市功能分布

公共交通线网密度（km/km²）
站点密度（个/km²）

路网密度（km/km²）
地块尺度（公顷/地块）

开放空间比例（%）

地块尺度：
建筑密度（%）；建筑底面积/地块面积；容积率：总建筑面积/地块面积

城市功能混合度：MIX
城市功能密度（个/km²）

图 16-5   通州新城总体城市设计中案例分析过程

计算，并将案例城市和母城的指标进行对比，确定案例城市发展阶段（图 16-5）。

（2）指标量化结果分析

从三个案例城市空间数据提取的可视化和指标计算的结果来看，与其他两个城市相比，横滨在新、老两个城市核心以及轨道交通站点周边的建筑密度较高，整体建筑密度远高于其他两个城市；轨道交通线网密度、站点密度、路网密度较高；整体街廓尺度最小，属于高密度城市开发的典型。这与横滨城市发展历史较长、日本土地利用及开发政策有关。

阿尔墨勒和马尔拉瓦莱都属于 20 世纪 60—70 年代开发的大城市外围新城，城市建筑密度整体上来看较为均质，没有明显的高密度建筑区域；平均路网密度在 20km/km² 左右；街区尺度在 4~5hm² 左右；而城市开放空间比例远高于横滨；都属于绿带分隔的组团型城市。

从建筑密度来看，横滨建筑密度在 50%—60% 之间，阿尔墨勒和马恩拉瓦莱在 20% 左右。

从城市功能密度（包括商业、公共服务设施、公园）来看，横滨在轨道交通站点周边、老城区的城市功能密度远高于其他地区；而两个欧洲城市的功能密度都较低（表 16-2）。

城市功能密度也进一步验证了三个城市的城市功能分布特征，即沿轨道交通站点分布，和在城市中心分布（图 16-6）。

（3）构建案例城市基因库

基于指标计算结果的分析，对案例城市的城市空间结构和城市形态进行模式抽象，形成城市形态基因，构建基因库。

对于横滨而言，通过前面的分析可知，在城市整体层面，横滨的城市形态可概括为双城核心、轨道交通站点周边高密度的城市开发模式。在城市核心区和轨道站

案例城市空间数据对应指标计算 表 16-2

城市名	尺度 / 指标	轨道交通线网密度（km/km²） 轨道交通站点密度（个/km²）	路网密度（km/km²）	开放空间比例（%）	建筑密度（%）	城市公服设施密度（个/km²） 城市功能混合度
横滨	整体	1.19/0.2	20.7/1.68	6	32.10	10.2/0.54
	新城核心区	0.89/0.4	22.8/2.16	3.90	60	13.3/0.61
	老城核心区	1.14/0.8	24.2/1.55	0.30	57.80	25.4/0.52
	站点周边（500m）	—	30.4/1.86	8	48.90	23.2
	站点周边（800m）	—	23.8/1.64	7	47.60	17.4
阿尔墨勒	整体	0.14/0.05	20.7/4.0	57	21.80	8.4/0.21
马恩拉瓦莱	整体	0.41/0.07	17.2/5.25	36.50	20	6.2/0.34

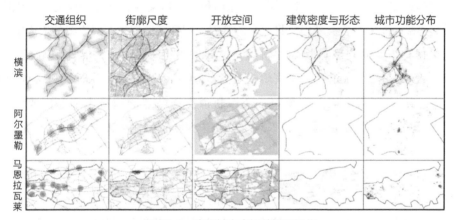

图 16-6 案例城市空间数据可视化

点周边两个尺度的城市形态，根据指标计算结果的不同，对应了不同的城市空间组织模式。

对于欧洲两个新城，在城市整体层面，城市形态可概括为组团式新城开发模式，由单条轨道交通联系各组团，由大型公共开放绿地将各组团分隔，每个组团的平均规模为 400—500hm²。在城市内部，欧洲新城的城市形态模式抽象与横滨不同，表现为路网密度和建筑密度较低，公共服务设施一般在一个城市中心集中（图 16-7）。

根据空间数据的可视化分析，对案例城市在城市整体层面的空间布局进行模式抽象后得到城市总体结构基因；根据指标计算，对案例城市不同尺度层级的空间形态进行模式抽象，构建路网密度、建筑密度、城市功能分布的基因库。这样就完成了对案例城市的基因库构建。

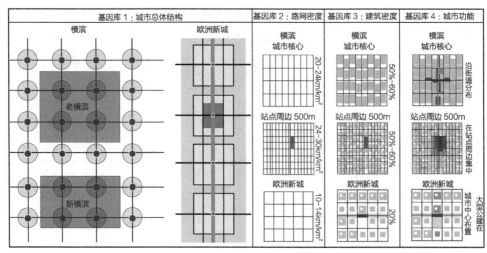

图 16-7　三个案例城市基因库

3.案例城市基因用于通州新城设计方案生成

根据通州新城规划的人口规模、土地面积、轨道交通，计算相应的开发强度，比对上述基因库中的各类基因，将适合的基因运用到新城规划空间方案的生成中。

根据测算，通州新城规划的轨道交通线网密度（1.03km／km^2）和轨道交通站点密度（0.24个／km^2）与横滨轨道交通线网密度（1.19km／km^2）和站点密度（0.2个／km^2）类似，因此在城市核心区轨道交通站点周边城市形态生成层面，可借鉴横滨 TOD 高密度城市形态，站点周边 500m 范围内的平均路网密度达到24—30km/km^2。

在通州的新城规划中，在每个组团内实现城市功能复合，易于分期开发的实现；并且可以保证每个组团之间对城市开放空间的预留，防止建设用地无序蔓延。此外，除了轨道交通站点周边以及城市核心区，在保证城市建设强度能够容纳规划人口的前提下，不宜有过高的开发密度，以保证城市的宜居性。基于以上原则，规划方案借鉴欧洲两个城市——阿尔墨勒和马恩拉瓦莱的城市组团发展形态，以大面积开敞空间分隔组团，每个组团的规模控制在 400—500hm^2。就平均路网密度而言，取两个欧洲城市的平均路网密度——20km/km^2。这样在城市空间形态的方案生成中，除现状建成区以外，以组团为单位，形成了轨道交通站点核心区、站点核心区周边两个层次的城市空间形态基底（图 16-8）。

在城市功能布局方面，根据空间句法原理，在全局整合度较高的区域应布置车行方便到达的大型公共服务设施；在局部整合度较高的区域应布置步行可达的城市功能。从空间句法对设计方案的分析结果来看，城市重要交通干道全局整合度较高，因此在其周边布置城市大型公共服务设施、大型公园；轨道交通站点周边路网局部整合度较高，因此集中布置城市商业办公（图 16-9）。

图16-8 轨道交通站点核心区、城市组团、组团内部三层次结构的城市空间形态基底

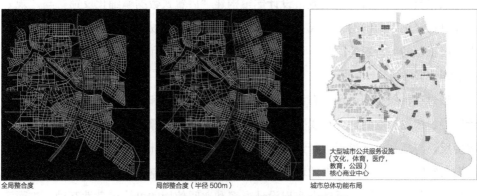

图16-9 基于空间句法的城市整体功能布局

最后，将通州现状、三个案例城市与规划后城市形态指标进行评估比对发现，与案例城市相比，规划现状城市整体路网密度、建筑密度较低，街区尺度较大，城市公共服务设施密度整体较低，老城尚可。参照案例城市，从案例城市的空间数据获取到空间形态抽象形成基因，到规划城市的案例借鉴，最后再计算规划城市的城市形态指标。结果显示，规划方案对路网密度、建筑密度、街区尺度、公共服务设施密度的现状作出了优化和调整。

16.4 大数据在存量型城市设计中的应用

大数据在存量型城市设计中的应用主要体现在现状评估阶段，利用多维的数据对基地现状问题进行挖掘。而在方案实施后，可通过空间测度形成反馈机制，动态评估方案的实施效果，从而不断地修正和优化规划设计方案。其补充了精英主导蓝图式设计的弱反馈，及公众参与设计决策阶段的前置性反馈。

在另一方面，虽然大数据由于空间覆盖地理边界广、数据精度高、数据更新周期短，对大尺度的规划评估和现状调研有独特的应用价值，但也面临着"精准分析"的诉求。针对某一空间系统和某一场地对象的城市设计通常涉及微观的空间形态和具体人群使用状况分析，需要直接应对更"以人为本"的问题，往往设计方案的形成依赖设计师的细致观察和综合判断能力形成的主观干预。因此中微观尺度的城市设计需要更精细的"订制大数据"来实现"精准分析"，如某一个设计场地不同时段活动人群是什么特性，更偏向于哪类消费，即时人流量等。此类数据侧重于对空间使用者的行为分析，以及人和空间交互情况的分析，表现出反馈周期短、灵敏度高的特点。比较理想的情况是针对特殊场地布置空间传感器，形成稳定的空间测度平台。在此背景下，产生了基于传感设备和在线平台的数据自适应与自反馈式的城市设计方法。

数据自适应与自反馈式城市设计侧重构建"后置式数据精细化反馈"与"规划设计自我修正"的机制，形成"前期数据分析—方案生成—空间干预—空间测度—方案修正"的可持续的循环。该理念由于依托现状分析和反馈的独特性，多适用于存量型数据增强设计的场景。

通过在传统空间干预中布设能够捕获人对空间使用和空间状态及其变化的多元传感器、在虚拟空间建立在线平台读取传感器和网络多源实时数据，将后置式空间测度反馈与规划设计过程进行结合，将长周期的规划设计评估转换为短周期的空间反馈与空间干预，并在未来的城市建设中落实数据测度基础设施的建设，通过精细化的"订制大数据"的反馈来实现设计方案和空间使用的可持续良性互动，进而实现对设计方案在整个场地内的不同时间周期的实施效果进行监测和评价，提出对设计方案的调整与优化建议，最终实现自反馈式的城市设计。

16.4.1　数据自适应与自反馈式城市设计技术框架

数据自适应与自反馈式城市设计的关键为：在不同的阶段需有不同频率的空间测度周期，同时对于不同可变性和可塑性的空间，需要采取不同空间干预手段。

首先通过现状数据分析明确不同区域的更新力度和改造类型。部分区域以改造力度较小的现状优化为主，需要依托数据测度平台形成高灵敏度和短周期的现状反馈，根据不同时期的变化和需求选择空间干预手段；部分区域以改造力度较大的展望性规划设计为主，需要通过中等周期的数据反馈检验规划设计实施的有效性，进行空间修正。

其主要分为四个阶段：

1. 数据分析和空间干预类型选择

通过搜集多种来源和类型的空间数据，进行现状优势、劣势、机遇和挑战的分析。针对特定的城市地区布置传感器设备，明确其种类、数量、和位置；其次选择合理的测度指标、测度时长与周期，对设计方案实施进行针对性的指标数据搜集。

数据源主要为开放数据、大数据和自定义的传感器数据三类（表16-3）。开放

数据自适应与自反馈式城市设计所整合的三种数据类型　　表 16-3

开放数据	大数据	自定义传感器数据
－ 城市形态数据（POI，路网，建筑三维形态等） － 城市用地数据（用地性质和使用强度） － 街景地图数据 － 城市环境数据（空气污染、水污染） － 建成环境声光热数据 － 人群集聚点热力图数据 － 城市地点访问数据（景点访问时段、微博签到地点与时间） － 点评数据（微博、大众点评、旅游网站等）	－ 建筑能耗数据 － 出行轨迹和交通 OD 数据（公交、地铁、出租、自行车、其他共享交通工具） － 基于手机 APP 的人群画像数据	－ 基于场地 WIFI 探针的人群画像 － 基于人脸摄像头的人群画像 － 场地卡口人流数据 － 建筑或构筑物等人群交互设施数据（人流量、声音分贝等） － 环境测度数据（噪声、PM2.5、日照、通风等） － 图像采集数据（街景、人脸、机动车） － 人群实时服务和诱导 APP（停车诱导软件、游览驾车路线推荐软件、场地人流监控和疏散软件等）

数据主要为带有地理位置信息的空间环境数据；大数据主要为人类行为数据，包括轨迹、社交、活动和能耗等。传感器数据与前两者的区别在于其自定义和高精度的特点，记录对象主要为与建成环境空间发生关系的浮动人群和车辆等，以及由于人群活动带来的环境变化数据。传感器类型包括 Wifi 探针、摄像头和图像采集器、人流卡口设施、环境声光热测度传感器、针对人群行为诱导和空间设施调度的 APP 等。数据类型包括人群属性数据（人群画像）、场地内即时人流量与轨迹数据、人群与环境的交互数据等。

2. 方案设计、空间测度和空间优化的中短周期循环

在现状数据分析的基础上，判断空间的可塑性和可变性。对于可塑性较强和未来可变性较弱的 A 类空间，如城市中等级较高、特色明显的空间节点、片区、廊道，以中长期的规划设计引导为主，强调规划设计的延续性。即提出基准设计方案 A，在空间干预和实施后，通过中等周期空间数据测度比对现状空间特征 A' 与基准方案 A 的差异，若不符合则对现状空间 A' 进行及时的空间修正从而巩固方案设计。

对于未来可变性较强和可塑性较弱的 B 类空间，如功能业态快速变化和较低等级的城市地块、街道，将通过基于情景预测的城市设计导则工具库对其进行中短期的控制引导，强调规划设计的动态适应性。即针对某一空间类型，提出城市设计导则的工具库 B，通过短周期的空间数据测度确定特定地块或街道在某一时刻的现状 B'，并在工具库 B 中寻找对应的导则工具 Bi，进行空间干预与实施，从而根据现状的周期性变化自适应地寻找对应的导则工具。

由于中期干预的基准方案 A，和短期调控的设计导则 B，未来均可能发生相互的转变，因此在长周期的过程中，需根据现状数据分析重新判断空间的可变性和可塑性，形成新的 A/B 类空间划分和干预措施（图 16-10）。

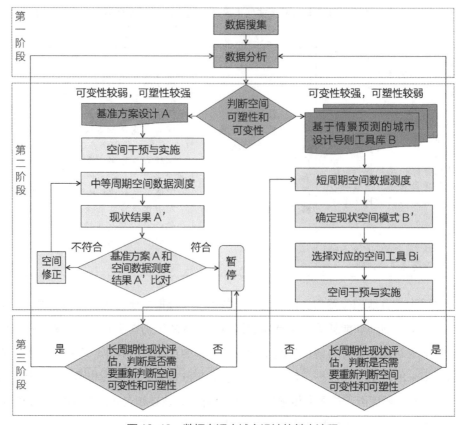

图 16-10　数据自适应城市设计的基本流程

　　3. 基于长周期现状评估的空间干预类型的再选择，并回到下一个阶段一，循环往复。

　　4. 搭建在线平台

　　在线平台的功能在于整合传感器数据、大数据、开放数据、政府数据等多源数据，一是提炼关键指标对公众进行可视化的展示，二是城市管理者基于数据分析和指标度量对城市问题进行诊断并对规划方案实施进行评估，三是提供民众对规划方案实施等的意见反馈渠道，形成多元利益相关者在线沟通的平台。

　　（1）在线平台的整体架构

　　在线平台的整体架构分为数据获取—数据存储—数据预处理—数据处理—数据分析—数据输出和展示六个步骤（图 16-11）。数据获取依赖于开放数据与大数据的接口，以及传感器搜集的数据，可通过云端服务器和本地服务器进行存储。在经过数据清洗和分类后，数据处理可从时间尺度、空间尺度、人群对象尺度三个维度进行。数据分析包括以上三个维度不同的空间环境分析及人群活动分析两类，最终形成数据输出和展示，包括空间要素在各个地理空间尺度的分布、空间要素价格分布、空间环境品质衡量、空间中人群特征的分布、人群对城市空间要素的满意度和可能需求等。

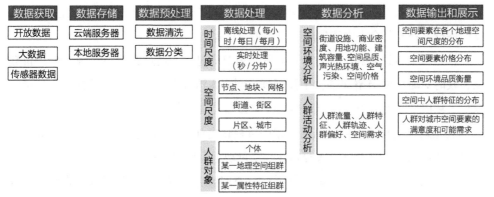

图 16-11　在线平台数据的处理流程

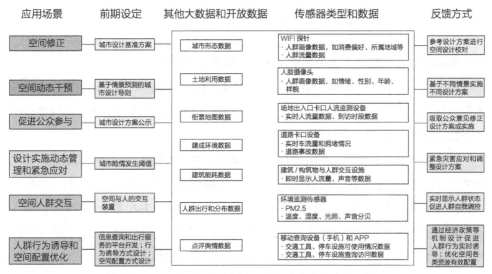

图 16-12　在线平台在城市设计与实施中的应用场景

（2）在线平台在城市设计与实施中的应用场景

基于开放数据、大数据、自定义传感器数据的城市设计具有以下的应用场景（图 16-12）。

一是监测设计方案实施状况并进行空间修正，主要针对于长期实施的设计方案，通常为城市重要的轴线廊道和节点地区。通过设定设计方案目标实现的参数，利用在线平台监测空间使用状况，对偏离基础指标的空间要素进行干预修正和实施周期调整。

二是基于多情景预测的设计导则监测空间的变化，进行相应的空间动态干预，主要针对于中短周期实施的设计方案，通常为城市次要的街道、节点和片区。通过预测提出多种情境下的设计方案，设定情景发生变化的空间测度阈值，利用在线平台周期性监控空间状况，当超过情景变化的阈值时进行设计方案的动态调整，从而优化空间的使用状态。

三是促进公众参与。通过搜集城市设计覆盖人群在在线平台的公开信息窗口的反馈评价，补充公众在方案实施阶段的参与过程。

四是城市设计实施的动态管理和紧急情况应对，如通过舆情和网络 APP 评价数据，及时对城市消极空间进行干预管理；利用人流和车流数据监控公共空间拥堵的发生；利用空间环境声光热传感器监控灾害和险情的发生。

五是通过空间与人群交互的数据的可视化增加空间的趣味性和启示性，如结合建筑与场地的交互装置可对人群属性或流量动态可视化显示。

六是对人群行为进行实时诱导并优化空间设施配置。如人们可通过在线平台查询热门地点人群流量、停车位等信息决定最优出行计划；政府通过对访问集中区域进行停车位和道路使用费用调节实现交通实时诱导；企业通过平台查询人群绿色出行需求优化城市共享单车的空间资源配置等。

16.4.2 应用案例：上海衡复历史街区慢行系统设计

案例以上海衡复历史保护街区为例，探讨"数据自适应城市设计"在存量更新中的运用，以街道空间为载体，对城市开放空间与慢行系统进行干预，实现数据驱动下物质空间自适应的可持续更新发展。

该方案首先在传统数据和实地调研的基础上，结合大数据，对现有街道进行量化评估，分析各类街道特征，概括空间组织模式；据此将现状街道划分为维持并优化现有特征的 A 类街道，及根据数据测度动态调整的 B 类街道。其次基于街道特征，植入不同功能的数据平台基础设施（传感器、相关 APP 模块和网络平台等），明确不同的指标搜集方式和周期；动态测评人群对物质空间环境的使用状况，促进政府、规划师、居民、企业对衡复空间设计的引导。再者，概括 A/B 类街道的空间模式，并提出空间设计导则，其中 B 类街道为基于情景预测的动态导则。最后，本案例针对 A 类街道导则示范了一套基准设计方案，未来可通过数据平台反馈信息对其特征进行巩固和优化。

1. 现状问题挖掘

现状研究基于多维数据的运用展开，包括上位规划（总体规划、历史街区保护规划）、社交网络数据（微博情绪地图、携程网景点评价）、互联网交通出行数据（空间热力图、职住关系分析）、土地经济数据（商铺租金、二手房交易数据、大众点评餐饮消费）、城市空间数据（上海城市发展模型、15 分钟生活圈设施分布计算、基地现状调研（实地空间感知、居民出行调查、交通流量调查）、问卷分析（居民对慢行和开放空间环境的感知与建议）。

根据上位规划研究，明确衡复地区定位：海派文化集中展示区和科技创新承载区、高品质的慢行系统主导的复合生活区。多维数据的现状分析从功能组织方面归纳出基地的四大问题，进而提出规划引导方向：明确基地整体定位、促进城市节点功能的提升、调整街道业态准入机制、促进公共服务设施供需平衡。

2.慢行指数评分和A/B类街道划分

方案以街道为串联开放空间的慢行载体，从吸引力、安全性、舒适性、历史性四个维度（共20个指标）构建了街道慢行指数（表16-4），并计算慢行指数各项分数（图16-13）和总得分（图16-14）。

衡复区慢行指数一览　　　　　　　　表16-4

慢行指数维度	具体指标	数据处理和计算方法
吸引力	到最近设施距离	计算街道线段中心点到最近生活服务、购物餐饮等设施的距离
	用地混合度	建立街道100m缓冲区，对区内不同类别POI数量进行统计，并参考公式（14-1）进行计算
	微博心情指数	利用机器学习和自然语言处理工具进行点数据的情感分析，统计各个街道100m缓冲区内均值
	底商密度	计算街道100m缓冲区内单位街道长度的底商POI数量
安全性	拥堵程度	统计基地内道路典型工作日7：00am-11：00pm时间段高德地图拥堵程度均值
	人行道宽度比例	路网数据测量计算
	自行车道比例	路网数据测量计算
	街道人行空间	街景图片评分（依据是否有和机动车道的护栏或绿化带隔离）
	空间句法整合度	利用SPACE SYNTAX软件计算
	路网密度	计算街道中心点200m半径圆内路网长度
舒适性	遮阴率	利用计算机图像分割技术自动识别基地内街道间隔50m的地点所对应街景图片绿地所占比例，计算街道均值
	绿地空间	街景图片评分（依据是否存在城市级别绿地并有明确出入口）
	自行车空间	街景图片评分（依据沿街是否有与街道空间良好嵌合的自行车停车位）
	街道卫生	街景图片评分（依据街道是否无垃圾且铺装整洁）
	街道景观	街景图片评分（依据街道灯具和家具设置是否体现历史街区特性）
	机动车停车问题	街景图片评分（依据是否有沿街机动车停车位）
历史性	建筑	街景图片评分（依据围墙连续性和绿植覆盖情况、建筑立面连续性、建筑立面是否体现历史元素）
	小型开放空间	街景图片评分（依据沿街是否有建筑退线形成的开放空间并与建筑良好结合）
	城市空间节点	街景图片评分（依据沿街是否有重要空间节并得到合理强调）
	街坊内公共步行交通	街景图片评分（依据街道两侧街坊的私密性和明确的出入口）

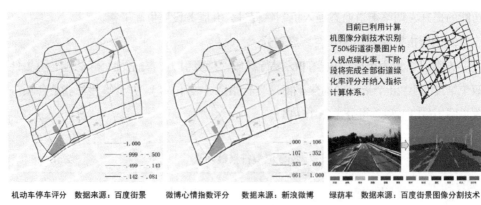

机动车停车评分　数据来源：百度街景　　微博心情指数评分　数据来源：新浪微博　　绿荫率　数据来源：百度街景图像分割技术

图 16-13　慢行指数计算结果

图 16-14　慢性指数综合评分结果

　　结合居民对于现状物质空间感知的评价、典型街道断面的交通调查、重点街道微博词云图分析和微博语料典型意见分析、街道改造三年行动计划实施评估，选择最具潜力的 A 类街道，进一步划分为塑造衡复历史灵魂类街道（A1）、区域商业共享型街道（A2）、作为重要生活容器类街道（A3），未来将其塑造为衡复区域级别的主要公共空间，强化或者重塑 A 类街道的功能。

　　对于慢行指数较低和居民差评的街道，引导为 B 类街道，进一步将其按照沿街业态和空间特征分为底商丰富的居住界面街道（B1）、无底商内向封闭型居住界面街道（B2）、底商丰富的文化办公界面街道（B3）、无底商内向封闭型文化办公界面街道（B4），未来不断调整与优化 B 类街道结构，使其主要承担街区级别的功能。

　　3. 街道导则和 A 类街道基准方案

　　针对 7 类街道空间特征进行了分析，提出了街道空间主要数据测度指标和街道设计导则（图 16-15）。

A 类街道以基准方案为基础，形成相对长期稳定的设计导则；数据信息搜集以即时监控和现状优化为主要目的。针对 A 类街道提出一套基准设计方案，在重点设计范围内塑造了 A1–A3 类街道的三条轴带系统，并植入慢行、交通、创意空间三类节点。

A1 历史特征类街道策划为不同主题功能的路段：老衡山生活体验段、人际数据地毯交互体验段、里弄文化步行街等。

A2 商业共享类街道以优化商业界面、创造共享空间为主。

A3 生活容器类街道依托武康路和天平路两端的创新中心的触媒效应，通过打开临街社区的通道，将创新服务和商业生活服务功能引入沿街社区，以小规模渐进式的更新模式焕发老社区的新生活。

B 类街道由于短期内功能变化可能性较高，其街道导则并非制定具体的方案，而是通过情景预测进行动态干预；数据信息搜集以促进街道功能动态调整和空间更新为主要目的，如 B1 类街道根据底商业态的变化动态调整街道环境的设施配置，B2 类街道周期性衡量其向 B1 类街道转变的可能性。

4. 信息交互平台设计

为了实现实时数据测度可视化展示，并促进多方参与，该方案搭建了衡复信息共享交互网络平台，涵盖了衡复人本观测、人际地图、规划展示宣传、公众参与四大版块。

（1）衡复人本观测平台

衡复人本观测平台是基于街区尺度的人群观测平台，旨在从微观尺度观测感知重点关注街道的人流、舆情以及空间变化，并实现空间可视化。在实现实时、短期的观测功能之外，若能实现长期的数据采集和应用，可以很好的辅助追踪街道设计

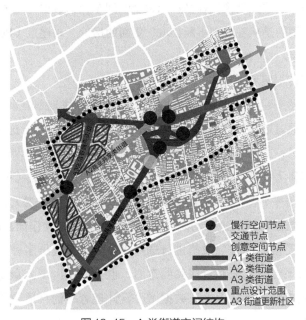

图 16-15　A 类街道空间结构

方案的实施效果，了解居民的意见。最理想的情况，是可以配合街道设计的不断更新完善，周期性地提供观测结果和意见反馈。目前主要功能包括：

- 实施监测街区的访客流量，并按日、时显示变化曲线。

- 识别观测地区的访客群体，根据已有的手机 app 数据分析访客属性，显示统计结果。访客属性包括性别、年龄、婚否、是否有车、手机品牌和所在省份等。

- 通过定点布设的摄像头监测停车位使用情况，并按小时在平台上显示统计结果。

- 周期性地（按月或季度）采集观测地区发布的新浪微博并分析显示出相关微博的关键词，作为舆情信息的反映。此观测平台需要有实地的 WIFI 探针和摄像头采集数据。

（2）人迹地图平台

人迹地图平台主要作为衡复空间分析模块，旨在实现微观至中观级的城市空间分析和可视化对比。多项城市空间指标的采用可以从中观尺度（衡复基地整体）丰富街道设计区域的背景信息；长期使用此平台，可以随时间不断更新背景信息的变化，更好地支持持街道设计的更新。在微观尺度（衡复基地内部地块），背景信息的变化一定程度上也可以间接反馈街道设计的效果。平台目前主要功能为城市光谱和单元画像两大模块。其中核心模块为城市光谱，包含城市交通、房价、公服设施（POI）、产业四个类别的 17 项指标，以衡复地区现有的研究地块边界为空间单元，进行各项指标的整合和统计。单元画像模块则显示每个空间单元的数据与整体平均值的对比。人迹地图模块使用的是从互联网不断获取、更新的房价、兴趣点（POI）数据，更新周期为半年至一年。

（3）方案宣传与展示平台

方案宣传展示平台受众主要为规划从业者和公众。将规划方案进行的公开展示与宣传，一方面通过数据增强设计的理念与思路，引起业界对于这种新兴规划方式的关注与探讨，另一方面，可使公众更加直观地了解规划方案，既可以增强居民对于规划的参与感和认同感，同时为进一步的公众参与奠定了基础（图 16-16）。

（4）公众参与平台旨在实现公众参与并根据公众反馈的意见，结合传感器收集的多时态微观数据对规划进行动态的自适应调整。通过操作简易的交互式界面，让公众对基地需要增加的各项设施进行选择，并为居民提供多种街道社区的更新模式。公共参与平台既充分尊重居民的意愿，也避免了由于公众专业性知识的缺乏导致的决策效率低下，从而保证数据增强设计理念下的自适应历史街区更新的顺利推进（图 16-17）。

图 16-16　宣传与展示平台

图 16-17　公众参与平台

参考文献

[1]　王建国．城市设计 [M]．南京：东南大学出版社，2011 年．

[2]　叶嘉安．智慧科技对人居环境的影响 [J]．人类居住，2016（04）：9–11.

[3]　周榕，杜頔康．周榕：互联网是新的城市，城市就是曾经的乡村 [J]．住区，2017（01）：114–119.

后记

本教材主体内容基于龙瀛团队近年来在城市大数据及其规划设计应用领域的多项研究成果。在编撰过程中，亦受到了马爽、李双金、赵健婷、李派、张恩嘉与徐婉庭等人的协助。参与编撰者的具体信息和所撰改章节如下：

马爽，清华大学建筑学院博士后，拥有韩国国立首尔大学博士及英国爱丁堡大学硕士学位，曾学习工作于建筑和城市空间分析实验室。马博士现阶段的主要科研方向是大数据和城市研究，同时主持中国博士后科学基金项目中的一项研究。她是本教材第14章"基于手机大数据的城市空间研究"的主要撰稿参与人，及第7章"城市大数据挖掘：空间句法"和第9章"大模型：跨越城市内与城市间尺度的大数据应用"的主要改稿参与人。

李双金，清华大学建筑学院研究助理，现主要研究方向为城市公共空间定量分析，为本教材第4章"城市大数据的获取与清洗"的主要撰稿人，及第12章"基于社交网络大数据的城市空间研究"和第13章"基于图片大数据的城市空间研究"的主要改稿参与人。

赵健婷，清华大学建筑学院研究助理，曾获得美国宾夕法尼亚大学城市空间分析专业硕士学位及美国威斯康辛大学麦迪逊分校景观设计专业本科学位。其研究领域为中国街道骑行指数和步行指数的衡量与评价、海绵设施作为公共空间对人们使用的影响。为本教材第5章"城市大数据统计与分析"和第6章"城市大数据的可视化"的主要撰稿参与人，以及第11章"基于公交卡大数据的城市空间研究"的主要改稿参与人。

李派，清华大学建筑学院研究助理，曾获得美国亚利桑那州立大学城市与环境规划专业硕士学位及华中科技大学城市规划专业本科学位。研究领域为大数据在城市规划设计中的应用，是本教材第15章"总体规划中的大数据应用"和第16章"城市设计中的大数据应用"的主要改稿参与人。

张恩嘉，清华大学建筑学院城乡规划专业在读博士生。主要研究方向为数据增强设计和定量城市研究。为本教材第3章"城市新数据类型与典型数据介绍"和第10章"数据增强设计"的主要撰稿参与人。

徐婉庭，清华大学建筑学院硕士研究生，研究方向为新技术对人居环境的影响与改变。为本教材第2章"变化中的中国城市和未来城市"和第8章"城市大数据挖掘：城市网络分析"的主要改稿参与人。

　　在本教材的撰写过程和出版过程中，中国建筑工业出版社的编辑们对本书提供了大力支持，在此表示感谢。此外，陈议威、侯静轩和张书杰协助了本书的校对工作，一并表示感谢。

　　城市大数据相关研究最近几年刚刚兴起，其在城市规划与设计中的应用更处于全面性探索阶段。未来能够预见到人们将会对其有更为深入的应用。因此本教材的内容难免具有时代局限性，这有赖于以后版本的修订和补充。

编者